都市計画の世界史

日端康雄

講談社現代新書

1932

目次

第4章　バロックの都市

第5章　社会改良主義の都市

序章

都市文明の潮流変化

「自然は神が創り、都市は人間が造った」という西洋のことわざがある。人間は生命や自然は創ることはできないが、その叡智《えいち》を絞って都市を造り、人類の文明と文化の歴史を育《はぐく》んできた。

都市はそれ自体、土地に付着し、個別性の強い性格を持っているが、時空を超えて他の都市文明とも相互に影響を及ぼし合っている。ことに、殖民都市（第1章参照）は直接的に複数の文明が交差し異文化が融合する都市であるが、これは世界中に存在している。そして、都市計画の思想や経験も地域を超え、国を超え、さらには時間を超えて影響し合い、継承されてきている。すなわち相互のつながりを見ることで個々の都市の成り立ちをより深く理解することができるのである。

古来、人類は青銅器、鉄器、火薬、自動機械などの無数の技術革新や発明、発見を重ね、農業革命や産業革命などを通じて人口を増やし、地球上に何回もの都市化のうねりを経験した。そして、都市運営の技術を蓄積して継承してきた。四大河川の流域に発生した古代都市群に都市国家が生まれ、帝国支配を通じて殖民都市ができ、抗争と征服を繰り返しながら、文明の装置である都市は自ら変質してきた。

最初の都市化から五〇〇〇年の時間のなかで、工業化社会が支配する近代都市の形成はせいぜい数百年の歴史にすぎない。近代は前近代に較べれば、過去に例のない人口爆発と都市爆発の時代になったが、今日、二一世紀に入ってもなおその傾向は続いている。

この数十年は先進国において、工業社会から脱工業社会へ急速な構造転換が発生し、それに伴って人類の経済社会に大きな変革が起きている。また、一九世紀からの幾何級数的な人口増加の趨勢《すうせい》にあって、地球上はメトロポリス、メガロポリスに覆われようとしている。自然や地球環境の生態系は危機に瀕しているように見える。

過去の歴史から見れば、人類は何度も大きな文明的転換を経験してきたが、巨大化した人口と都市を抱えて、自然生態系のもとで地球自体のシステム転換期にもきている。今日の地球は次の都市文明の段階に入ろうとしているようにもみえるのである。

どのような都市社会となっても、職と住の面で、人々が快適に、健康で安全に暮らせる環境が用意されねばならない。家族という集団は、今後も社会の主役であり続けると思われるが、社会を構成するあらゆる人々の精神性は、その子供の頃の家族や近隣環境で育まれるものである。人類社会が持続可能であり続けるためにも、人々にとって都市を真に人間性豊かなものにしていかなければならないのである。

そのためにも未来を見るだけではなく、過去の人類の都市文明を振り返って都市と人間のあり方を考えてみたいものである。また、長い歴史の時間の流れは、人類と都市の関係を良い方向に進化させているのかどうかも、問い直してみる必要があるように思われる。

近代都市と前近代都市

近代という時代は、急激な人口と都市の増加の点では、それ以前の時代とはまったく異質であると述べたが、近代は、資本主義の発展の下で経済空間としての特性を高めた都市に、地球上の大半の人々が住まざるを得ない状況をつくり出し、それ以前の都市とは違った都市地域を生み出した。都市の背景を理解するために、ごく簡単に、前近代と近代という時代を比較しておきたい。

経済社会構造の視点から、①前近代都市と②近代都市の背景の違いを考えると、まず、経済面では、①は物々交換であったが、②は市場主義であり、貨幣経済が私たちの生活と活動を支配した。

第二に、政治面に関して、先進国において②はすべての人間は人権を有し民主主義のもとにあるが、①は支配者と被支配者に分かれる封建制の世界であった。

第三に、主な産業では、①は農業や牧畜、漁業、商業であったが、②は工業である。人類は近代以降、大量生産、大量消費社会で物質的豊かさを得ることができたが、機械化された製造現場でしかものづくりに接することができなくなった。

こうした結果、②の都市の規模やその成長速度は①のそれらとまったく違ったものになってしまった。①は人口数千人程度の都市が一般的であり、軍事施設としての城壁や水濠《すいごう》、環濠《かんごう》が都市の成長を妨げた。人々は徒歩で生活し、支配者は移動の自由を妨げた。②では工業化が都市化を促進して、物質的豊かさが人口爆発をもたらし、今もその増加速度は衰えていない。さらに、人類の移動手段が革命的に変化し、自動車と高速公共輸送機関の鉄道を利用する都市になった。①の移動手段であった徒歩、馬車とは比較にならない移動のスピードである。これが都市の巨大化を助長した。

しかしながら、人間は進化してきたとはいえ、背丈が一・五〜一・八メートル程度で、時速四〜六キロで歩行し、集団生活をする動物であることに何ら変わりはない。古代都市同様、歩ける都市は巨大化した都市地域の中にも必要不可欠なのである。

①の建設は軍事防衛施設の城壁から始まって内部が構成された、全体が一つの建築的存在である。ヨーロッパ都市では、まず城壁を軍事的観点から定めて、その後、街割を行った。古代や、中世ルネッサンス期は、建築家や芸術家が都市計画を主導し、神殿や宮殿を

造るように都市を造ってきた。近代に入ったイギリスで最初に都市計画の職能の主導権を建築系の専門家がとったのもそうした過去とのつながりからであろう。

近代社会の特徴は都市の巨大化であり、都市の規模が前近代のそれと決定的に違ってしまった。

大都市を全体として建築的にとらえることが不可能となった結果、都市の全体構成と街区や地区の都市計画が分離した。都市が大きくなれば、その全体の構成は地理とダイアグラム（考え方などをわかりやすく図解したもの）でしか表現できないので、全体像は概念的、抽象的にならざるを得ない。一方、街区や地区は建築的に具体的な表現が可能である。

つまり近代の都市は、その全体と部分の関係が一体で処理できないスケールになってしまった。相互の整合性は図られねばならないが、全体は全体の論理、部分は部分の論理でとらえる二層制のシステムが近代都市計画の特徴になった。都市計画は肥大した都市のシステムの管理と、ギリシャ、ローマ都市時代からの地区、街区の都市デザインを同時に扱うようになった。

現代都市においても、部分の都市計画、つまり、街区や地区の都市計画には、古代から引き継がれた経験が役に立っている。ギリシャ、ローマだけでなく、中世、ルネッサンス、バロックの都市計画もそうである。ヨーロッパの都市では、新しい都市文明の影響下でも、ギリシャ、ローマ時代の都市空間のあり方を何度も再評価して、今日の独特の伝統的都市景観を保持している。社会全体がそれを支持して独特のアイデンティティ（個性）を守っているのである。

都市の中の通りや界隈《かいわい》は人間が五感で体感できる空間スケールである。中世都市空間の経験は近代においても一部の建築家や都市計画家に高く評価された。また、過去の時代には芸術家が活躍し、幾何学が重用された。味気のない建物のニュータウンや住宅団地を見ると、近代都市計画はそういった工夫をないがしろにしてきたように思われる。

都市の時代類型

発掘考古学や歴史地理学の発展とその成果で、五〇〇〇年前の都市の姿が、しだいに私たちの目の前に広がってきている。古代遺跡を含めて現存する地球上の都市の分布と都市文明の歴史を俯瞰《ふかん》すると、大雑把《おおざっぱ》に見て、独特の都市計画スタイルと時代のグルーピングができるように思われる。歴史家の見方とは違うが、それをもとに、本書の一部では、世界の都市と都市計画を辿《たど》ってみたい。それは、たとえば次のようになる。

①前三〇〇〇年から前二〇〇〇年頃のメソポタミア、エジプト、インダス河、中国黄河の四大河川文明の都市、②前八世紀から後四世紀頃の時代のギリシャ、ローマ、中国の春秋時代、アレクサンドロス大王や、ペルシャ帝国の都市の時代、③七〜一〇世紀の中国唐、日本の飛鳥・奈良・平安時代、イスラーム都市の時代、④一一〜一五世紀の中世のヨ

ーロッパの城壁都市、日本の城下町、⑤一八〜二〇世紀前半のヨーロッパが先導したバロック都市、⑥一九世紀から二〇世紀前半の工業化社会での先進国の近代都市の時代。

また、それぞれ、本書で取り上げる都市の一部をあげると、①では、ウル、バビロン、ハラッパー、モヘンジョ=ダロ、②では、アテネ、ローマ、ミレトス、プリエネ、オリュントス、ポンペイ、ペルガモン、アレクサンドリア、③は長安、平城京、平安京、フェズ、④では、トリノ、フィレンツェ、カルカソンヌ、ノルドリンゲン、パルマ・ノバ、ナールデン、今井町、江戸、⑤では、パリ、ウィーン、バルセロナ、カールスルーエ、東京、ニューヨーク、などである(⑥は略)。

時代を下るにしたがい、交通手段の発達があり、交易が盛んになって人々の交流の頻度は高まっていく。世界の主要な都市文明の地域間の時間距離、心理距離は次第に短くなる。こうした相互の影響が、都市の進化にも関わっているように思われる。ローマ帝国、アレクサンドロス帝国、ペルシア帝国、モンゴル帝国、オスマントルコ帝国などの支配、仏教の影響による東西交流、キリスト教の世界布教、イスラーム教徒による諸帝国、また民族大移動、バイキングや大航海時代、東インド会社など、帝国の征服と支配、布教、そして交易、交流は都市の成り立ちに影響を及ぼしている。

二〇世紀に入り、世界戦争と交通手段の飛躍的発達、世紀末からの情報化の進展によって、世界はより一層狭くなった。国際交流の影響で都市空間は同質化する一方、歴史、伝統、宗教文化、生活習慣の違いなどは内在的に残されている。それらはしだいに再評価され、世界の近代化された都市は多様化の方向に転向しようとしている。

都市計画の誕生と経験の継承

都市を計画的に造るという、ごく素朴な意味での都市計画の概念は古代からある。古い過去の都市計画とは権力者たちが城砦《じょうさい》をつくり、街（町）割をし、土地を配分し、兵たちが移動できる広い道路をつくり、市場や神殿、宮殿などを配置することであった。家臣や住民に土地を割り当てる方法として、都市計画は土地平面上に幾何学的図形を描くことから始まった。皇帝や王、土地開発事業者に至る都市の建設者たちの政治的、権力的、社会的、経済的諸動機が、その都市のデザインの上に刻印されているのである。都市計画という用語は近代まで存在しなかったが、「街（町）割」、「縄張」といった用語がそれに相当した。

古代・中世の都市は歩けるサイズであり、共同体でもあったが、近代に入ると都市は大きく変貌した。先述のように、産業革命を契機とする工業化が都市の人口急増をもたらし、都市内部は過密、不衛生、疫病などの深刻な問題に満ち、移動手段の発達は歩いて到達できないスケールに都市を急拡大させた。産業革命発祥の国、イギリスに公衆衛生法が生まれ、建築規制や開発規制が始まり、近代都市計画制度が生まれた。タウン・プランニング（第6章参照）が都市計画の最初の用語となった。都市計画は、都市を計画的に建設し、改造することであった。

議会制民主主義の下で、近代都市はまず何よりも産業都市問題解決を目指して計画されるようになった。しかし、ほぼ同時代に、世界に勃興した帝国主義のもとで、バロックの都市計画が展開された。

要するに、都市と都市計画の関わりは、経済社会の枠組みの変化とともに変質してきた。それぞれの時代の都市の経験や都市計画の知恵を次の世代が引き継いで発展させ、そこでも人々の生活経験が積み重ねられ、後世がそれを評価して体系づけてきたのが都市計画の歴史である。都市の設計と計画は安易な実験が許されないという点において、先行する経験が尊重され、継承される性質を持っている。

都市空間の形態の多様性は、その継続的な歴史のなかで支配されてきた諸力の発現である。世界の主要な都市は、文明の栄枯盛衰などを通じて、古代から不断に手を加えられ、改造されて現代まで生き続けてきた。現存する多くの都市の歴史は再建の歴史でもある。

たとえば、イスラーム世界の主要な都市の大半は、イスラーム教が支配する以前の古代ローマやヘレニズムの時代の都市に起源を持つ古いものである。古代に整備された格子状の道路パターンを受け継ぎながら、イスラーム都市に相応《ふさわ》しくモスクを建て、聖地メッカの方向にその軸（キブラ）をとり、住宅地では迷路状のパターンにつくり変えながら、独自の都市空間を形成している。
ルネッサンスのローマ、バロックのパリ、ウィーン、バルセロナ、第一・第二次大戦で破壊され再建されたヨーロッパの都市、震災復興、戦災復興時の日本の都市も、古い都市に新しい都市が重ねられて現在に継承されている。

本書の狙い

一般に、大学の専門課程で扱う都市計画講義では、限られた講義のコマ数ゆえに、ほとんどの場合、近代都市計画だけが扱われる。前近代の都市計画については、ごく短く、簡単に紹介されるだけで、どのような都市計画があったのかはほとんど講義されない。前近代の経済社会と近代のそれとの関わりの断絶のゆえに、歴史上の都市は過去の遺産として封じ込められてきた感がある。

地球上には、古代に起源を有し、現代に活きる都市が数多い。さらに、石の文化の地域では新たな遺跡が発掘され、過去の都市が次々とはっきり姿を現している。

そうした都市を訪れてみれば、近代と前近代とを問わず、長い人類の営みとして都市計画が存在してきたことを実感する。その考え方、思想と都市建設の経験、その交流の証拠は数千年の時空を跨《また》いで、現代世界に生きる私たちの目前の都市にある。それを学ぶことは私たちの異文化交流を楽しくしてくれるだけでなく、文化生活を豊かにしてくれる。また、その思想や経験、技術の移転や国際的な交流の歴史を学ぶことで、都市とは何かを考える糧《かて》としたいものである。これからの地球環境時代の都市を見据えると、過去の都市とその計画の知識は、私たちが持続可能な発展の方向を見出す上でも重要になるはずである。

現在の私たちの生活のなかの都市計画は、行政の許認可や、官僚制の下での道路建設や用途地域の塗り替え程度にしか映らないものになってしまっている。また、国際性の面では、各国の近代都市計画は、一部の国を除いて、法律、制度の関係で国粋主義とでもいえるような閉鎖的体質があるように思える。

しかし、本書に見るように、都市はさまざまの国や地域の、文明や文化の影響を受け合って発展してきている。都市計画は本来私たちの生活や歴史文化の一部であると同時に、世界に開かれたつながりがある。

そうしたことを知ることで、少しでも都市計画への関心を広げて頂ければ、著者の望外の喜びである。

第１章　城壁の都市

図１・14　中世都市ナールデン
オランダ・アムステルダム近郊
写真：現地案内所（2006年）

人類が際限ない抗争と征服・被征服を繰り返していた古代・中世という時代において、都市にとって軍事防衛の機能は絶対的条件であり、城壁の都市は都市の原型をなした。それは田園、自然地帯の中に、明確な境界を持つ、一つの閉じた空間組織であり、そこには、さまざまな都市施設が整備され、人々の間にコミュニティ意識が醸成され、長い時間の経過のなかで少しずつ変化していった。

城壁を抱えた都市がどのように計画、設計されたか、都市施設はどのようにして生まれ発展していったか、城壁内の街割はどうしたか、住居はどんなものであったか。そして、そこに人々のどのような生活があったか。本章では、城壁の都市の都市構造を中心に取り上げ、次章ではそこで人々の生活を支えた施設と住居を見ていきたい。

四大河川流域の都市

旧石器時代に人類は洞穴から抜け出して、木の葉や枝でこしらえた小屋へ移り、新石器時代に、植物の栽培、動物の飼育など農業・牧畜を始めた。青銅器の発明は生産技術に大きな革新をもたらし、また、武器を発達させた。農業技術の革新、灌漑《かんがい》用水路の建設などの土木工事によって、土地の生産性が飛躍的に向上し、農地を拡大させた。人類は「採取と狩猟」から「農耕と牧畜」によって食料を確保する技術を習得したのである。

そこから人類の歴史は大きく変わり、人類は他の動物と分かれ独自の人間圏を形成した。人間は定住し、集団で生活し、余剰の食料を生産し貯蔵するようになった。この技術革新が農業革命であり、これが同時に集落から都市へ定住社会を拡大し、人類社会最初の都市化の波をもたらした。

こうして、前三〇〇〇年から前二〇〇〇年頃にかけて、地球上の四大河川流域に見られる肥沃《ひよく》で広大な沖積《ちゅうせき》平野に人類最初の都市文明が誕生した。

〈エジプト〉ナイル河畔では前三〇〇〇年頃古代エジプト王国が誕生して二五〇〇年続き、メンフィス、テーベといった都市が栄えた。

エジプト文明の特徴は、都市が必ずしも持続的には継承されなかったことと、防衛のための城壁を持たなかったことである。肥沃な流域に展開した都市に必要な城壁は、敵の侵略に対する防御のためよりも、まず、定期的に襲って来る洪水被害に対する備えのためであった。

ナイル河谷は周囲の砂漠や密林、海により外敵の侵入を免れることができたため、都市が環濠《かんごう》城塞化されることは少なかった。また、エジプトでは「王はすなわち神なり」といわれ、ピラミッドは王の死後の居所、王陵であった。王はこの王陵を築くために力をそそぎ、隣に都市を築き、そこで政治を行った。新しい王が隣接して王陵を築こうとしないかぎり、王が替わるごとに遷都が繰り返された。エジプトのピラミッドは「都市なき文明」と呼ばれ、都市生活の発達がほとんど見られなかった。

これは、一面的ではあるが、七〜八世紀の古代日本の、藤原京や難波京、平城京、平安京などの都市に似ているところがある。古代日本も、天皇が替わるたびに都を移し、外敵防衛のための強固な城壁を持たなかったのである。

〈メソポタミア〉チグリス・ユーフラテス両河流域ではシュメール人のウルク、ウル、ラガシュなどの都市国家がメソポタミア文明をなし、前一八世紀のハンムラビ王の時代に古バビロニア王国（首都バビロン）が全メソポタミアを支配した。この王国は前一六世紀に鉄製武器を使うヒッタイトの侵入により滅んだ。

メソポタミアの都市は周囲に自然の障壁が少なく、遊牧民の侵攻にさらされていた。このため、都市は環濠城塞化され、外敵から都市を防御するために軍事指揮官が選ばれ、やがてそれが恒常化して王となったといわれる。エジプトでは王がすなわち神であるファラオとされたが、メソポタミアの王は「都市の神につかえる下僕」であった。メソポタミアの都市に立つ聖塔ジッグラト、たとえば、バビロンのそれ、バベルの塔には都市を建設した共同体や人民の誇り、心意気を見ることができる。

ウルは、前三〇〇〇年頃、シュメール人により建設されたとされる（現在の遺跡名はアル・ムカイヤル）。ペルシャ湾やユーフラテス河に面すると推測される水運を利用した港町で、約六〇ヘクタールの卵形の城壁内は神殿、宮殿、聖塔ジッグラトが中央の河沿いから北側に配置され、厳しい砂漠性気候への防衛のため、住宅は中庭型住居であった（図1・1）。しかしその後、アレクサンドロス大王の頃、河川の流路が変化して町から十数キロ離れてしまい、都市の命運が尽きたとされる。

バビロンはハンムラビ王の時代に繁栄し、マルドゥク神の都市として栄えた。その後、ヒッタイトの侵入や、アッシリヤとの戦いで戦禍を被ったが、前六一二年、アッシリヤが滅ぶとバビロンは西アジアの首都の地位を奪回し、八〇年ばかり絶頂を極めた。前六〇五年に即位したネブカドネザル二世が王国を拡張し、バビロンの外側に城壁を拡大した。

当時のバビロンには、神殿複合体エ・チメン・アン・キが広大な聖域を画し、その中にはバベルの塔の由来となった一辺九〇メートル四方の聖塔がそびえ、その南にマルドゥク大神殿エ・サギラが並び建って市の中核をなした。バビロンはユーフラテス河を跨いで巨大な城壁と濠《ほり》に囲まれ、要塞は北側に突出していた（図1・2）。北側の壮麗なイシュタル門（現在、ベルリンのペルガモン博物館で見ることができる）から軍隊行進用の大通りが南下し、その沿道に、寺院、宮殿が配置されていた。城内には五〜六本の大通りがあり、方形街区が形成されていた。

(a)市街地の中庭型住居群

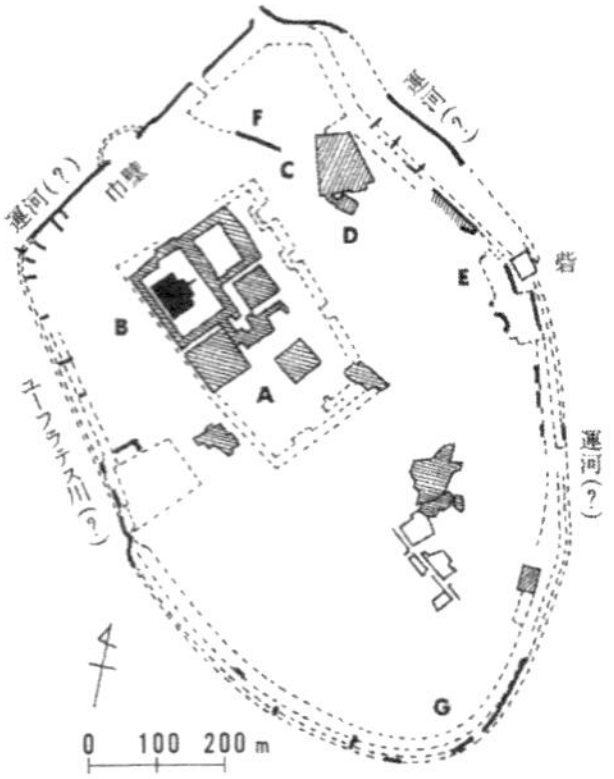

A 神域テメノス B ジッグラト C 宮殿
D 神殿 E イシン・ラルサ期の住居
F 港 G 城壁
ウル（メソポタミア）都市（平面図）

(b)都市プラン

図1・1 ウル

出所：(a)図 陣内秀信（1993）『都市と人間』120頁 (b)図 西川幸治（1994）『都市の思想［上］』22頁

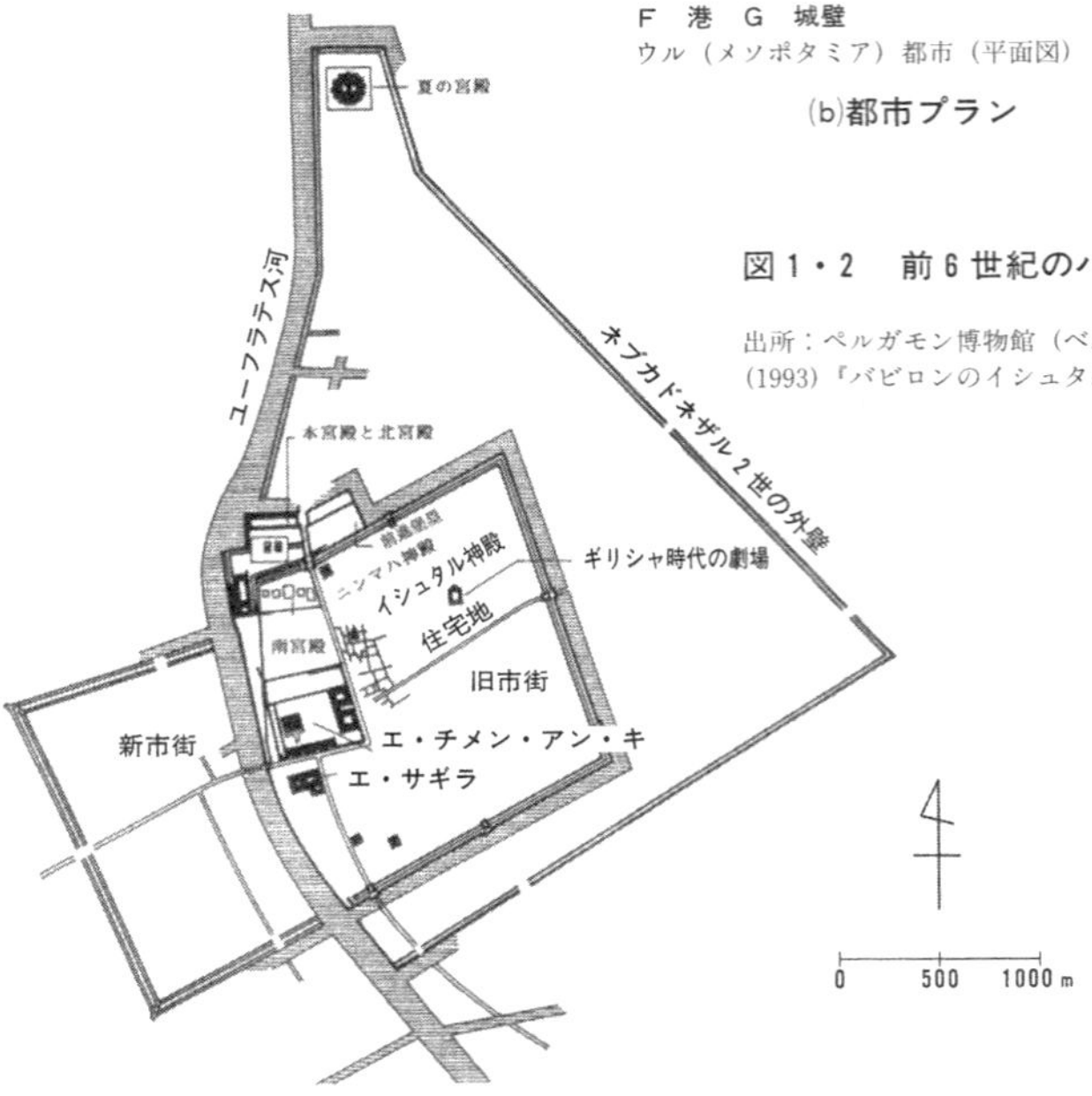

図1・2 前6世紀のバビロン

出所：ペルガモン博物館（ベルリン）（1993）『バビロンのイシュタル門』

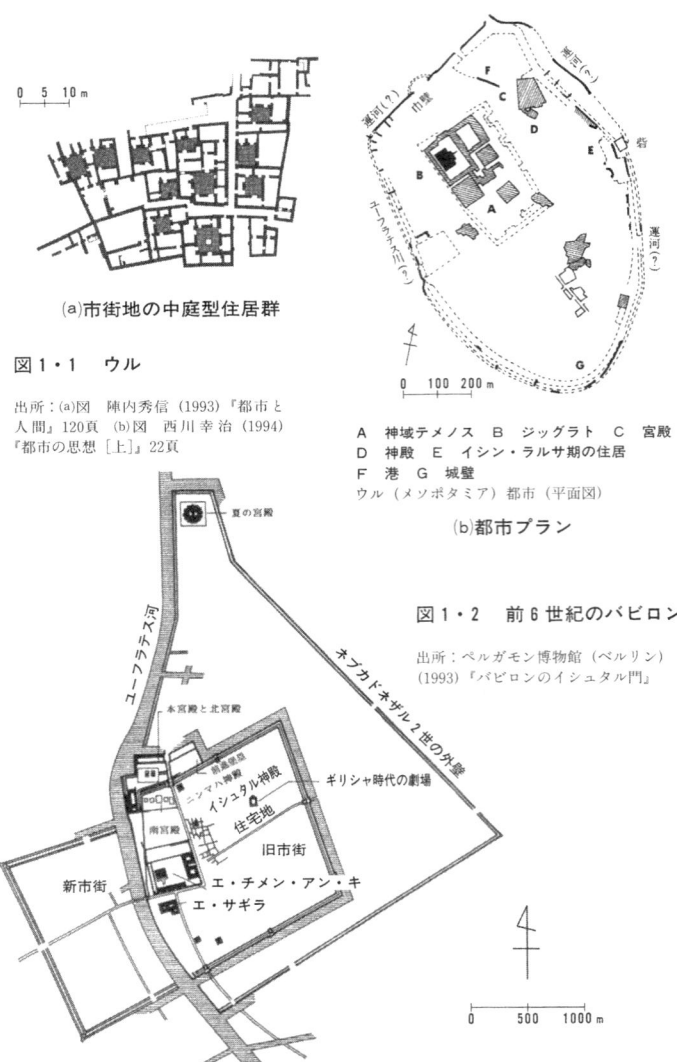

時代は下るが、七六二年に、円形都市バグダードがアッバース朝の首都としてカリフのアル・マンスールによってチグリス河中流に計画され、建設された。直径二・三キロ、四つの門から出入りした(**図1・3**)。バグダードが円形の形態をとって建築された理由は、円の中心を通して宇宙の中心に接続するという、彼らの宇宙観を反映したものといわれる。

バグダードの繁栄は七〇年ほど続いて、市街地も外側に発展拡大したが、その後、町は他に移って、九世紀には廃墟になり、やがて完全に破壊された。その後、最初の都市のそばに新たな都市が建設された。最盛期には人口一五〇万人を超え、唐の長安にならぶ国際都市となった。

円形都市は中心がはっきりし、防衛上も有利ということでその後、各時代に見られるが、とくに中世ヨーロッパの都市計画で使われた。

〈インダス〉前三〇〇〇年紀の中頃、インダス河流域に開けた都市文明は、人類史上最初の計画的な都市建設であった。ハラッパー、モヘンジョ-ダロの都市遺構には、計画住区、道路、下水道などの都市施設があり、各都市には西北に小高い城塞があり、東から南にかけて碁盤目状の市街地が広がるというほぼ統一した都市構成をしていた。その都市計画が一〇世紀もの長期にわたって維持されており、インダス文明には都市を運営し管理する統一的な仕組みが存在していたのである。

モヘンジョ゠ダロのプランの特徴は城塞と市街地が分離されていることである。台地に城塞、平地に市街地があり、町の立地は河川に近い。建物は石造であり、街路は舗装され、各住戸から下水溝が出ている。主街路が東西と南北に走っている。整然と区画され、二五〇メートル×四〇〇メートルの街区、幅員五メートルの小路、幅員二～三メートルの路地で構成されている。都市施設も備わっており、主な公共施設は、大浴場、小浴場、列柱のある集会場、穀物庫、学問所などである（**図1・4**）。住居は二部屋のものから数多くの部屋を持つ邸宅まで多種類ある。

時代は下り、アショーカ王の時代（在位前二六八～前二三二）のパータリプトラは、ガンジス河とエランノボアノス川（現在のソーン川）の合流点にあって、インド最大の都市であった。平行四辺形の形をしており、長さ一四・四キロ、幅二・七キロ、都市全体が濠で囲まれ、濠の幅は一八二メートル、深さ約二五メートル、城壁には五七〇の塔、六四の門があった。

〈中国〉黄河流域では前五〇〇〇年頃から黄河文明が誕生していたが、前一六〇〇年頃に殷《いん》王朝、前一一〇〇年頃に周王朝の都市文明が生まれた。邑《むら》から国へ変容を遂げるなかで、大陸の開放的地域にあって遊牧民の攻撃という外敵の脅威に直接さらされたので、都

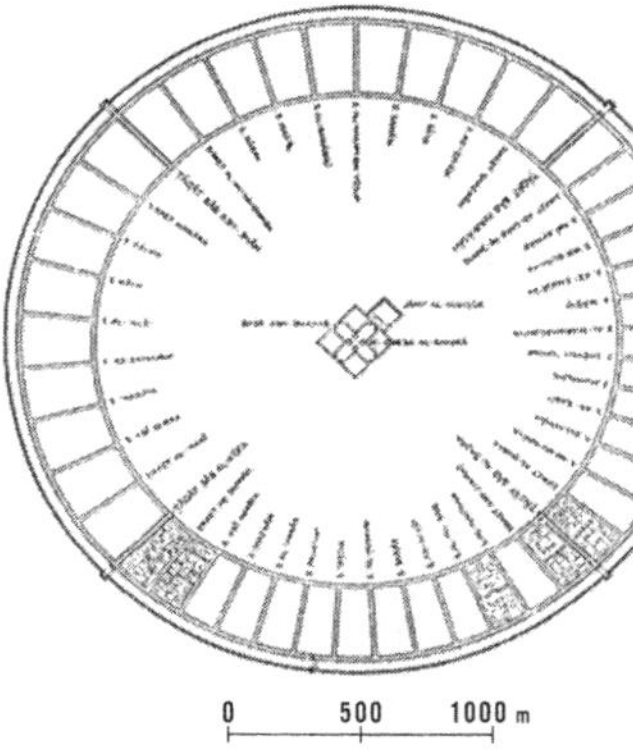

図1・3　円形都市　バグダード

出所：S・モホリーナギ著 服部岑生訳(1975)『都市と人間の歴史』59頁

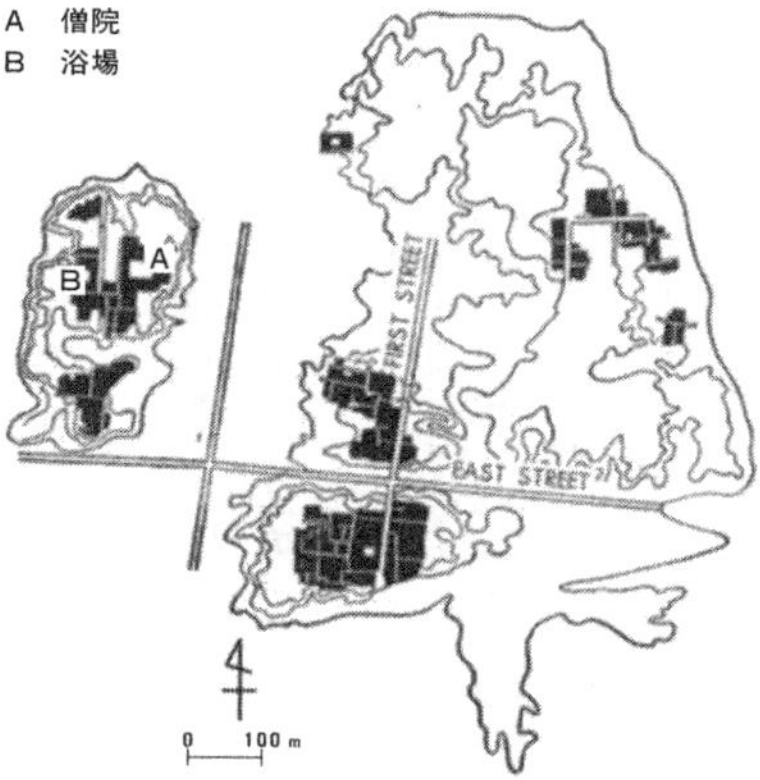

図1・4　モヘンジョ-ダロ

前3000年頃に建設された都市遺跡
黒い部分は発掘されたところを示す

出所：ガリオン／アイスナー著　日笠端・森村道美・土井幸平訳（1975）『アーバン・パターン』8頁

市は環濠城塞都市であった。

城塞の中は王と貴族の宗廟《そうびょう》と宮殿を中心とした町であり、城外に手工業者たちが業種ごとにまとまって居住していた。中国では、「国の大事は祀《し》と戎《じゅう》にあり」といわれ、氏族の宗廟を祀《まつ》る祭祀と外敵（戎）からの軍事的防御が都市国家の重要な機能であった。

エーゲ海文明

前三〇〇〇年頃、地中海東部のエーゲ海周辺の地域にエーゲ海文明が生まれたが、前一二世紀のギリシャ系ドーリア人の南下や民族大移動で滅んだ。その後前八世紀頃、ギリシャ人はポリスという都市国家を各地に形成し始めた。ポリスは人口数百から数千で、中心に貴族や商人が住み、郊外に農民が住み、それぞれ奴隷を所有していた。交易が盛んで、貨幣が流通し、地中海や黒海沿岸に殖民都市が建設された。前五世紀のはじめにはペルシャ帝国に脅かされたが、勇敢に戦ってこれを退け、前五世紀の中頃にはアテナイ（アテネ）が発展した。

エーゲ海文明の都市国家は王たちが支配したが、民主的な社会であった。王の宮殿が共同体生活の中心をなした。前二〇〇〇年頃から前一四〇〇年頃、エーゲ地方ではクレタ島を中心として、ミノス文化が繁栄した。クレタ島は天然の要害であり、古代都市クノッソスは城壁に囲まれていなかった。ギリシャ本土では海岸沿いに都市が発達し、背後には山岳が控えていたため、地形上、軍事防衛上の理由で強固な城壁を築く必要性はあまりなく、低い塁壁を有していた。

第二の都市化

前六世紀から前五世紀にかけて、鉄器の開発と普及が農業の生産性を飛躍的に向上させ、世界各地に第二の新たな都市化の波が広い範囲にわたって出現した。(注1)四大河川文明期の第一の都市化の波に見られた狭い地域での氏族共同体の都市国家の枠を超えて、西は地中海沿岸から東はインド、中国にわたる、広大な地域に領土国家・帝国が出現した。新たな都市文明と古代都市は、メソポタミア、エジプト、インド、中国、ギリシャ、ローマに広く展開した。また、この時代には、各地で人類史上特筆すべき優れた思想家が多く輩出した。(注2)

中国では、春秋末期から戦国初期にかけて(前六世紀〜前三世紀)、周公(前一一世紀頃)の礼の文化を理想都市国家の制度としてとらえようとする賢人たちが現れた。孔子や孟子をはじめ、諸子百家がそれぞれ理想社会を求めて、現状を批判して多様な改革論を展開し、それに基づいた都市モデルも描かれた。

たとえば、前漢までに成立したとされる中国最古の技術書『周礼考工記《しゅらいこうこうき》』は、周代の官府の書といわれ、註釈書として『三礼図』がある(**図1・5(a)(b)**)。そこには宮殿の造営、車、楽器、兵器などに関する内容が扱われ、とくに都市の理想的モデル像が重点的に描かれている（「礼」とは中国における伝統的な生活規範で、日常生活から国家社会の制度・法規にまで及ぶ価値体系である）。

それは正方形をなし、一辺が約三・六キロ（九里、当時の一里は四〇五メートル）、四方にそれぞれ三つの城門があり、計一二門、面積は約一三平方キロ、城壁で囲われている。

城郭の中は東西、南北にそれぞれ門に通じる三本各九本の道が通り、南北の道は経、東西の道は緯と呼ばれ、その道路面はさらに三つに分かれ、中央が車道、左右に人道で、右側の人道は男子用、左側は女子用となっている。「男女七歳にして席を同じうせず」という儒教的倫理観を示しているといわれる。道幅は約一六メートル（九軌＝七二尺〔軌は車の幅で、一軌は六尺六寸と左右に七寸ずつの計八尺、当時の一尺は二二・五センチ〕）である。

王宮は中央にあり、中央の南北の道は王の道で一般人民は往来できなかった。この道路は都城を東西の左京・右京に分ける軸線になっている。左に宗廟、右に社稷《しゃしょく》、さらに路《ろ》寝《しん》・明堂《めいどう》（奥御殿と正殿）の三宮が並び、宮城の前面、南には政治をとる官庁があり、北には市場が配置されている。

この都市モデルは唐の長安をはじめ、中国各地で都市計画の参考とされたが、もっともよく合致するのは、元の大都（現在の北京）といわれている。大都はフビライ・ハンにより、一二六四年に着工され八五年に竣工した。東西六キロ、南北七キロの方形で、中央南

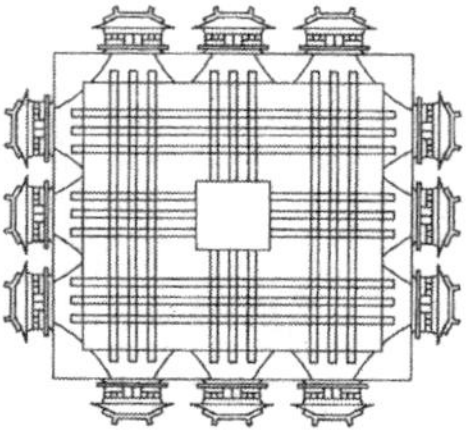

(a)三礼図

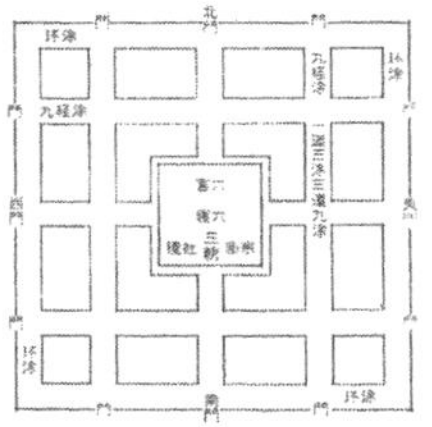

(b)王城図

図1・5　古代儒教の都市構想
『周礼考工記』の王城と大都

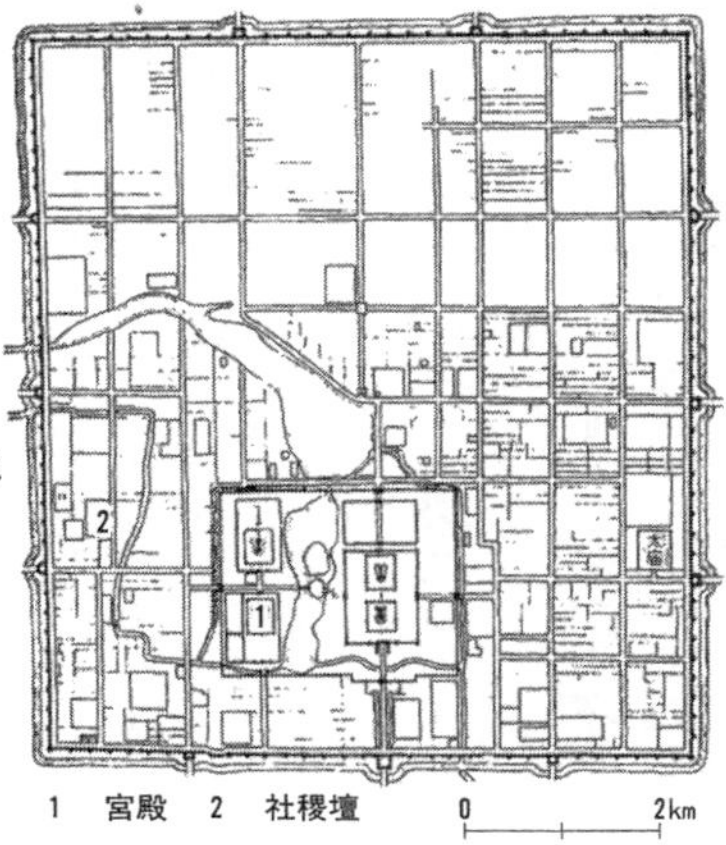

(c)大都 復原図

出所：
(a)西川幸治（1994）『都市の思想［上］』47頁
(b)都市史図集編集委員会編（1999）『都市史図集』34頁
(c)同上，38頁

側に巨大な水面と宮城を抱える皇城の北に都市の中心点がある。城門は北に二つ、他の三辺に三つずつ対称的に設置され、城内の幹線道路は、東西・南北に直線的に配置されている。これが現在の北京の基礎となった都城である（図1・5ⓒ）。

このような格子状の幾何学的形態の意味は明らかではない。また、古代中国には、華夷《かい》思想という、君主が徳を修め、王道政治を行えば、外周の諸国も中華を慕い来朝するという道徳的統治理念があり、この華夷思想は世界帝国の観念につながっているといわれる。

都市国家では、氏族の宗廟を祀る祭祀と外敵からの軍事的防御がその主要な機能とされた。この外敵が戎狄《じゅうてき》であり、中華君主の「礼」的支配秩序の外にはみ出たものである。中華と夷を分かつ境界は「礼」の有無にかかり、そこに万里の長城が築かれた(注3)。

西川幸治によれば、唐の長安に完成を見た中国の都城制の特性は、①環濠城塞都市、②方格的形態、③礼的秩序による構成、④華夷的地域空間観念、の四つとしている。

古代アテネ

ギリシャに誕生した都市国家ポリスは、フェニキアの都市国家から影響を受けていると推測されている。

都市国家ポリスが生まれた要因として、増田四郎はまず、①ギリシャの風土をあげる。ギリシャの地形は、山岳が非常に多くて、海岸線が極めて入り組んでいる　次に、②ギリシャにはエジプトやメソポタミアで見られるような大河がないこと。したがって治水事業によって国民の経済生活を安定させる必要がなく、また治水事業という大きな事業を起こす権力体制の生まれ出る条件がなかった。それ以外に特別な自然の脅威もなかった。さらに、③後にペルシア戦争（前五四六〜前四四八頃）が起こるまでは、ギリシャの周囲にポリスを侵略するような強い外敵が存在しなかった。

①と③の要因により、ギリシャ都市はあまり強固な城壁を必要としなかった。ギリシャではポリスをつくると同時にポリスの守護神をつくった。アテネでは女神アテナが市民の守り本尊であり（注4）、アテネは若い女神の都市であった。

前五世紀に優れた政治家ペリクレス（前四九五〜前四二九）が現れ、奴隷制社会のもとではあるが、アテネに民主主義社会をつくり出した。ペリクレス時代の民主主義は、自由な討論、個人の尊厳、市民の一体感、共同体の各種の行事に参加する十分な機会を生み出した。そしてソクラテスに続いて、プラトン、アリストテレスなど、名だたる哲学者や思想家が生まれた。

アクロポリス（ギリシャ語で丘の上に建てられた都市の意味）に建てられた神殿とその麓《ふもと》に生まれたアゴラは、自由な活動精神の象徴的な場であった（図2・4、2・5参照）。

古代ギリシャの都市は、歩いて容易に都市の中心に到達できる人間的規模の都市であった。民主主義が開花しつつあった初期の頃は、ギリシャ都市の道路網は舗装のない不規則な小径《こみち》でできた迷路であり、下水設備も清掃設備もなく、ごみは街路に棄《す》てられた。水は井戸から運んでいた。宮殿はなく、神殿を例外にすれば、公共建築はほとんどなかった。アゴラは市場でもあり、都市活動の中心であったが、その形は不整形であった。

こうした都市の状況に、都市計画家ヒッポダモスが登場した。彼は幾何学を応用して独特の格子割の都市、碁盤目状の街区の都市設計を行い、アリストテレスから高く評価された。また、市民にもその斬新《ざんしん》な都市計画は好感を持って受け入れられた。軍事防衛上、こうした直線的な街路による都市構造は外敵の攻撃に不利とみなされたが、造形上の美学的評価が優先したのであろう。もっともヒッポダモスの設計した町の中心部を除いてその周辺は昔ながらの迷路状の市街地であった。

その後、アテネとスパルタ間のペロポネソス戦争（前四三一～前四〇四）はアテネを財政的に弱め、結局、アレクサンドロス大王のマケドニア軍にアテネは屈することになった。ギリシャは外敵に征服されたが、しかし、その文化は征服者を圧倒的に支配した。ギリシャの影響は地中海沿岸にゆきわたり、ギリシャ文明とオリエント文明が融合したヘレニズム文明が興った。ヒッポダモスはこうした都市に幾何学的形状の都市設計を試み、歴史に残る評価を得たのである。

古くからの都市は栄え、また新しいヘレニズムの都市が建設された。ペルガモン、アレクサンドリア、シラキュース、カンダハール（アフガニスタン南部）は大きく発展し、人口

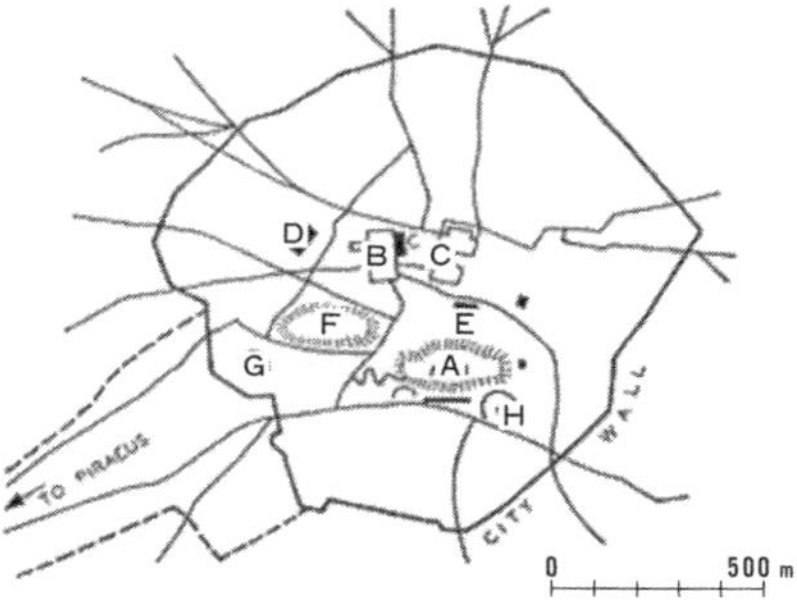

図1・6　古代アテネ
出所：ガリオン/アイスナー著　日笠端・森村道美・土井幸平訳(1975)『アーバン・パターン』14頁

も増加した。壮大な公共建物群、たとえば、劇場、宝物庫、図書館、監獄などがアゴラの周りに建てられた。

古代アテネでは、支配者の宮殿よりも小高い丘の上にある神殿アクロポリスが中心であり、その麓にもともと市民の市場であって、政治集会所ともなったアゴラが生まれた。さらにさまざまな公共施設が誕生して、それらを取り囲むように住居が市街地を形成し、全体を城壁が取り囲んだ（**図1・6**）。その後、古代アテネは王権が弱まり、さらに民主主義が発展すると、市民の住居や市民のためのコミュニティ施設が都市の計画の中で重要さを増した。

前五〜前四世紀のアテネの人口規模は、約四万人の市民に奴隷や他国人を含め、一〇万人から一五万人と推定されている。しかし、他のほとんどのギリシャ都市はかなり小さく、人口が一万人を超えた町は数ヵ所にすぎない。

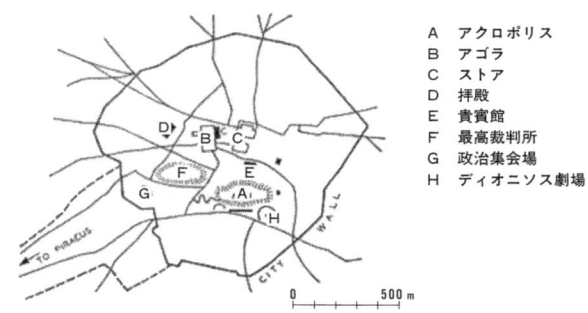

都市規模についてはヒッポダモスは一万人が適正とし、プラトンも後に都市人口は五〇〇〇～一万人が適当としている。アリストテレスは、ポリスには「ひとめで見渡せるかぎりの最大の人数」を収容すべきと主張した。

ポリスは田園と均衡する形で発展した。人口規模がある程度までいくと、ポリスをそれ以上大きくするのではなく、別の、新しいポリスが建設された。つまり、もとの都市の近くに新都市をつくるか、またはもっと遠くに殖民都市をつくるかして、都市の分散が図られたのである。この都市規模を一定に止める考え方はギリシャ都市計画を支配していたのである。(注5)

古代ローマ

前七五三年が古代ローマの建国年とされているが、都市国家ローマは、前六五〇年頃に成立した。ローマは三回のポエニ戦争(ポエニとはフェニキア人(カルタゴ人)をいう)、つまり、前二六四年から前二四一年の第一次ポエニ戦争、別名ハンニバル戦争といわれる第二次ポエニ戦争(前二一八～前二〇一)、第三次ポエニ戦争(前一四九～前一四六)と前三〇年のエジプト制圧で、地中海の周辺のすべてを支配下においた。

ローマへの最初の入植はテヴェレ川の堤の上であり、後のフォロ・ロマーノ(フォルム・ロマヌム)に近い。ここから都市は扇状に拡大した。ローマは七つの丘と低地を蛇行して流れるテヴェレ川からなる変化に富んだ地形にあり、川と丘がつながった中洲が川の両岸をつなぐ重要な拠点になり、そこに広場フォロ・ボアーリオ（フォルム・ボアリウム）ができた。前六世紀に、七つの丘に分散していた集落が一つの共同体となって城壁で囲まれた都市になった。丘に挟まれた低湿地に下水道施設が整備され、そこに新たな都市中心、フォロ・ロマーノが建設され、その周囲は各種の公共施設が囲んだ。そして、前四世紀には、ローマはアテネを凌駕《りょうが》する大都市へと発展した。

ローマ人は、アテネ人のような洗練された線や形の優美さを生み出す芸術的精神はそれほどなかったが、それに代わって発明の才や実践的能力に優れていたといわれる。事実、給水設備、排水設備、暖房方式などにより、都市への人口集中が生み出す技術的問題を解決して都市を大きく発展させたのである。

帝政時代に入ると、ユリウス・カエサル（前一〇二～前四四）が都市改造に着手、手狭になった都心の公共空間を広げ、従来のフォロ・ロマーノを拡張した。カエサルはまた、稠《ちゅう》密《みつ》な市街地の土地不足を解決するため、カンポ・マルツィオ地区の開発を実施した。これは後の皇帝にも受け継がれて公衆浴場やパンテオンなど数多くの施設が建設された。市街地は拡大されて、紀元三世紀までには人口が七〇万～一〇〇万人に達し、これらを包み込む形で紀元二七二年アウレリアヌスの城壁が建設された（**図1・7**）。

四世紀にも、ローマでは人口が増加し、一〇〇万人を超えた。その結果、土地建物の投機が横行し、住環境が過密になり、スラムが蔓延《まんえん》した。建物の高さが六〜七階になるほど高くなり、建築規制が取り入れられ、都市改造が繰り返された。

五世紀以降、帝国の解体とともに都市ローマは衰退し、人口も四万人以下になり、その時には住民は水の供給、確保が容易な地区に住んで、古代遺跡の巨大建造物がその外側に点在するという状況になったといわれる。城壁の中は空地や空き家、廃屋が大半を占めたのである。

古代から中世、ルネッサンス、バロック、そして近代に至る長い歴史において建設と破壊、改造を繰り返して、何層もの歴史的都市形成を積み重ねてきた都市がローマである。これはローマに限らず、歴史の古い世界の主要都市の多くが有する共通の履歴でもある。

ローマの殖民都市

ローマ帝国は、都市ローマを頂点とする都市国家（キヴィタス〔civitas〕）の連合であり、紀元一世紀頃の帝国の拡大の時代に、都市化の波がライン の流域——今日のケルン、マインツ、ヴォルムス、ストラスブールなど——に及んだが、ローマ人は行く先々に殖民都市をつくり、自分たちの都市的文化、生活様式を押し広めたのである。

殖民都市（colonial city）とは、もともと古代ギリシャ・ローマにおいて、殖民あるいは移住によって殖《う》えつけられたコロニアであり、古代ギリシャの都市国家ポリス、古代ロー

A　フォルム・ロマヌム
B　皇帝たちのフォルム
C　皇帝の宮殿
D　コロセウム（競技場）
E　大競技場
F　大下水渠
G　クラウディア水道
H　カラカラの浴場
J　トラヤヌスの浴場
K　ディオクレティアヌスの浴場
L　ポンペイ劇場
M　マルセルス劇場
N　パンテオン神殿
O　ハドリアヌス皇帝の墓
P　フラミニアス円形劇場

図1・7　古代ローマ

出所：ガリオン／アイスナー著　日笠端・森村道美・土井幸平訳（1975）『アーバン・パターン』 30頁

マの都市国家キヴィタスは、黒海沿岸、イタリア南部、シチリア東岸・南岸、フランス南岸などに多くの殖民都市を建設した。

殖民都市は、しかしながら、単なる移住地ではない。ある集団が土着の集団を政治的、経済的、社会的、文化的に支配するために建設する都市であって、そこには支配—被支配の関係がある。殖民都市は、現地人に対する支配を確立し維持していくための道具であり、殖民都市の本質は、それが自らの社会とは異なった社会に移植されることである。

ローマの殖民都市は数多い。西ヨーロッパに現在あるほとんどの都市の芯はローマ殖民都市である。ロンドンやパリ、バルセロナなどもそうであり、ロンドンの西方にあるバース（注6）はその遺跡として有名な都市である。

ここでは、ローマの殖民都市の一例として、フィレンツェを見てみたい。

フィレンツェの起源はローマ共和制末期、前五九年にカエサルが建設した殖民都市フロレンティアである。最初は不整形な格子状の街割がされていた。

当時の殖民都市は矩形《くけい》の城壁で囲まれ、南北と東西の軸線道路が各々、城壁にぶつかる地点に城門が設けられていた。東西南北四つの城門は、主要な街道と直結し、ローマや他の殖民都市とつながっていた。

ローマ帝国の滅亡後、フィレンツェの都市規模は縮小し、六世紀にはビザンティン帝国、九～一〇世紀はカロリング王朝の支配下となった。

中世初期の一一世紀頃、商人階級が勃興し、都市再興の気運が高まり、大商人が経済的、政治的基盤をつくる都市貴族社会が生まれた。一一一五年頃にはコムーネ（自治都市）となった。

都市の成長圧力に応じて一一七三～七五年、ローマ帝政期の城壁外にボルゴ（新興の居住区）を包み込む新たな城壁（中世第一城壁）が建設された。一三世紀はフィレンツェ史上、経済成長と人口増大のもっとも著しい時期となり、さらに外側の広大な領域に城壁（中世第二城壁）が建設されたのである（注7）（**図1・8**）。

中世ヨーロッパの都市

四世紀末にローマ帝国が分裂すると、ヨーロッパでは経済社会の混乱が生じ、通商は衰

(a)各時代の城壁の位置

(b)ローマ帝政期の格子状街路網の中に多く建設された11～12世紀の塔状住居

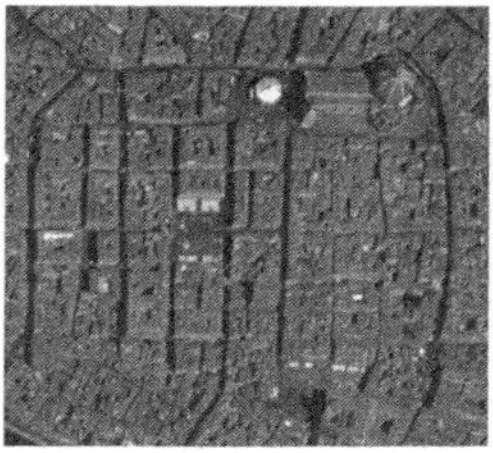

(c)古代ローマ期の城壁内の格子状街割

図１・８　ローマの殖民都市の一例　フィレンツェ
出所：都市史図集編集委員会編（1999）『都市史図集』95頁
(c)はグーグルより

え、都市の規模も小さくなり、多くの都市住民は封建領主の下で農奴の身分になり、農耕生活に戻った。

その後、封建領主たちの間には戦争が頻発し、修道院は被圧迫民の避難所になった。そして、教会がしだいにその地位を強化した。弩弓《どきゅう》（石弓）の発明など武器の改良が進み、敵の攻撃から守るため頑丈な城壁が築かれ、軍事防衛のために、都市は丘の頂上や島などの不規則な地形の土地に建設された。農村地帯での生活は危険になり、人々は次第に都市へ復帰した。

一一世紀には、都市の商業活動が次第に復活し、商人や職人はギルドを形成して社会経済上の地位が上がっていった。

一二〜一三世紀の中世西ヨーロッパには多数の都市が急速に生まれた。基本的に農業社会と考えられる中世ヨーロッパを襲った、いわば第二の都市化の波である。（しかし、その後、近世になると都市の発展は停滞し、新しい都市の出現がほとんどなくなる。収縮したり消滅したものさえあった。）ヨーロッパにおける次の第四の都市化の巨大な波は一九世紀の工業化とともに始まるのである（注8）

初期の中世都市では、教会、修道院、領主の館が君臨し、広場は市場となり、人民に市民権が与えられた。商人と職人のギルドが確立されるにともない、タウン・ホール（公会堂）やギルド・ホール（会議所）が市場広場の周りに建てられた。

中世社会の、瞑想《めいそう》と学問を好む文化は大学を新たな都市の施設にした。一二世紀にボローニャとパリに、一三世紀にケンブリッジとサラマンカに大学が設立された。中世都市では宮殿よりも教会や修道院が目立っていた。住居は城塞都市の構成要素の一部ととらえられ、街路網も、一般に不規則で迷路状に配置された。外部からの入口の門の数は極めて限定され、それらの城門から町の中のさまざまな場所の中心に道路がつながっていた。このように、中世の都市には幾何学的形状は採用されず、むしろ、実に機能的な空間組織であった。

建築はロマネスクと初期ゴシックの特徴ある構成をなしていた。建物は、街路と空地、広場と一体をなしていた。主要街路は一般に教会広場と市場から放射状に伸びて城門とつながる。城壁に囲われた町の中には教会の塔が少なからず建てられた。

中世都市の生活では、もとより徒歩が唯一の交通手段であり、街路は歩行目的のためだけの不規則で身近な空間であった。幅員も形状も不均一であった。また、所々の街角は広げられていて、見通しを良くする広場がところどころに設けられた。教会などの公共建造物の前の広場は人々が集会やセレモニーを催す町の核であった。機能的には、それは古代ギリシャのアゴラ、古代ローマのフォロ・ロマーノや現代都市の市民ホールやコンベンション・ホールと同じである。

こうした街路パターンは防衛上の理由により迷路的か非直線的であった。中世のイスラーム都市も日本の一部の城下町も、程度の差はあるにせよ、同様である。

中世都市の外郭（城壁）と街路の関係を見ると、大きく分けて、次の二つのパターンがある（図1・9）。

一つは、もともと小さな集落としての原型を持ち、城壁で囲われたもので、都市は樹木が年輪を重ねるようにゆっくりと成長した。ドイツのノルドリンゲン、フランスのカルカソンヌなどが例としてあげられる。もう一つは、軍事的、商業的な中心としての戦略的拠点都市で、かなりのスピードで成長し、規則的な街路パターンの形状を有するもので、たとえば、ドイツのロストック、イタリアのヴェローナなどである。

都市形成の歴史を見ると、都市の成長速度と人々の生活条件の変化に都市形態は依存している。町が比較的短期間につくられねばならない時には、町の形態は大なり小なり秩序的になる。たとえば、第2章で取り上げる紀元前一八〇〇年代にエジプトのファラオが建設したカフーンは、ピラミッドを建設する労働者のために短期間につくろうとしたもので、町の形態は一定の幾何学的秩序を持っている（図2・11参照）。

中世の都市計画は事前に一定の平面的プランの型を当てはめるのではなく、基本的に、三次元的な視覚的形状をつくり出す立体的空間的概念である。今日でいう、都市計画ほど大きなものではなく、タウンデザイン、地区スケールのアーバンデザインなのである。(注9)

現存するこの頃の中世都市の、不規則な街路網と厳重な城壁の例として、上にあげたカ

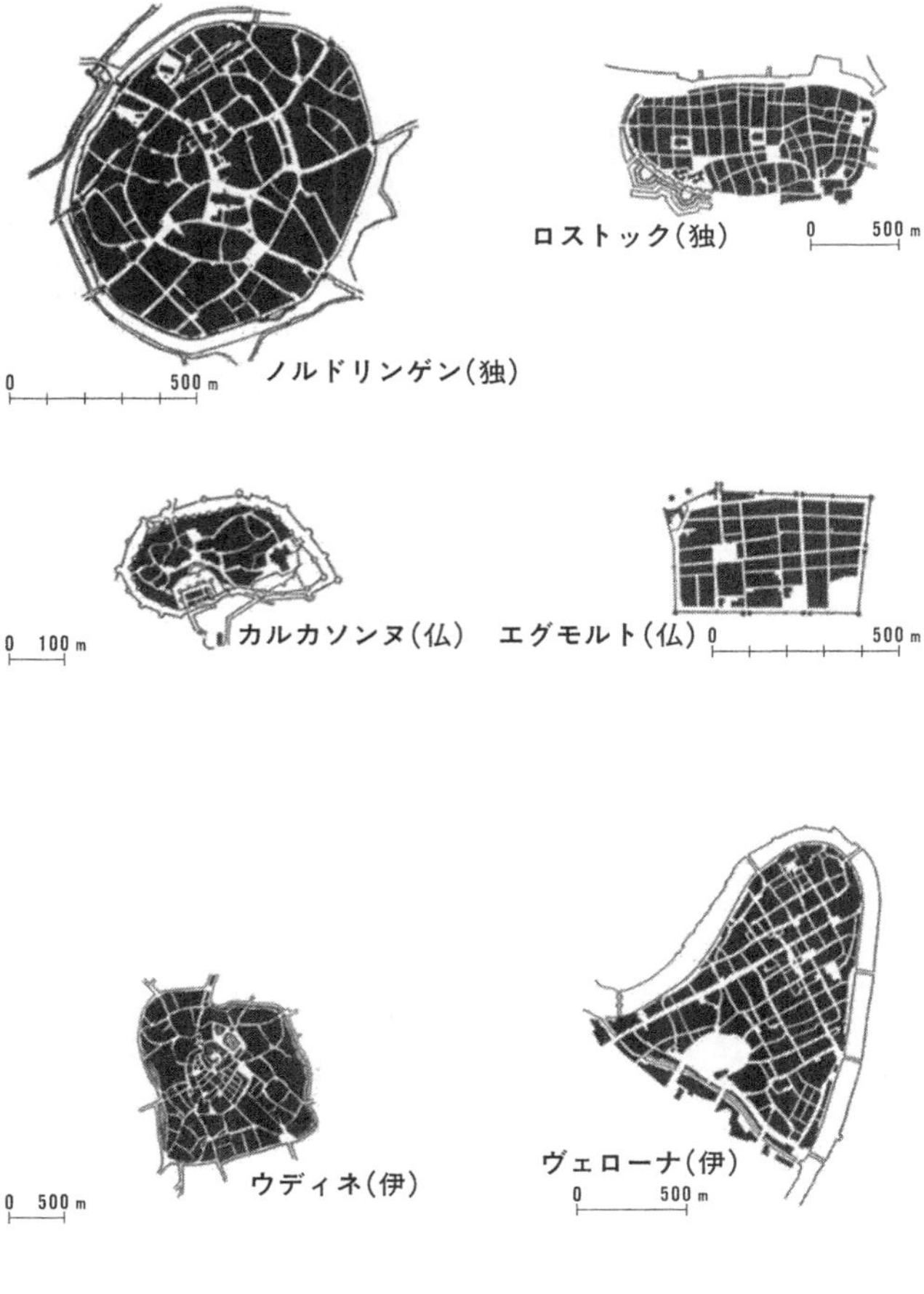

図1・9　中世ヨーロッパ都市の道路パターン
出所：Eliel.Saarinen (1965), The City, p.42,45

ルカソンヌとノルドリンゲンに触れてみたい。

カルカソンヌ（**図1・10**(a)）は南フランス、スペインに近いところに位置する。最初の建設は古代ローマ帝国の時代で二～三世紀とされる。現在ある都市は一四世紀のもので、一〇〇〇年以上かけて改造されてきた。一三世紀にその外側に城壁を築造し、元の壁も大改造した。壁の間を平坦にして兵や人民の移動を容易にし、強力な防御が可能になった。城内には周辺の人民が立てこもって五年は耐えられるように二七ヵ所の井戸や地下室が構築されている。そこには濠と城壁のある居城（図中B）、市場（図中A）、聖ナザーレ教会（図中C）が見られる。二重の堅固な城壁が有名で、周囲一・七キロメートルである。

一九世紀になってヴィオレ公爵の手で復元され、一八五二年から建築家ヴィレ・ル・デュクの指導で半世紀かけて修復され屋根は北仏のものがつけられた。一九九七年に世界遺産に登録されており、二〇〇七年には、町の中には一四〇〇人しか居住していないが、年間三〇〇〇万人以上の観光客が訪れる。

ノルドリンゲンはドイツ南部、バイエルン州の都市で、ロマンティッシュ・シュトラーセに面している。一三世紀に建設され、五つの城門で外部の道路につながっている。町の平面プランでは、放射状および枝状の不規則な道路と、町の中心の教会広場が結びついている（**図1・10**(b)）。

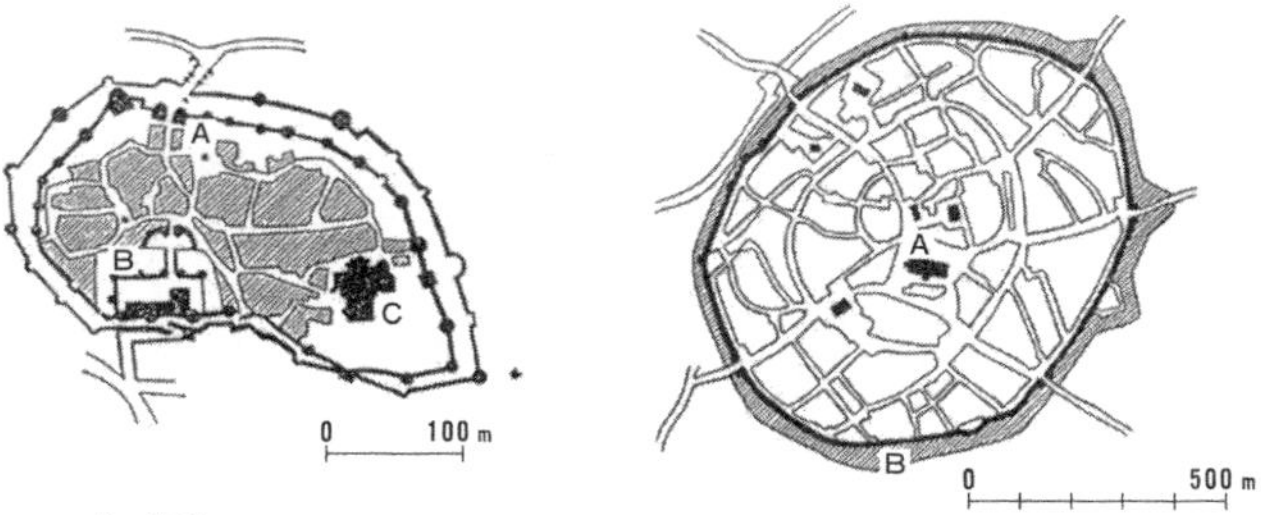

A　市場
B　城
C　聖ナザーレ教会

(a)カルカソンヌ

A　教会広場
B　濠

(b)ノルドリンゲン

図1・10　中世ヨーロッパの城塞都市の例
出所：ガリオン／アイスナー著　日笠端・森村道美・土井幸平訳(1975)『アーバン・パターン』33頁

ルネッサンスの理想都市

中世ヨーロッパの都市は先のフィレンツェのような、城壁を外へ拡大するということは例外的で、その内部で成長した。人口が少ない時期には城内には空地があったが、人口増加につれて建物が高密度に詰め込まれ、空地は建物で埋めつくされ、下水や上水も未整備のまま放置された。その結果、耐え難い過密と不衛生、疫病に悩まされた。

それでも、中世都市においては、「周囲を取り囲む城壁が村や町などの独立した共同体の印だったし、（中略）山の上に塔と城砦で囲んで作られた町は、悪魔や外敵のいない安全な避難の場であり、一方、城壁の外の世界は、人びとが誘惑と迷いに陥り、亡霊のでる危険なところ」（注10）とされた。

一四世紀末のルネッサンス期の多くの「理想都市」の提案は、その背景に、科学の進歩・戦術の変化に加えて、このような中世都市の現実があった。

フィレンツェでは、中世末期、東方貿易で富を得た商人が、合理的精神と自由な階級を形成して都市を発展させた。文化的更新が推進され、古代の学芸復興、古代世界観の再建、人間性の解放につながった。これがルネッサンスである。

ルネッサンスの都市は、当時の戦術・占星術・宗教観・自然観が融合して生まれた。中世の伝統を受け継いだ暗い町にはなかった新しい都市への憧れであった。数学、ユークリッド幾何学、透視図法の科学的手法をもとに都市図が描かれ、実際に建設された。一六世紀までのルネッサンス期の試みは、その後の一七〜一九世紀のヨーロッパの都市計画に大きな影響を与えた。

一五一六年、トーマス・モア（一四七八〜一五三五）が、貴族と農民などの社会階層間の闘争が激しかった時代に、平等な共同体を描いた理想的社会「ユートピア」を提案している。ここには建築的表現はないが、理想的都市像が描かれている。つまり、それは城壁に囲まれた方形の都市で、建物は三階建て、町は四つの街区に分かれてそれぞれ真ん中に市場が開かれる広場がある。

理想都市とは、「政治的、軍事的、あるいは教育的理想を実現するために、都市の理論と科学を武器にして、理想的形態（規則的あるいは不規則でも、ともかく人間の意思で明確に規定された形）にデザインされた都市(注11)」のことである。

その頃、ヴィトルヴィウスが古代ローマのアウグストゥス帝の時代に書いたといわれる『建築書』が一〇〇〇年以上経て発見され、一四世紀終わりから一五世紀はじめにかけて再評価された。これがルネッサンスの都市論に大きな影響を与えた。

ヴィトルヴィウスはこの書の最初の部分で、都市建設について、大略次のようなことを述べている。

都市の立地は、地形的に高い位置を選び、気象条件が良いこと、都市の市民を養うのに十分な農産物の収穫が周辺農地や農村にあること、道路建設と河川の利用によって交通の便が確保されること。これらの条件を満たす敷地は、防衛を目的に頑丈な城壁で囲み、塔で補強すること。城壁の形は敵をどこからも見通せる円形とし、塔も円形か多角形で城壁の外側に張り出すように建てること。さらに、風をうまく避けるように都市内部に道路を通すこと。神殿と広場の位置は海に沿った街では港の近く、内陸では町の中心にすること。

ヴィトルヴィウスの『建築書』に描かれていた放射状街区を持った正八角形の理想都市案（**図1・11**の上左の図）がかなりの影響を与えた。そして、中世的な空間秩序に独特の形状を重ねたルネッサンスの理想都市案が数多く提案され実現した。しかし、その提案は、街区を単位として都市を構成するものではなく、街路や広場が計画の基本要素であった。街区は街路と街路の間に生まれた土地にすぎなかった。

また、一五世紀末頃には戦争兵器の一大革命が起きた。大砲の弾が石から鉄球に変わり、火薬が使われるようになったのである。これによって、高い監視塔が必要なくなり、それに代わって広大な稜堡《りょうほ》がつくられた。また、城壁が低くなって頑丈になった。一六世紀後半になると、防衛のための軍事工学技術と幾何学的美が結合した都市形態が研究された（**図1・11**）。

たとえば、フィラレーテが考案した都市スフォルチンダは、二つの正方形を重ね合わせた八つの頂点を持つ星形の城壁で囲まれている。星形の凸点は中央の広場と運河で結ばれ、凹点には市門があり中央広場と道路で連絡している。都市内には中央広場のほかに環状道路沿いに一六の小広場がある（**図1・11**、上列の中央の図）。

要塞都市のモデルは、地勢によって変わる。また、都市の内部も碁盤目状プラン、放射状プラン、らせん状プランなどがあり、広場の形状も方形、円形、多角形があるが、基本的には防衛上の形態と都市の内部構造の理想を追求したものである。

いくつかの現存する一六世紀の中世都市を見てみたい。

パルマ・ノバ（**図1・11**、左下の図）はヴェネツィアの東に位置する稜堡と濠に囲まれたモデル的といえる、中世要塞都市である。一五七一年一〇月、ヴェネツィア共和国はレパントの戦いでトルコを破った後、都市の東に新しく城塞都市を築くことを決めた。建築家スカモッツィと要塞軍事技術者の協力でヴェネツィア共和国によって九三年に都市の建設

図1・11　中世ヨーロッパのルネッサンス期の要塞都市モデル

出所：日本都市計画学会編（1978）『都市計画図集』B-2頁

が開始された。

放射状街路と周回道路からなる直径八〇〇メートルの九角形の平面をなし、中央には六角形の広場を持つ。その外縁にはそれぞれ九つの稜堡からなる三重の要塞が築かれている。一六二三年までには第一城壁、一六六七～九〇年には第二城壁、最終城壁は一八〇六～〇九年のナポレオンの時代に建設された（**図1・12**）。

その結果、形態的には、ルネッサンス理想都市の実現であったが、ルネッサンスが抱いた人文主義的精神とはかけ離れた軍事的機械のような都市建設になった。

別の例を見てみよう。オランダのアムステルダム郊外に幕末の日本とゆかりのある中世都市、ナールデンがある。アムステルダム中央駅から列車で二〇分の距離であるが、沿線は自然地帯として保全されている。日本の大都市のような、道路などの公共施設が未整備で乱雑に住居建物が並ぶスプロール市街地（無秩序に拡大した市街地のこと）は皆無に近い。ナールデン周辺は田園郊外の高級住宅地である。

ナールデンは一七世紀にできた城塞都市で、榎本武揚《たけあき》が函館の五稜郭《ごりょうかく》のモデルとしたことで知られる。ナールデンは六角形で、矢形の塁が特徴的である。強固な要塞都市であって、フランスのルイ一四世の攻撃にもかなり耐えた（**図1・13、1・14（章扉）**）。函館の五稜郭は蘭学者武田斐三郎《あやさぶろう》がフランスの築城書のオランダ語訳を参考に設計したもので（一八六四年完成）、五角形で大砲攻撃に強い設計となっている。

図１・12　パルマ・ノバ
九角形の城壁の直径は800メートル
中央広場は六角形
出所：S・E・ラスムッセン著　横山正訳（1993）『都市と建築』36頁

図１・13　ナールデン（図１・14〈章扉〉参照）

ここで、当時の時代背景の説明を若干加えておきたい。オランダは一七世紀前半に東インド会社（一六〇二年設立）で繁栄した。その前の時代は大航海時代で、ポルトガル、スペインが栄えた。コロンブスのアメリカ大陸の〝発見〟、マゼランの世界周航に続いて、日本ではキリスト教伝来（一五四九年）、南蛮人（ポルトガル人）による鉄砲の伝来（一五四三年）、それによる織田信長の長篠の戦い（一五七五年）で刀から鉄砲の戦争の時代に急変していった。オランダ繁栄の時代は画家レンブラントの活躍した時代と重なり、文化の香り高い時代となっている。徳川幕府は長崎の出島でオランダだけと交流した。オランダはその後一七世紀後半にフランスのルイ一四世に侵略され凋落《ちょうらく》、その首都アムステルダムはロンドンや自由都市ハンブルクなどに地位を奪われた。近代に入って、アムステルダムは、運河を道路に改造しなかったことで、現在七二万人の大都市にもかかわらずその水網都市としてのアイデンティティ（個性）を保有している。

さて、ルネッサンス理想都市の特徴は、まず、①その空間が極めて人間的スケールであること、次いで、②城壁に囲われることで、空間の領域、境界がはっきり決められ、人々の意識に地域性の感覚が植え付けられていること、③都市の中心には必ず広場があって、そこで人々は交流し、心から寛《くつろ》ぐことができること、などである。(注12) 社会的背景はまったく変わったが、現代都市デザインにおいても、②のような「場の感覚」（場所性）は、別の形ででも継承されてよいものであることは間違いない。

城壁のない日本の都市

都城とは、もともと「城郭をめぐらした都市」という意味であるが、日本の古代都市は、城壁を欠く非環濠城塞都市である。日本が影響を受けた中国の都城制は、「環濠城塞都市」「方格的形態」「礼的秩序による構成」などをその特性としてあげることができることは先述した。しかし、都城制の特徴のうち、環濠城塞都市と華夷的地域空間観念は学んでいない。

その理由として、広大な中国大陸と比較すれば、わが国が四周を海で囲まれ、直接に外敵の攻撃にさらされることなく、またほぼ単一の民族が国家を形成し、脅かす外夷も存在しなかったことがあげられる。また、中国大陸と比較すれば、小さな島国であるゆえに支配者に華夷的地域空間観念の中華思想を必要としなかったのである。(注13)

さらに、別の理由として支配者と神の関係がある。上田篤《あつし》によれば、古代の日本の戦争は中国やヨーロッパの戦争とは根本的に違っていて、それは国土や人民の奪い合いではなく大王や天皇の取り合いであった。天皇は「皇帝」であると同時に「神」であった。その「神」を敵に奪われないようにそれを守ることだけが必要であった、というのが城壁のない都城の理由だという。(注14) 七〜八世紀の関西地方における都市の配置はこれを物語るものである。**図1・15**は七世紀末から八世紀末頃の古代都市の遷都の例として、藤原京、平城

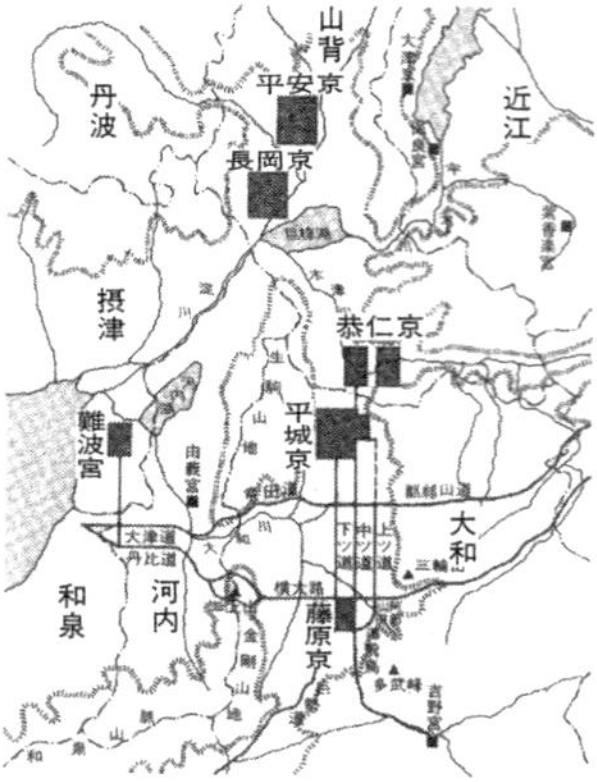

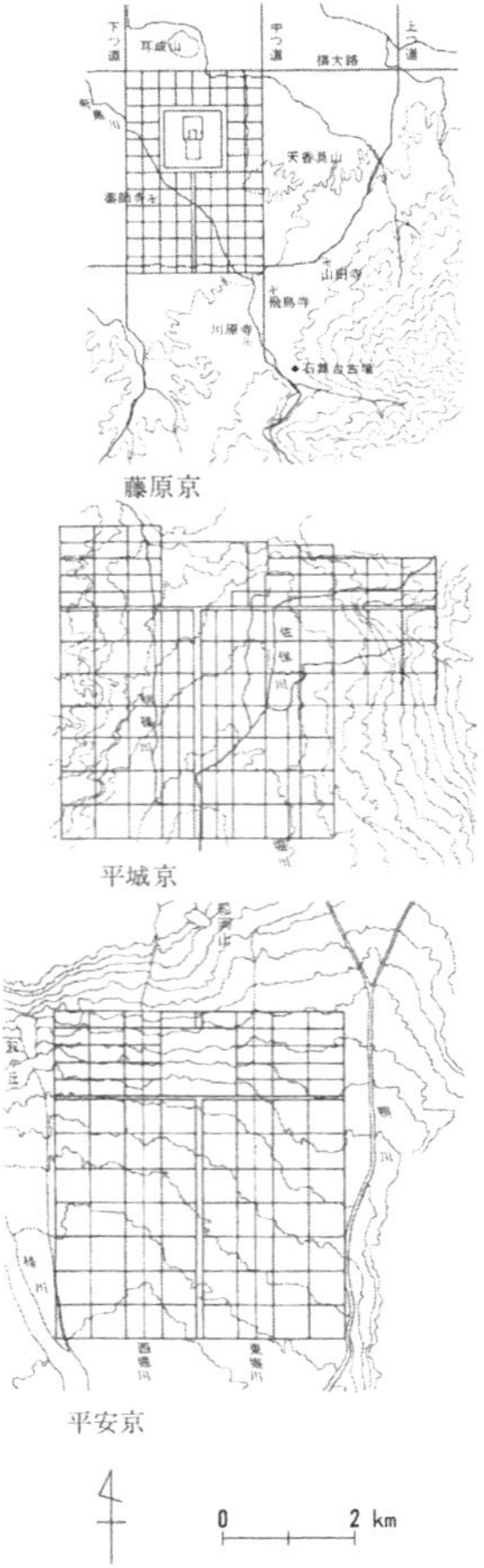

7世紀から8世紀において長安をモデルにした計画的都市が近江，山瀬，大和，河内などの地域に造られた．

図1・15　日本での古代都市の展開
出所：高橋康夫ほか編（1989）『日本都市史入門　I 空間』211,212頁

京、平安京のプランを示している。それぞれ長安をモデルにした格子割の都市計画であり、都市の規模の違いや自然地形との関係、格子割のパターンの違いが読み取れる（第3章参照）。町全体を取り囲む城壁や環濠はみられない。

中世、近世の城下町の場合はどうであろうか。安土城を築いた織田信長は自ら神となることを望んだといわれ、徳川家康は没後日光東照宮に神として祀られた。戦国武将は統治のシンボルとして自らが神となることを望んだのであろう。幕末の長州薩摩軍と幕府軍の戦いも天皇の取り合いで、前者が後者を制したのである。

日本の前近代都市の空間構造による外敵防御は、城壁という堅い殻でなく、城下町ゾーニングによる土地利用の壁でなされた。ヨーロッパや中国では、人民は城内に住み、農民の多くは都城外に住んで、平時には農業に従事し食糧の生産供給を担い、戦時には兵として城内に入る。それが城壁の都市であるが、日本の場合は城を中心にベルト状に配置された武士や町民の居住地で敵に応戦したのである。

一般的には、城を中心とする同心円状の土地利用防御ゾーンで内側になるほど城主の信頼の高い武士が居住し、最後は城の周りの環濠と高い城壁で防戦したのである。

いずれにしても天皇制や領主と武士、農民などの戦時体制の仕組みを受けて日本の城と町の関係、都市と城壁の関係は極めて独自性の高い形状を作り出した。

翻って、日本の近代都市は、パリやウィーンのように城壁の跡を環状道路にするようなことができなかった。たとえば東京を見ると、江戸時代から五街道のように放射道路は発達したが、環状道路はなかった。明治以降、濠を埋めてかろうじて内側の環状道路の一部にあててきたが、城壁跡地のような土地がなくて、市街地の密集化で、環状道路の実現は非常に困難を伴う事業となったのである。そのため、たとえば環状七号線の実現には半世紀を要した。

ところで、個別には、日本の古代・中世都市の中には、軍事防衛上、環濠城塞型の都市構造をとるものもあった。中世末の寺内町《じないまち》もその例である。古代国家の衰退によってその庇護を失った寺院は、中世の動乱を生きぬく危機に直面した。そこに、町衆が立ち上がって寺内町が生まれた。それは、真宗寺院を核にして宗教的連帯感によって構成された都市である。宗教的連帯感に基づいた生活共同体を形成し、維持することを狙いとしたのであった。

寺内町の代表的都市、大和国の今井町は天文期（一五三二～五五）に真宗道場が建設され、元亀から天正期（一五七〇～九二）にかけて本願寺一家衆と今井兵部卿を中心に寺内町がつくられた。環濠と土塁で囲まれた町内は格子状の街割で、長方形街区の南北幅は三六メートル（二〇間）である（**図1・16**）。

寺内町は石山戦争（一五七〇～八〇）に見るように自衛的防御の性格も持っていた。西川幸治によれば「宗教的連帯感によって支えられた運命的共同体」で、「自衛の精神を持ち、

深い人間的共感によって平和な都市生活が戦国の乱世に豊かに展開していた」という。(注15)

中世ヨーロッパ都市では城壁内の住民によるコミュニティが生成されたが、日本の寺内町には宗教的連帯感を通じたコミュニティ感覚の生成が認められる。

寺内町は、一四七一年、越前国の吉崎の建設から、一五八〇年の石山戦争による壊滅に至るまでの一〇〇年あまりにわたって存続した都市であった。やがて、石山を中心とする寺内町は織田信長と衝突して敗れ、寺内町は環濠城塞都市としての自衛の機能を剝奪され、防御のための施設は解体されてしまった。吉崎、石山のほかに、今井、山科《やましな》などが代表的都市であった。

寺内町が崩壊するとともに、戦国武将が城下町を形成していった。現在の日本の中核都市規模以上のほとんどが城下町に起源を持っている。

近世城下町のゾーニング(第6章参照)と街(町)割の特徴は先述したが、①城に近いところに重臣を配し、それらを取り囲む形で中級の家臣と町人、その外側に下級武士居住区や、町屋地区などでゾーン区分された。②各地区内部で屋敷割との関係で街割が行われた。③街割は古代平安京の条坊制が改変して用いられており、「江戸型」「京型」(第3章参照)がある。

たとえば、①の例として、大垣では次の四郭から成り立っていた。第一郭が本丸、二の丸と三の丸で、城郭の中核としてそびえる天守閣や藩の政庁がある場所であり、第二郭は

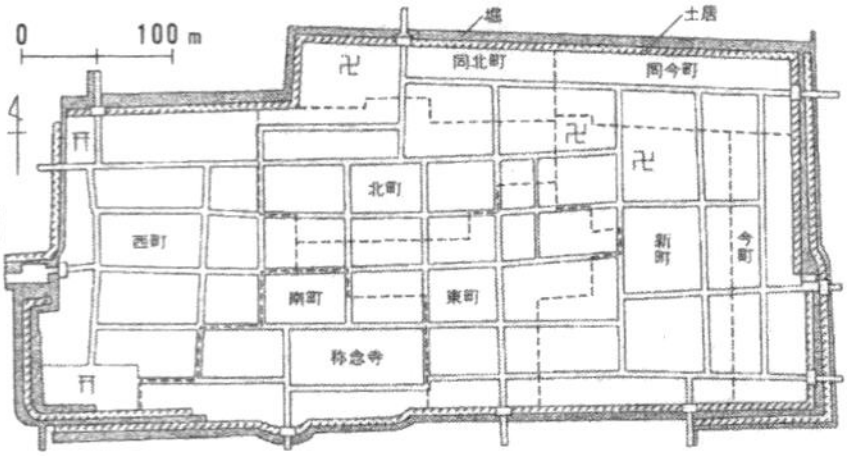

図１・16　今井町の街割
延宝末年（1680年）頃のプラン
出所：都市史図集編集委員会編（1999）『都市史図集』７頁

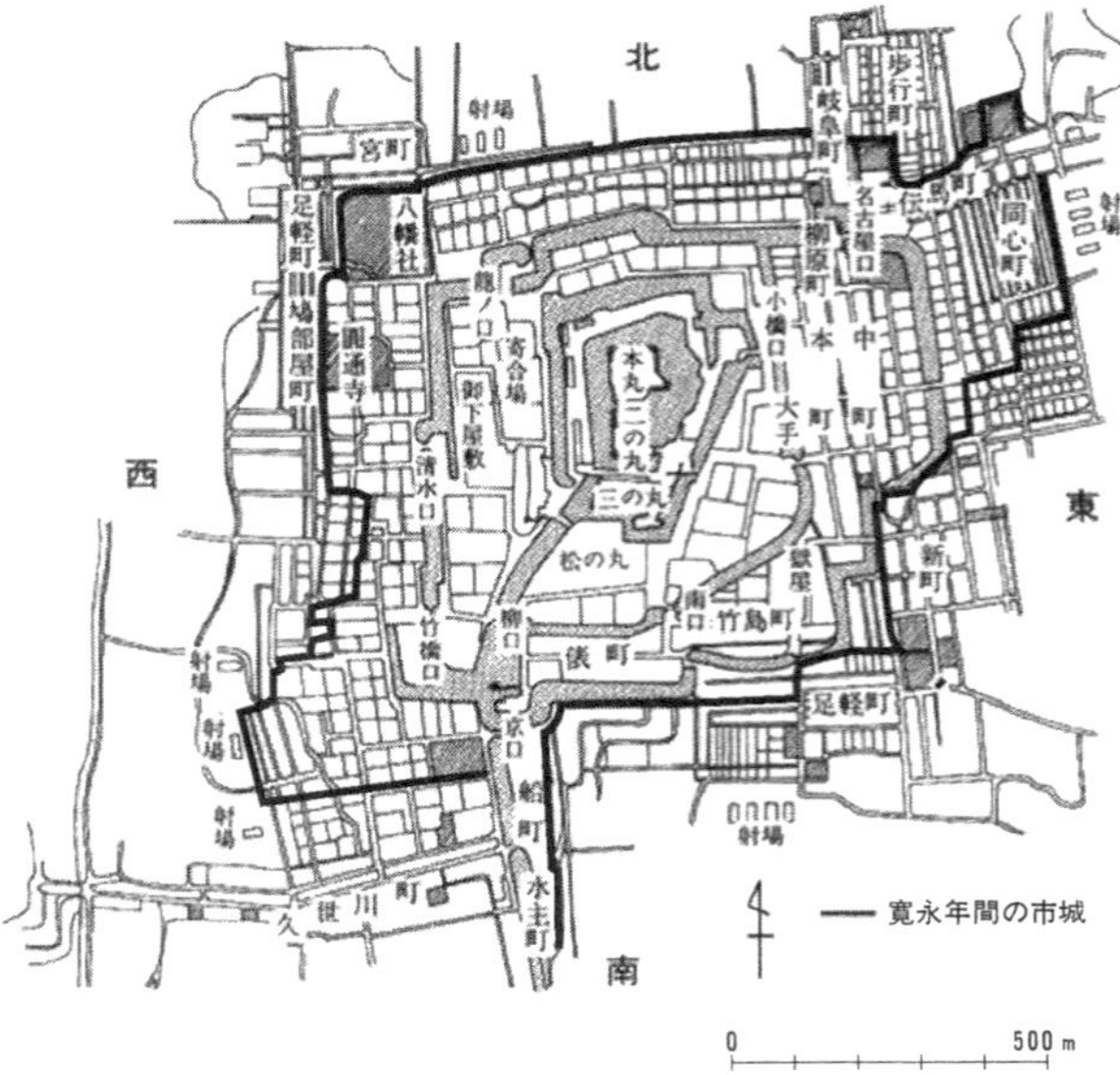

図１・17　城下町大垣
斜線部分は寺内を示す
出所：西川幸治（1994）『都市の思想［上］』175頁

「郭内」または「内曲輪《くるわ》」と呼ばれる重臣の居住区、第三郭には中級の家臣と町人の居住区が取り巻き、第四郭には下級武士の住居と町人の住居が並ぶ。外周の第四郭は周囲を濠や土居で囲郭されることなく、町人の住居も家臣団の居住区も外へ拡大した(注16)（図1・17）。近世城郭の計画はそれ以前の中世城郭とは違い、町全体の都市計画と一体になされた。

大名藤堂高虎は、江戸城を築城した太田道灌《どうかん》と同様、築城術に秀でていた。戦国社会から離脱した都市づくりを展開し、津、伊賀上野、今治、伊予大津、板島（現・愛媛県宇和島市）などの都市計画を行った。武家地、町人地、寺町、木挽地（木材の製材所の場所）、大工町などのゾーニングと道路、街（町）割、主要施設の配置計画を行った。その都市計画は、軍事防衛を条件として確保しつつも、格子状の道路、開放型の街（町）割で、T字路や鉤《かぎ》の手《て》形道路はあまり使わなくなった(注17)。城下町の構成は城郭を中心に武士と町人の居住区が身分制秩序にしたがって配置された。

江戸時代になると、戦国時代までは民衆支配の拠点であった城郭が地域のシンボルに変貌していった。

城壁の解体

城壁の都市では、一般に都市を大きくすることは防衛上危険であったため、ほとんどの都市は極めて小規模の都市であった。しかし、人々は都市の城壁内に住むことを望んだ。

ギリシャの都市は新たな都市を建設することで対応したが、ローマ時代や中世の都市は城壁内部の人口増加につれて建物は高密度に詰め込まれ、耐え難い混雑や疫病に人々は悩まされた。コレラやペストにより人口の半分を失う都市も稀《まれ》ではなかったのである。

ところが、一部の例外的都市は城壁を外へ移築することによって大きくなった。とくに、パリはその顕著な例である。古代帝政ローマの殖民都市であった頃から、パリは度々行われた城壁移築によって同心円的な市街地拡大とともに成長していったのである。**図1・18**の図中の1は古代ローマの殖民都市となる前後に異民族の侵入から身を守るためシテ島に閉じこもったガロ＝ロマン時代（紀元前後）、2はフィリップ・オーギュスト時代（一二〇〇年前後）、3はシャルル五世時代（一四世紀後半）、4はルイ一三世時代（一七世紀前半）の城壁である。5は一七八九年のフランス革命の直前に築かれた物品入市税徴収隔壁である。6はティエールが築いた城壁である。7はナポレオン三世が国から市に移譲させた二つの森（ブーローニュとヴァンセンヌ）を含む現在のパリの市域である。

こうした中世ヨーロッパ都市の城壁は、バロックの都市の時代になって一斉に撤去される。先述したが、火薬が発明され、長距離砲の登場によってそれが無用の長物になったからである。そして、その跡地は、絶対王政の首都改造のために積極的に活用された。たとえばパリでは、ナポレオン三世とオースマンにより、6の城壁は撤去され、現在はペリフエリックと呼ばれる一周約四〇キロの環状高速道路になっている。当時、周辺部が併合さ

図1・18
パリ城壁の拡大配置の変遷
図中のメートル数値は標高を示す

出所：都市史図集編集委員会編（1999）『都市史図集』108頁

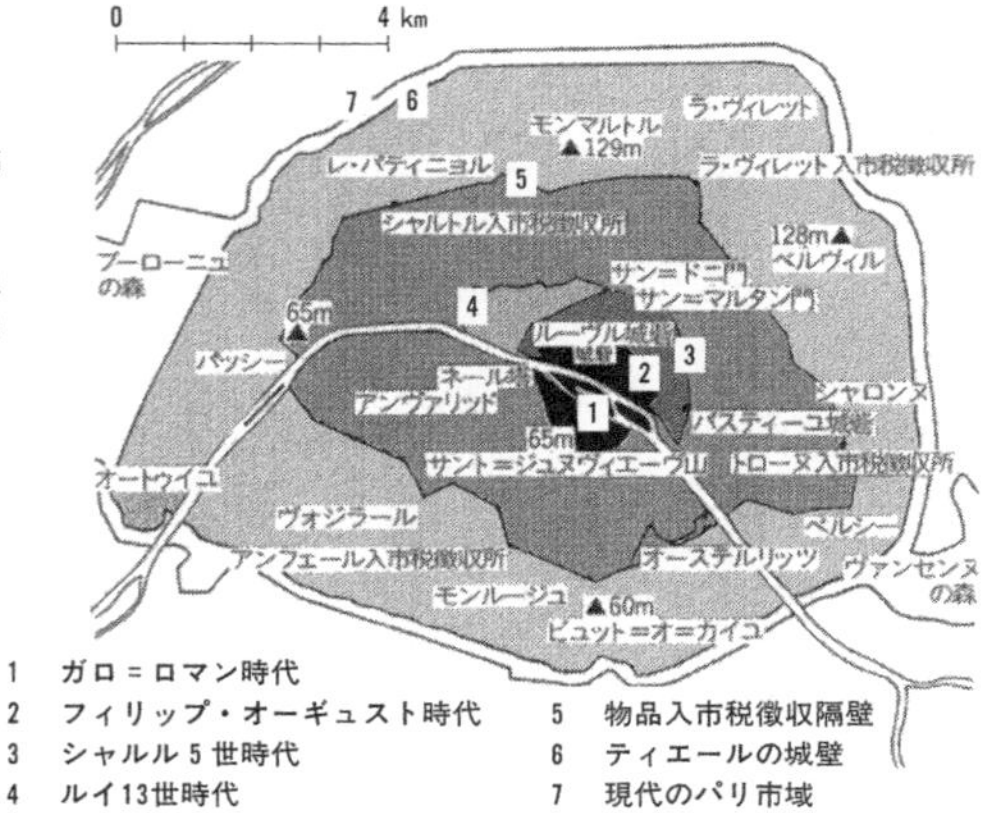

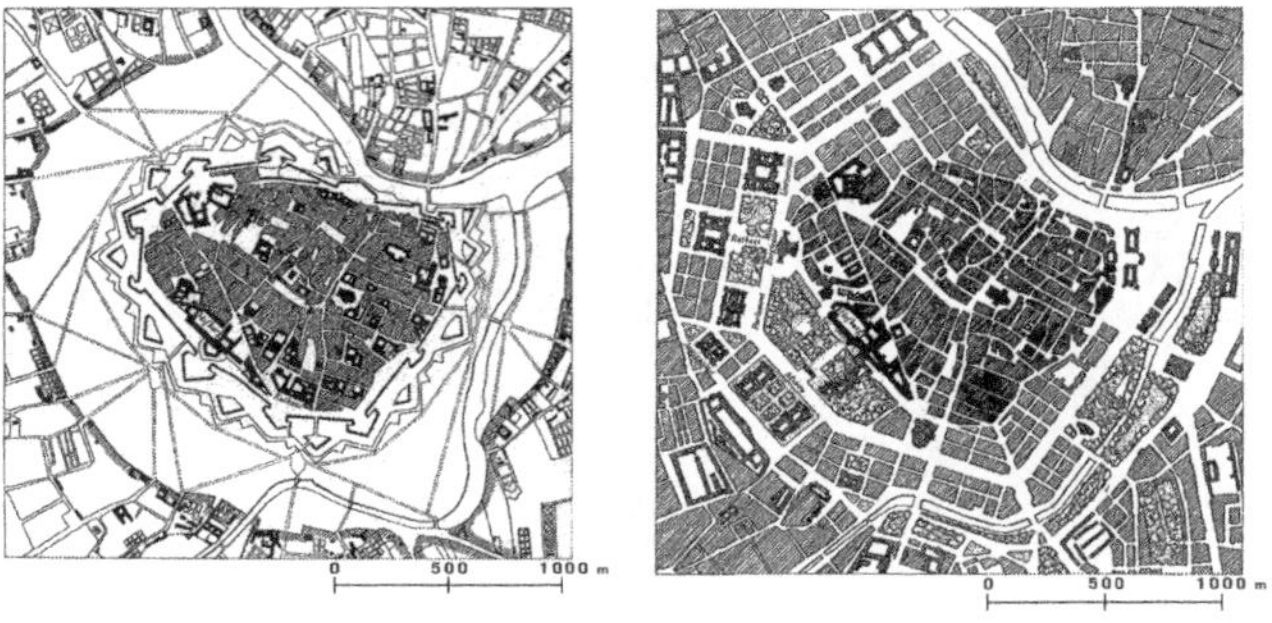

左図は城壁が取りこわされ環濠が埋めたてられる前の状況．右図はそれらの跡地に街割がされ，環状道路と記念構造物などが建設された状況を示す．

図1・19　ウィーンの環濠城壁跡地の開発
出所：S・E・ラスムッセン著　横山正訳（1993）『都市と建築』148,149頁

れたことに伴い、市域が倍増し人口が一二〇万～一六〇万になった。

また、ウィーンでも頑強な城壁と環濠を撤去して、跡地にリンク・シュトラーセと記念建造物が配置された。荘重なバロック建築を並べた、フランツ・ヨーゼフ一世の都市計画が実現されることになる（図1・19）。これについては第4章で述べたい。

城壁の都市の現代的意味

人類は有史以来、城壁の都市をつくり、一八世紀まで維持してきたが、そうした歴史的経験は現代都市にとってどのような意味があるのであろうか。

城壁は、前近代という、人類の抗争社会の最初の都市化の時代に軍事防衛上の施設として誕生し、それ以降永く受け継がれてきた都市の外郭である。それは都市建設の絶対条件であり、一般に、円形あるいは方形をなした。

城壁の存在は、同時に、都市の境界を明確にし、都市と農村、田園地帯との土地利用を区分した。逆に見れば、都市とは、その物理的条件として、コンパクトで、自然や農地とはっきり異なる、区分けされた存在として認識されたといえる。

これらの事実と長年の経験、伝統は、近代に入っての新たな都市化の時代に都市の成長をどのように受け止めるかに重要な影響をもたらした。無秩序な市街地の拡張を押しとどめ、都市地域をコンパクトにするということが早くから当然のこととして政策に取り入れられた。ヨーロッパ各国のこうした経験は、亜熱帯に近いわが国などと較べると、緯度の高さから来る植物の成長力の弱さや、開発により破壊された土地の自然回復力の弱さもあるかもしれないが、それ以上に、農村や自然地域を都市化から守るという強い力になった。

また、時代は下って、近代の大規模都市の時代になると、古代都市から引き継がれた城壁の跡地は環状道路や緑地、公共施設などの重要な空間資源に変わった。パリやウィーンの例が代表的である。

ところで、古代日本の場合は、島国という自然条件や城を中心とする防衛思想の違いが城塞環濠構造を一般化しなかった。わが国の都市は、地球上で例外的に都市の城壁の存在が一般的でなかった。その結果、近代に入ると、急速な都市化の圧力の前に城壁を跡地として都市計画に役立てるという機会には恵まれなかった。また自然地域や農村の侵食には無防備であった。結果的に、先進国の中では、日本の都市だけが広大なスプロール地域の形成を見ることになってしまったのである。

前近代都市での、城壁が生んだ求心的都市構造では中心が重要な意味を持っている。そこには、まず重要な核となる都市施設が配置された。たとえば、ギリシャのポリスではアゴラ、ローマの都市国家ではフォルムと呼ばれた広場であった。こうした古代の広場が民衆の政治討論の場となり民主主義を生み出すきっかけになった。

アゴラは中世になると、次第に商品の取引が主要な機能となってしまうが、ヨーロッパ中世都市では、城壁の外側で力や権威を持つ貴族階級に対し、その秩序とは対照的な広範囲にわたる市民的平等の領域が城壁内の都市に形成されていった。自由な市民層がその領主に対抗して自分たちの共同決定を守り通し、自治をさえ成し遂げる場となったのである。

また、古代から城壁による物理的囲みは、人々に「一体感」を生んだ。防衛上の運命共同体という環境は人々に「共同体感情」を生み、「コミュニティ」を醸成したのである。近代社会に転じて、後の第5章に見る、社会改良主義者がコミュニティを都市に再生しようと試みたのは、過去の都市での人類の生態を社会の規範として必要視したものであろう。「都市コミュニティ」は前近代の城壁の都市の時代を引きずりながら、近代都市計画の基本的テーマの一つになったのである。

注

1　西川幸治（1994）『都市の思想［上］』27頁

2　たとえば、ギリシャではターレス（前六二四頃〜前五四六頃）はじめソクラテス（前四七〇〜前三九九）、プラトン（前四二八頃〜前三四七）、アリストテレス（前三八四〜前三二二）などの哲学者、ペルシアのゾロアスター（前六三〇〜前五五三）、インドの仏陀（前四六三〜前三八三）やマハーヴィーラ（前六〇〇頃〜前五二七頃、ジャイナ教の教祖）、中国では孔子（前五五一〜前四七九）、孟子（前三七二〜前二八九）はじめ諸子百家など。

3　西川幸治　前出　46～49頁
4　増田四郎（1968）『都市』60～61頁
5　E・A・ガトキンド著　日笠端監訳　渡辺俊一・森戸哲共訳（1966）『都市』15頁
6　バースは古代ローマの殖民都市であったが、一八世紀、主に貴族の保養を目的に開発が進み、建築家ジョン・ウッドが円形（サーカス）の連続住居を、中央の広場を囲む新古典主義の様式で建てた。父の事業を受けた子のウッドは、サーカスの次の広場をつくり出すべく、連続住居を三日月形（クレセント）に配したロイヤル・クレセントを建てた。
7　都市史図集編集委員会編（1999）『都市史図集』235～236頁
8　魚住昌良（1993）「ヨーロッパ中世都市の形成―ケルンの古代と中世―」比較都市史研究会編『比較都市史の旅　時間・空間・生活』原書房　所収
9　Eliel Saarinen (1965) "The City: Its Growth, Its Decay, Its Future" pp.37～53
10　中嶋和郎（1996）『ルネサンス理想都市』10頁
11　同右　22頁
12　同右　228～229頁
13　西川幸治　前出　93頁
14　上田篤（2003）『都市と日本人―「カミサマ」を旅する』50～53頁
15　西川幸治　前出　148頁
16　同右　174～178頁
17　藤田達生（2006）『江戸時代の設計者』140～226頁

第２章　都市施設と都市住居

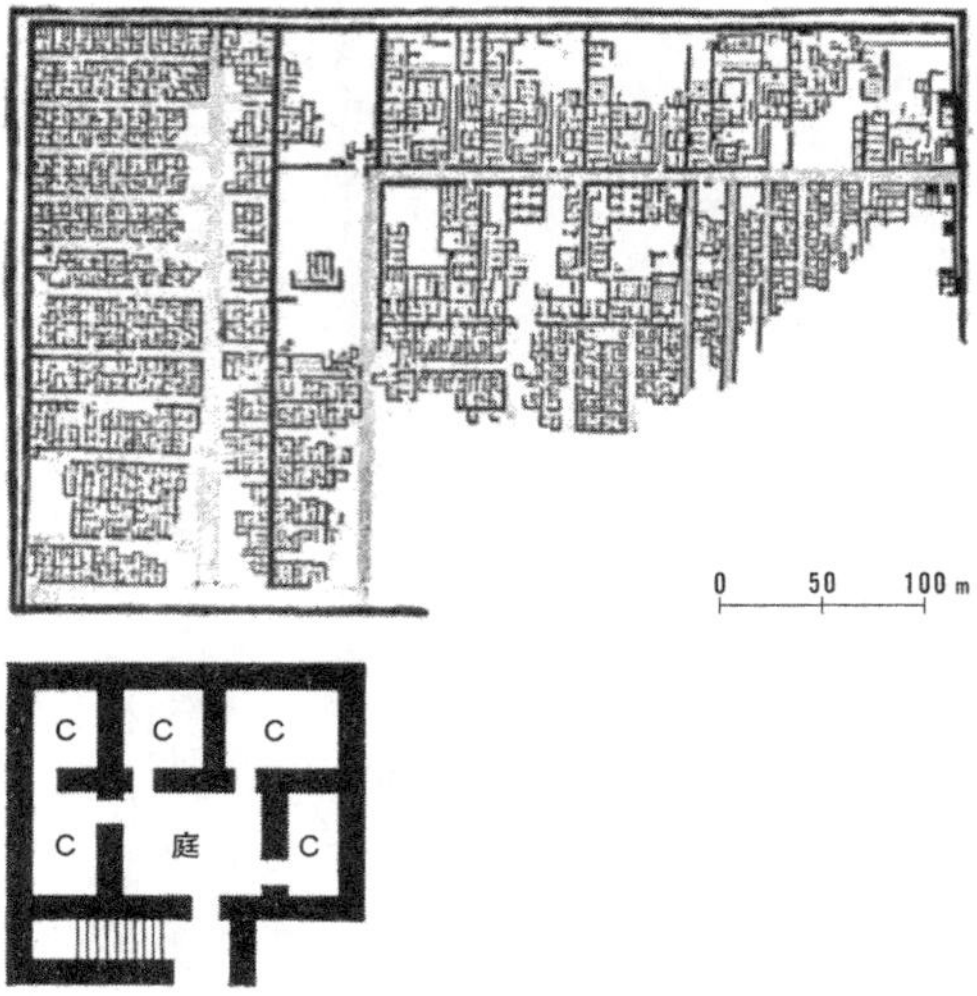

図２・11　エジプトの古代都市カフーンとその住居
Ｃは居室を示す
出所：ガリオン／アイスナー著　日笠端・森村道美・土井幸平訳（1975）『アーバン・パターン』７頁

古代、中世の都市は軍事防衛施設の城壁に守られた空間の中での生活共同体、運命共同体であり、それぞれ固有の象徴的記念建造物を有した。そして、それらと合わせて人々のコミュニティや交流のための都市施設が生まれ、発展していった。

そうした都市の共同施設、公共公益施設が、広場、市場、共同倉庫、学校、図書館などであり、慰楽施設、競技場なども生まれた。このほか、都市を統合し運営管理していく施設として、宮殿、神殿などがあり、さらに寺院も都市に設けられた。

本章では、古代、中世の都市形成の二大要素、都市施設と都市住居について見ていきたい。

A 都市施設

都市施設の誕生

人類が定住を始めた場所が都市に進化していく過程で、まず都市施設として生まれたのは、食料の貯蔵空間、取引の場所、都市運営のための情報の貯蔵場所、教育のための場所であった。

〈倉庫と市場〉農業の生産性向上で得られた大量の余剰生産物は、道路や河川、灌漑水路を通じて農村から都市へ移送された。それらを都市に貯蓄する技術が開発され、穀物庫が整備され、余剰農産物を交換する市場が設けられた。倉庫と市場は、都市に生まれた原初的な都市施設であった。たとえば、インダス文明のハラッパーやモヘンジョ－ダロの穀物庫、エジプトの国庫、メソポタミアの神殿倉庫がある。

市場は貨幣のない時代から物々交換の場として成立した。それは経済活動の中心であり、古代から枢要な都市機能として不可欠のものであった。

ヨーロッパ古代都市から成立していたマーケット・プレイスは、ギリシャ、ローマ時代の都市には必ず主要施設として存在し、その配置が重視された。たとえば、ギリシャ都市の初期のアゴラは市場であった。

中国の『易経』の繋辞伝《けいじでん》によると、「市」の創始者は太古の帝王神農《しんのう》とされ、王は日が中天に昇る頃市を開いて、民衆を呼び寄せ広く物資を交易して各人の欲しいものを手に入れさせたという。古代都市には必ず「市」の場所が定められた。唐の長安には、東市と西市が設けられていて、この構成は平城京や平安京にも取り入れられた。「市」の周辺には大勢の人が集まる歓楽街が生まれた。

イスラーム都市では、市場はスーク（ペルシア語ではバーザール）と呼ばれる。スークはイスラーム世界の都市独特のもので、物と人と情報が集まる活気に満ちた商業、流通空間である。大モスクの周りにスークが発達し、都心の公共的な空間を形成し、聖と俗の空間が一体化して祝祭的な雰囲気を持つようになった。イスラーム社会では、イスラーム教を説いた預言者ムハンマド自身が商人階級の出身であったこともあって、商業が最初から重要な役割を果たしていた。

〈書庫と学校〉都市を維持運営していくために、その経験をまとめた文書を保管する書庫がつくられ、それらを教える学校が設けられた。都市を成立させるためには高度な技術、整備された管理機構が必要であった。古代の都市文明はそれぞれ固有な文字を持っていたので、文字による記録を集中管理するための書庫が都市に設けられ、この蓄積された情報を伝達するための学校もつくられたのである。(注1)

〈広場〉市場は大勢の人間と物が集まり、取引が行われる広場である。広場の成立には、多様なルーツがあるが、古代ギリシャ都市では、先述のように、まず市場としての役割から始まった。人々が大勢集まるので、次第に政治家の演説や市民の討論の場になり、政治的な議論の場としての屋外空間、アゴラになったのである。ローマ帝国の時代になると、さまざまな公共的施設で取り囲まれた特別な場所に変わった。中世ヨーロッパ都市では、再び市場機能が広場を支配するようになったが、一貫して都市の重要な空間であり、多目的施設となってきた。道路のわきに生まれた休息の場所、宮廷の前の広場、教会の前の広場など、広場自体が都市の中に随所に見られるようになったのである。

〈神殿〉エジプトでは王は神であり、ピラミッドは死後の王の居所、王陵であった。メソポタミアの王は都市の神につかえる下僕と呼ばれ、それを祀る聖塔ジッグラトが存在する。

バビロンの宮殿と神殿はとりわけ壮大な神殿複合体を成していた（図2・1）。前六世紀はじめの頃の施設、バベルの塔（ジッグラト）はバビロン中心街のマルドゥク神殿の北側に位置する神殿複合体エ・チメン・アン・キの中にあった。

ペルガモンのアクロポリスは、小高い丘の上に、複数の神殿、アテナ神殿（図2・2は復元された建物）、トラヤネウム（ローマのトラヤヌス帝建立）、ディオニソス神殿、大祭壇と他のさまざまの都市施設、（たとえば、倉庫、図書館（前一世紀に二〇万の書巻所蔵）、劇場（二一ヵ所））、市場などが一体となった壮大なものである（図2・3）。ペルガモンはペルガモン王国（前三〜前二世紀。その後ローマの属州となりローマ滅亡後はビザンティン帝国に属し、一四世紀はじめにオスマン帝国に征服された）の首都である。古代アテネを継承したヘレニズム文化は、アレクサンドロス大王の死後、エジプトがローマに併合されるまでの間に広まった。ポリスの個人への強力な支配が薄れた世界市民主義的生き方から生まれた文化で、アテネ、アレクサンドリア、ペルガモンなどがその中心であった。ペルガモンの遺跡は、一九世紀にドイツの探検隊により発掘された。そのためベルリンにペルガモン博物館がある。

古代ギリシャでは都市自体が特定の神にささげられ、神域とされていた。都市は守護神に守られていた。たとえば前章で触れたが、アテネではアテナという女神がそれにあたる。

古代ギリシャでは、あまり高くなく、登りやすいが、同時に守りやすい丘にアクロポリスがまず建てられ、その入口に近いところにアゴラができた（**図2・4**）。町や耕作地はその周りの傾斜地に集まっていた。都市を取り巻く城壁は後に付け加えられた。歩行で生活できるサイズの都市である。生活は農業に依存しており、都市国家ポリスは都市と周辺《とりで》の農業地域を含んでいた。アテネのアクロポリスは、前一五世紀にアテネの町とともに砦として築かれ、前六世紀にアテナ古神殿が建てられたが、前四八〇年にペルシア軍に破壊され、その後、政治家ペリクレスによって再建された。

要するに、アクロポリスは外敵の攻撃に対し、避難し防衛する砦であり、その中に、勝利の守護神を祀ったのが神殿パルテノン（「処女の間」という意味）であった（**図2・5**）。その北側にエレクテイオン神殿も建っている。アクロポリスの広さは東西約三〇〇メートル、南北約一五〇メートル、面積約四・五ヘクタールで、聖所とされていた。

アクロポリスとアゴラは、ポリスの二重の核を形成していたが、時代が移り、政治上の

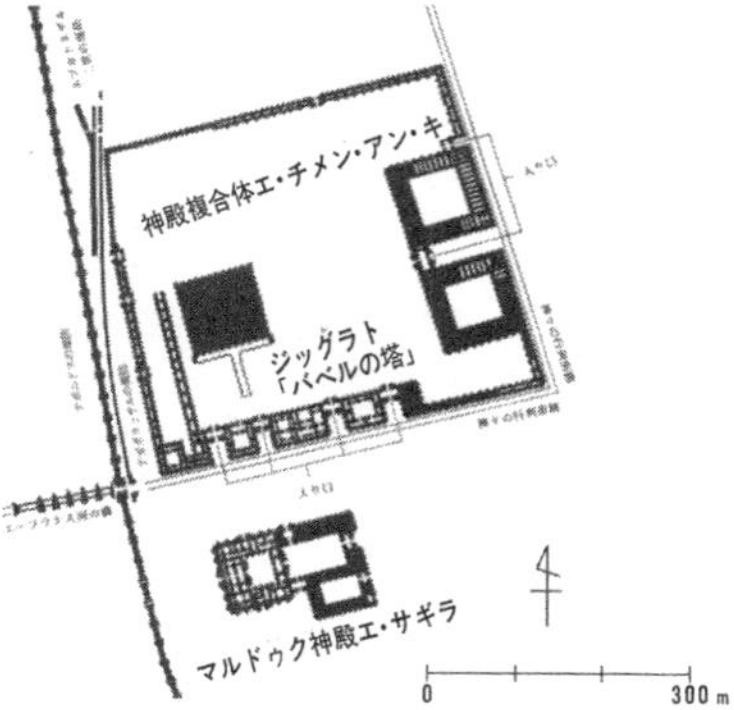

**図 2・1　バビロン市中心街の
マルドゥク神殿の略図**

前 6 世紀初期
出所：ペルガモン博物館（ベルリン）(1993)『バビロンのイシュタル門』36頁

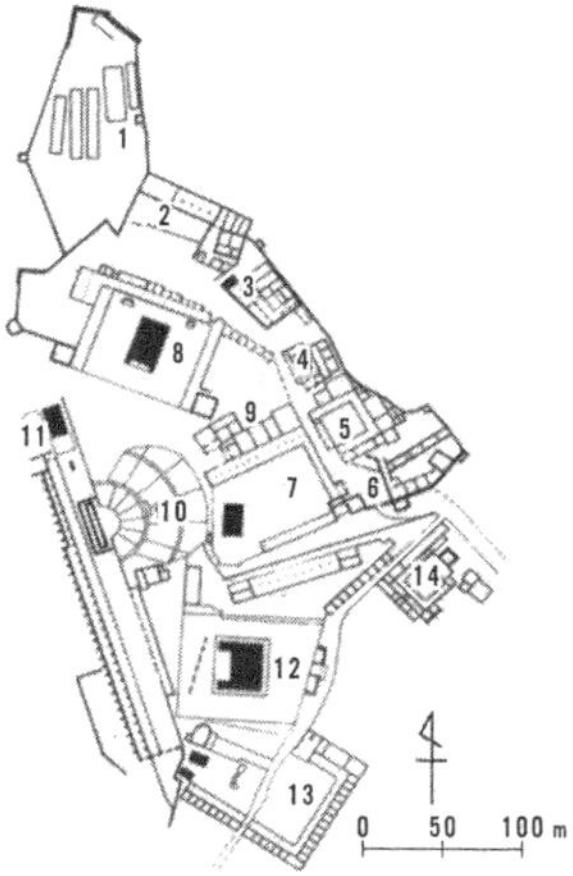

1　倉庫
2－5　宮殿
6　城門
7　アテナ神殿
8　トラヤネウム(ローマ皇帝トラヤヌス建立の神殿)
9　図書館
10　ディオニソス劇場
11　ディオニソス神殿
12　大祭壇
13　上市場
14　ヘローン(地方支配者をまつった建造物)

**図 2・3　ペルガモンのアクロポリスの
見取り図**

出所：ベルリン国立博物館（1992）『ペルガモンの大理石大祭壇　その再発見、歴史と復元』15頁

図 2・2　ペルガモンのアテナ神殿正面

ペルガモン博物館の復元
出所：ベルリン国立博物館（1992）『ペルガモンの大理石大祭壇　その再発見、歴史と復元』18頁

変化に伴って両者の関係は変わってしまった。アゴラはアクロポリスをしのいで政治上、実用上の重要性を増し、アクロポリスの多くは単なる飾りのような施設になってしまった。

〈宮殿〉宮殿は支配者の城であり住居でもあるが、同時に、行政施設でもある。長安や平安京の都城の中核は宮殿である。

宮殿以外の官庁建築としては、ギリシャ、ローマの都市にさまざまのものがあった。たとえば、元老院、議会、集会所、裁判所などである。

〈その他〉市民が楽しむ施設として、ギムナシオン（運動施設）、劇場、スタディオン（競技場）などがあり、大規模なものがアテネ、ローマに建設された。「スタディオン」という語は距離の単位にもなり、若干の地方差はあるが、およそ二〇〇ヤード（約一九〇メートル）で、またこの距離のレース、またはこのレースの行われる場所を意味していた（図3・3の縮尺にこの表示がある）。

ローマ時代になると、運動施設にはとくに凝った温泉場が備えられるようになった。浴場はさらに重要な要素になり、ギムナシオンと浴場はほとんど同義語であった。

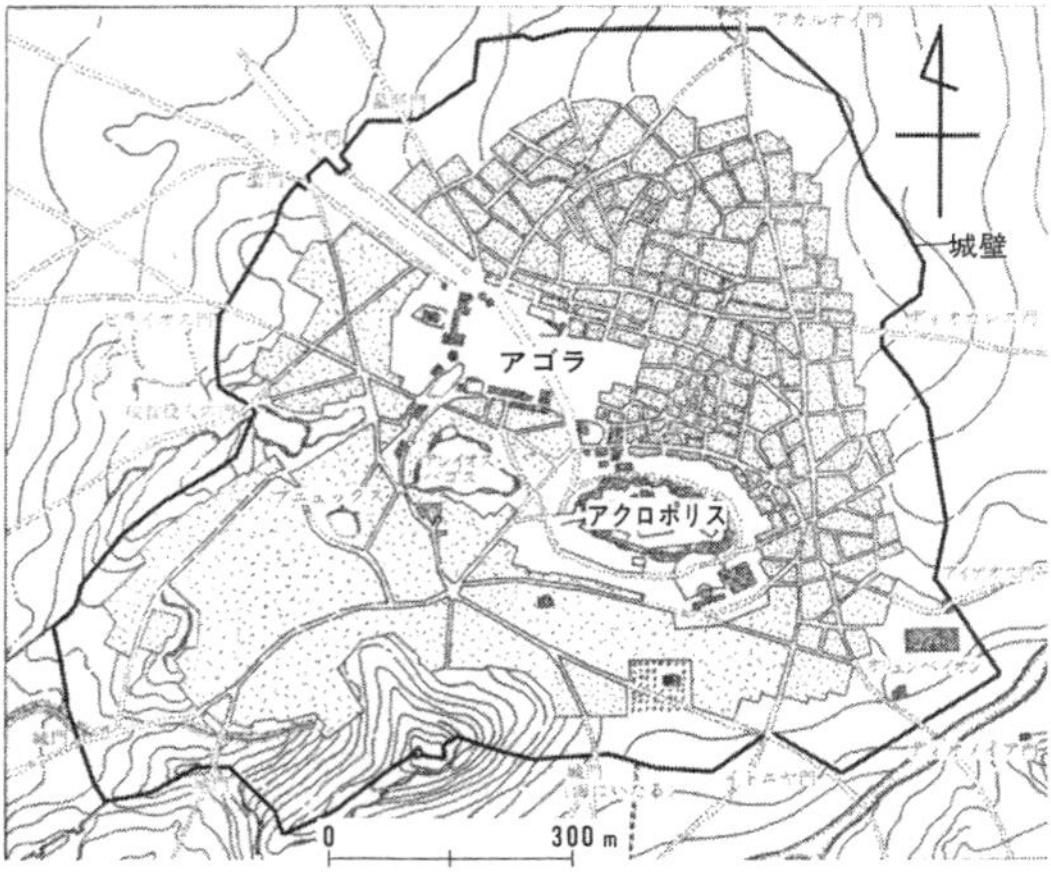

図 2・4　前 5 世紀のアテネ
道路は遺跡や市門の位置などから推定され、多くは想定復元である．
出所：R・E・ウィッチャーリー著　小林文次訳（1980）『古代ギリシャの都市構成』20頁

図 2・5　アテネ　アクロポリスの丘のパルテノン神殿（想像図）
出所：カミッロ・ジッテ著　大石敏雄訳（1968）『広場の造形』17頁
写真：清水久美子

アゴラ

アゴラは、繰り返すが、古代ギリシャ都市をもっとも特徴づける中心的施設である。「アゴラ」(agora) という語は、元来、古代ギリシャ語で「集める」という意味の動詞に由来する名詞である。また、アゴラという言葉には、「民会で演説する」「話す」という意味のアゴレウエインと、「買い出しにいく」「買う」という意味のアゴラゼィンの二つの意味もある。

アゴラは、はじめは市場であったが、次第に、一般的商取引や政治活動の中心となっていった。そこには店や露店が並んでいた。毎日の必要物資を買い出すため朝から多くの市民で賑《にぎ》わい始める。市民が買物に参集する市場には、土製の導管によって新鮮な清水が引き入れられた泉水場があり、生活にとってなくてはならない水を市民に提供した。アゴラは、最初は泉水場に形成され、その後に広場として整備されていった。広場に近く、しかし直接には面していないところに集会場、議場、元老院などが置かれた。

アゴラは通常、町のほぼ中央に位置し、東西と南北に主要な街路が通じている。すべての市民が市場で用を足し、その近くの公共建物での政治集会に出たりするのに、都合の良いように計画された。

前五世紀から前四世紀前半にかけてのギリシャには、政治体制としての民主主義があったとされる。アリストテレスがポリスの市民を「政治と裁判の権利にあずかるもの」と定義しているが、アゴラが持つもう一つの機能は、ポリスの市民が平等にこれらの権利を行使できる場所を提供することであった。さらに、民主政治の実行には不可欠の情報の開示にかかわる施設も併設されていた。アゴラは、民主政治体制の中の「公共」の生活の核として形成されたのである。

計画的につくられたアゴラの平面プランは幾何学的な形で、正方形または長方形の広場は柱廊（コロネード）で囲まれていて、広場の周りの建物を隠していた。オープンスペースを横切る人と市場に集まって商売や取引をしている人とが、お互いの動きを妨げないように配置されていた。街路は通常アゴラを横切らずにそこで終点となっていたので、そのオープンスペースは第一に人の往来のために確保された。建物の窓は街路に直接開くことを禁止され、排水を街路に垂れ流しにするのも許されなかった。(注2)

ストア

アゴラにはストアという、ギリシャ人によって創造された芸術的形態を持つ独特の建物が付随していた。それは単純で、融通のきく建築で、開放されたコロネード（柱廊形式）からなり、通常、背面に壁があって、柱列と壁とがともに屋根で覆われていた。**図2・6**はヒッポダモスが設計したプリエネのアゴラの北側に接して位置するストアの想像図である。

ストアの起源ははっきりとしない。ギリシャ建築より古い例として、エジプトでは神殿の壮大な中庭にコロネードが用いられ、ミノスやミュケーナイの人々は神殿にこれを用いていた。

ストアは、アゴラと同様、種々の目的に使われた。政治上、商業上、その他、広く社会的な用途に用いた。このような建物にはさまざまな利用法があって、玄関ポーチとなることもあるし、ファサード（建物の正面）や庇《ひさし》となる場合もあった。中庭の一方の側面、またはいくつかの側面にそって配置され、内外に柱を回した周柱式の形態をとることもできた。

ストアはギリシャの気候に適していた。一般市民に仕事や休息のために暑さを避けるここちよい日陰を提供した。風や突風からの避難所ともなった。

大きなストアでは、二重に柱列が置かれ、それらの列柱のオーダー（古代ギリシャ・ローマ建築の様式の称）は太く簡素なドーリス式、細く優美なイオニア式を使い分けた。メガロポリスのフィリッポスのストア（前四世紀、現在の遺跡は前二世紀のもので長さ一五六メートル）や、デロスのアンティゴノスのストア（前三世紀、長さ一二〇メートル）では、翼部を持つ壮大な形式で計画されている。

以下に、いくつかのアゴラとストアの具体例を見てみたい。

〈プリエネのアゴラ〉(図2・7) プリエネは前四世紀に再建されたイオニアの代表的都市の一つで、ギリシャ時代からヘレニズム時代への推移を体現している。

プリエネの都市プランは、第3章で述べるヒッポダモスの計画による碁盤目状の街割で、アゴラは地理的にほぼ町の中心にあり、コの字形ストアと一の字形ストアの二つに取り囲まれ、その中を東西方向の主軸街路が貫通している。その周りに、神殿、公共建物と商店群が配置されている。娯楽の施設は、体育館と競技場と劇場が配置されている。プリエネの場合、アゴラは市民の生活必需品の買物の場所であり、また、市民の政治談義や情報交換の広場としての役割も担っていた。

〈ミレトスのアゴラ〉(図2・8) ミレトスもヒッポダモスが設計した碁盤目状の街割で、アゴラは町の中心ではなく港と一体に配置されている。アゴラの中で最大の面積を占める市場は歩行者の動きが自在なように設計され、街路はオープンスペースをバイパスしたり、終点であったりする。商店へのサービス動線は市場を囲む外側の街路からなされる。市場を囲む建物は外向きの一連の部屋と考えられた。形は直線で囲まれたものだが、各空間の配置に対称性はない。ストアと市場広場との関係はほぼプリエネと同じように広場の一角に接し、広場として一体の広がりを成している。

図 2・6　プリエネのストアの復元想像図

出所：R・E・ウィッチャーリー著　小林文次訳（1980）『古代ギリシャの都市構成』142頁

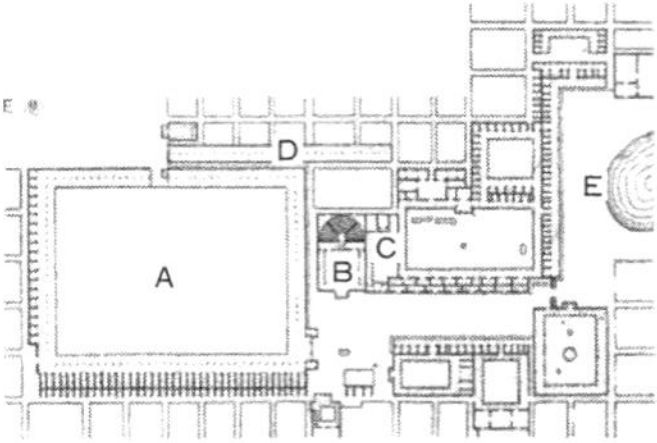

A　市場
B　ボウレウテリオン（議会）
C　プリュタニューム（元老院）
D　ストア
E　港

0　50　100 m

図 2・8　ミレトスのアゴラ

都市図は図 3・1 参照
出所：同右、21頁

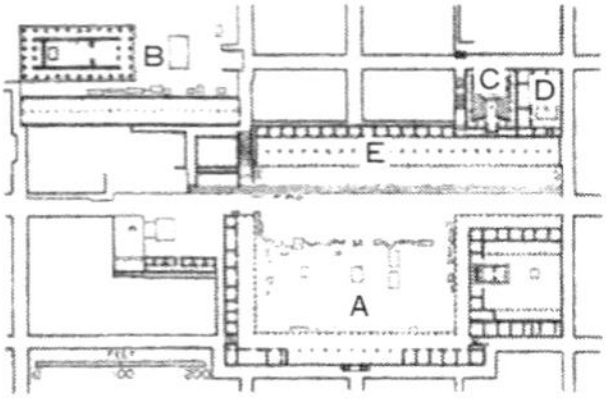

A　市場（まわりをストアが囲む）
B　神殿　　D　元老院
C　集会場　E　ストア（柱廊）

0　150　300 m

図 2・7　プリエネのアゴラ

都市図は図 3・2 参照
出所：ガリオン／アイスナー著　日笠端・森村道美・土井幸平訳（1975）『アーバン・パターン』21頁

ローマのフォルム

ギリシャのアゴラにほぼ匹敵する施設が、初期共和制時代のローマのフォルム（フォルム・ロマヌム）である。そこは取引と政治活動の最初の中心であり、小さな建物に囲まれていた。

しかし、帝政ローマ時代（紀元前二七年以降）に入ると、フォルムを取り巻く舞台は一変した。世界制覇を目指す凱旋《がいせん》将軍たちが、打ち続く軍の勝利の記念物を次々に新たなフォルムにつくっていく。元のフォルム（**図2・9(b)**）の周りには新たなフォルムがどんどん拡張され、比類のない壮大な記念建造物の集積した〝皇帝のフォルム〟が生まれた（**図2・9(a)**）。支配者たちの栄光と神格化の巨大記念物がつながったこれらの大きな公共空間の周辺市街地は、市民の多数の仕事場と建て混んだ棟割長屋で占められていた。

帝政ローマ時代のフォルムに見られる建築の考え方はギリシャよりもオリエントに求められている。皇帝のフォルムは神殿の軸を中心として完全に左右対称につくられ、神殿はその囲みの一端にあって、正面を強調するように配置されていた。

ポンペイのフォルム（**図2・10(b)**）は格子割の街路網の中心にあるが、規則正しい街路は都市人口が増加して地域が拡大したときにつくられたものではないかと推測されている。

南北に長い長方形のコロネードで囲われた広場で、北端に神殿を持ち、南西の角には多

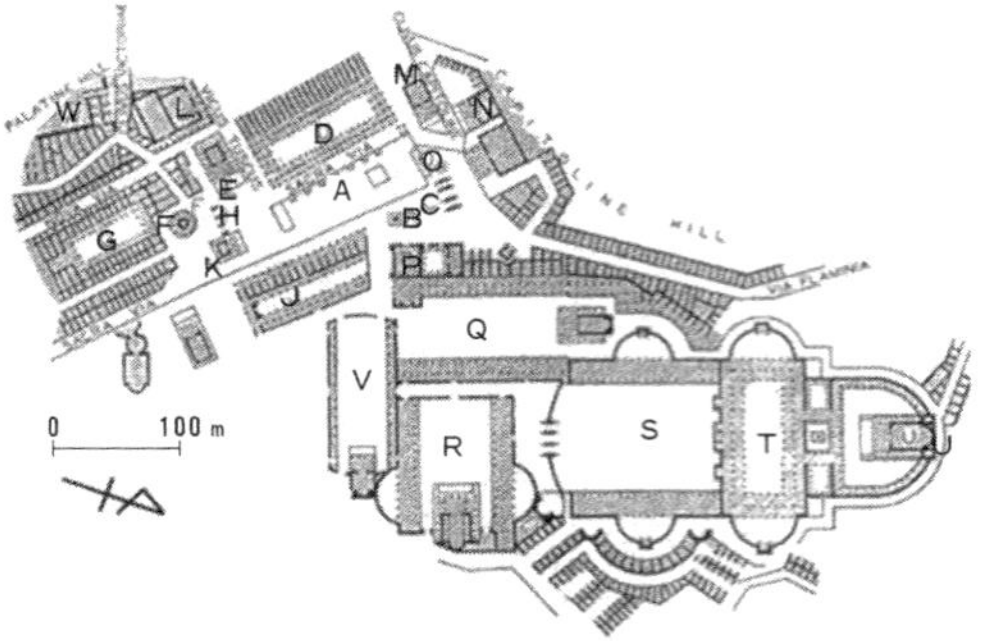

A フォルム・ロマヌム
B 市民会場
C セベリウス門
D イウリア教会堂
E カストルム神殿
F ヴェスタ神殿
G アトリウム
H アウグストゥス門
J プエミリア教会堂
K J・カエサル神殿
L アウグストゥス神殿
M サトゥルヌス神殿
N ヴェスパニアヌス神殿
O ロストルム（演壇）
P 元老院
Q J・カエサル・フォルム
R アウグストゥス・フォルム
S トラヤヌス・フォルム
T ウルビア教会堂
U トラヤヌス神殿
V ネルヴァ・フォルム
W ティベリウス宮殿

(a) 4 世紀ローマのフォルムの構成

出所：ガリオン／アイスナー著　日笠端・森村道美・土井幸平訳（1975）『アーバン・パターン』31頁

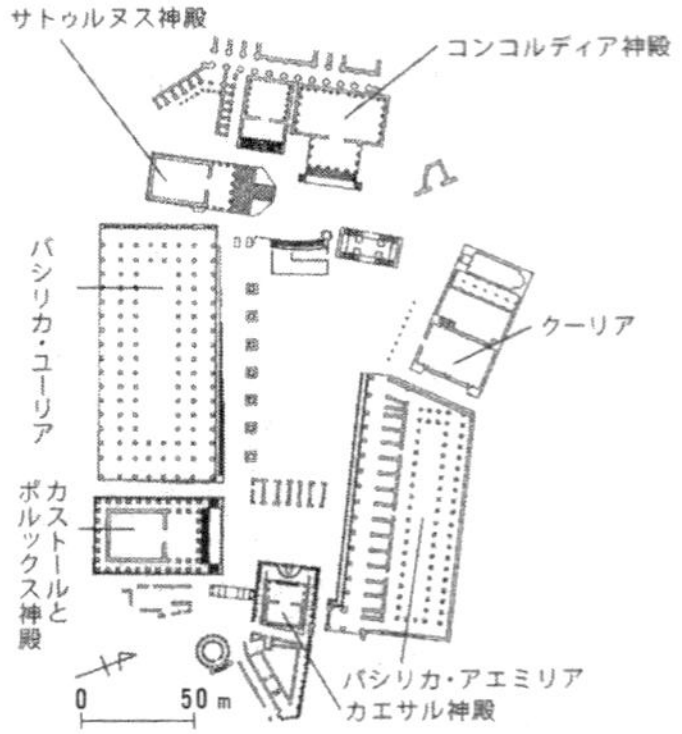

(b)元のフォルムの平面図((a)のAの部分の拡大図)

バシリカは天井の高い中央の柱廊と両側に低い側廊をもつ古代ローマの大広間建築.

出所：陣内秀信ほか（2005）『図説西洋建築史』24頁

図 2・9　ローマのフォルム（フォルム・ロマヌム）

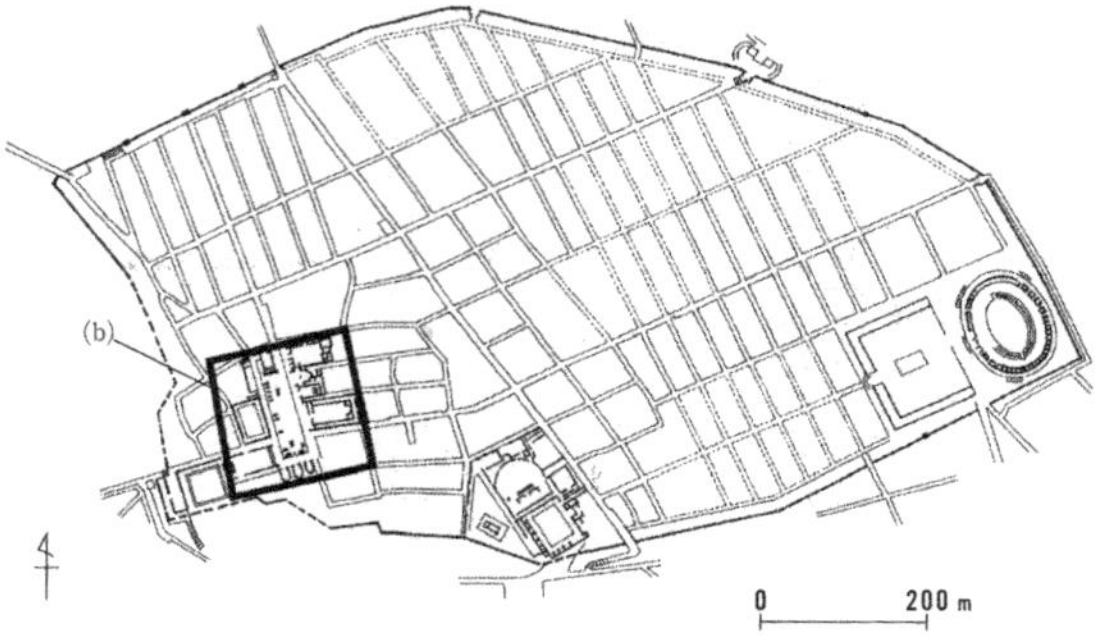

(a)ポンペイの都市プラン
出所：高橋康夫ほか編（1993）『図集　日本都市史』35頁

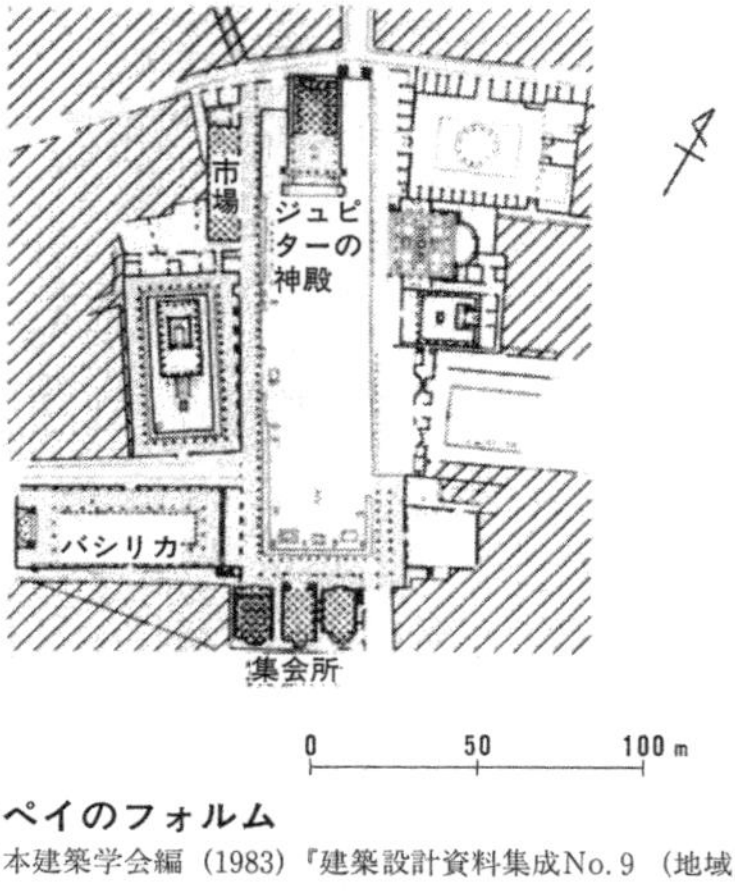

(b)ポンペイのフォルム
出所：日本建築学会編（1983）『建築設計資料集成No. 9（地域）』180頁

図 2・10　初期ローマ時代の都市ポンペイ

目的ホールとしてのバシリカがある。北西には市場がある。広場の周囲はすべて公共的な用途の建物であり、個人の住居はない(注3)。

ヴィトルヴィウスによれば、長方形の形状は剣闘士のデモンストレーションやそのほかの行事にフォルムを利用したからとしている。柱廊は、見物人たちのバルコニーを支えている(ポンペイはナポリから南東に約二三キロに位置する。前六世紀前半にエトルリア人の都市として建設され、前二世紀に大きな発展を遂げた。第二次ポエニ戦争でカルタゴを破ったローマが東地中海域にも勢力を拡張、それを背景とする交易とオリーブ油やブドウ酒の製造販売、ナポリ湾と内陸部を結ぶ商業、肥沃な土地に恵まれた農業によって栄えた。紀元七九年のヴェスヴィオ火山の噴火により埋没、一七四八年に遺跡が発見され、発掘が始められた。現在、都市の五分の四が復元されているがなお発掘中である)。

ローマの都市施設

古代ローマは強力な軍事力によって広大な帝国支配地域の富を首都建設につぎ込み、ローマ法と行政システムによって都市圏の経営を可能にした。歴史学者の推定では、人口が一〇〇万人に達したのは二世紀頃とされている。四世紀頃のローマはもっとも栄えた時期で、稠密《ちゅうみつ》な都市居住地と膨大な量の壮麗な公共建造物群で形成されていた。しかし、人口が膨れ上がった結果、市街地は過密になり、スラムが増大し、富裕な人たちはローマの郊外に脱出していった。

三一二〜三一五年のローマ市の調査によるデータを現代風に区分してみると、市民が利用する公共空地、教育文化施設、記念物的施設が多い。(注4)このデータ（**表2・1**）で数が記載されている公共的施設の中で多いのは、泉水（一二一二ヵ所）、水泳プールまたは水浴槽（七〇〇ヵ所）、寺院（四二三ヵ所）、貯蔵庫と倉庫（二九〇ヵ所）、貯水槽（二四七ヵ所）などである。

ローマには公衆衛生政策として、浴場が積極的につくられた。個人の邸宅の半数以上にも浴室が備えられていたようである。また、公衆浴場には大規模で贅沢《ぜいたく》な施設になっているものが少なくない。そこは市民の交流の場となり、同時に、ギリシャのアゴラのように、政治的な議論の場にも利用された。最盛期には、同時に六万人以上もの人が入浴できたと推定されている。ローマ人はここで身体を清潔にするだけでなく、集《つど》い、楽しみ、さらに読書もした。図書館が併設されていたものもあったのである。

ローマの殖民都市においても、必ず大きな公衆浴場の遺跡を発見できる。とくに、イギリスのバースの浴場は豪華であった。

イスラーム都市の都市施設

六一〇年頃、イスラーム教が誕生し、アラビア半島西側にメッカ、メディナの町が栄

現代的区分	都市施設名
交通施設	・橋梁（8）
公共空地	・公共広場（18） ・公園と庭園（30） ・泉水（1212） ・墓地への入り口（37） ・公共レクリエーション場（8） ・水泳プールまたは水浴槽（700）
供給施設／処理施設	・貯水槽（247） ・下水道
教育文化施設	・図書館（28） ・剣闘士学校（4） ・公共劇場（3） ・野外劇場（2） ・円形競技場およびスタディアム（2） ・航海術の見世物のための水面劇場（5）
宗教施設	・寺院（423）
市場／と畜場／火葬場／流通業務団地	・貯蔵庫と倉庫（290） ・公共マーケット
住宅施設	・個人邸宅（1790） ・個人浴室（926）
官公庁施設	・元老院会議場 ・皇帝の宮殿 ・国家の行政府の建物
その他	・オベリスク（6） ・大きな馬の彫刻（22） ・公共の人物彫刻像（1万） ・公共パン屋（254） ・バシリカ＝会堂（10） ・インスラ棟（4万6602） ・大浴場（11） ・大理石製のアーチ（36）

（括弧内は施設数）

表２・１　古代ローマ（４世紀前半）の都市施設一覧

出所：アンソニー・M・タン著　三村浩史監訳（2006）
『歴史都市の破壊と保全・再生』45, 46頁をもとに作成

え、八世紀には代表的なイスラーム都市バグダードが建設された。

イスラーム都市はコーランとスンナ（ムハンマドの言葉などを書いたもの）に基づくイスラーム法によって建設され、運営されている。その宗教施設としては、まずモスクがある。尖塔ミナレットを持つ大モスクは町の中心にあり、金曜に集団礼拝が行われる。住宅街などにある小規模なモスクでは日々の礼拝が行われる。

教育機関であるマドラサは、西欧社会に先駆けて発達し、コーランだけでなく、医学、数学などさまざまな学問が教えられた。幼年生向けのコーランの勉強はクッターブ（初等教育機関）で行われた。イスラーム教普及に一役買った神秘主義教団の修道所として、ザーウィヤ、リバート、テッケがある。

スーク、あるいはバーザールはいわゆる市場であるが、そこには店舗群に加え、商品の生産・加工、保管、そして宿泊施設となるハーン（キャラヴァンサライ）、公衆浴場のハンマーム、また団欒《だんらん》の場となるマクハー（コーヒー店）やチャイハネ（トルコの茶屋）などがある。その他の施設として、公共の水汲み場（サビール）や病院、墓廟《ぼびょう》、慈善食堂などがある。（注5）

B　都市住居

古代、中世の城塞の都市の住居は、城塞の一部として外敵の攻撃に対して有利なようにつくられており、要塞住居といえるような形態をしているものが多い。したがって、城壁の都市の都市計画では、重要な都市施設がまずつくられ、根幹道路が配置され、その残余の土地に住居の土地が割り当てられた。繰り返すが、一般的に住環境は過密、非衛生的で、都市疫病によって大量の人々が死亡することも珍しくなかった。

共通した住居のタイプは中庭型住居である。古代ギリシャ・ローマ、イスラームの都市住居、そして、古代中国においても住居は外部に対して殻のような外郭を有し、内部にはプライバシー性の優れた中庭、光庭が設けられている。城壁内が、一般に稠密であることも、こうした住居プランを、必然的に生む結果になったのであろう。これらから近代の代表的都市住居プランタイプの一つであるコートハウス（中庭を持った近代的住居プランのタイプ）が発生したのであろう。建物の階層は一般に一～二階であるが、都市が高密化して、古代、中世の時代でも、低層の中庭型住居とは別に六～七階の高層住居も存在した。

古代の都市住居

太古の四大河川文明の都市やエーゲ海文明の都市住居をいくつか見ていきたい。

〈カフーン〉（図2・11（章扉））エジプトの都市カフーンは前一八〇〇年代に、エル－ラフーン・ピラミッドの工事に動員された奴隷と職工のために建設されたもので、狭い路地が通じている長方形の街区に、住居細胞群が幾何学状に並べられている。細胞の規模の大小は住民の階層区分を示すものらしく、設備のより整った住居は都市プランの図の右上方の一画を占めている。

住居は日干しレンガと漆喰《しっくい》でつくられ、もっとも単純な住居は葦で葺《ふ》いた屋根で覆われていたと想定される。

また、標準的と考えられる図中の住居プランは、調理その他の家事が行われた小さな中庭を囲む一群の小部屋で構成されており、この中庭は職工たちには作業場でもあったと考えられる。階段が屋根へ通じていて、二階は憩いと睡眠の部屋であった。貴族たちの上級住宅では、屋上部分は贅沢に飾られ、日除《ひよ》けで覆われた庭園もあった。「ムルガフ」として知られる換気設備が屋根の上にとりつけられ、石材と漆喰を用いて貴族の住宅を建てたと推定される。

(a)パレカストロの道路と住居平面図

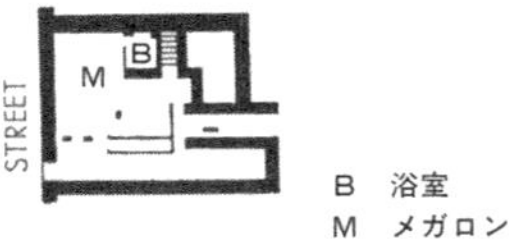

(b)初期クレタの住宅

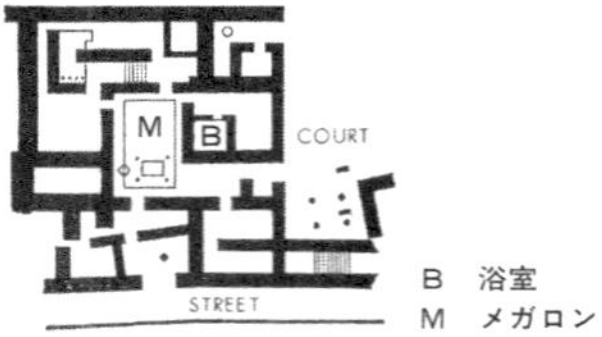

(c)前2000年頃のクレタの住宅

図2・12　パレカストロ

出所：ガリオン／アイスナー著　日笠端・森村道美・土井幸平訳（1975）『アーバン・パターン』11頁

〈パレカストロ〉（図2・12）古代エーゲ海文明の前二〇〇〇年頃の都市、クレタ島のパレカストロでは、住居は「メガロン」と呼ばれる居間をいくつかの小部屋が取り囲む形で構成されていた。各部屋は小さな光庭に向かって開き、あるいは天井の一部が開かれていた。屋根からの雨水はこの場所にある水溜めに集められた。屋上への階段があり、上流家庭の住居では浴室を備えたものもあった。平屋建ての建物が一般的であり、石造基礎の上に泥煉瓦造りであった。

　メガロンとは細長い部屋、または広間の意味で、間口より奥行が長い。メガロンは比較的寒冷で、湿潤の気候に適した北方系の住居形式であった（注6）。

古代ギリシャの住居

古代ギリシャの都市計画では、一般に、神殿、アゴラ、劇場、ギムナシオンなどがまず重要な位置に配置され、住宅市街地はその余った部分を埋めた。広々とした配置、ゆったりした敷地などは一般の住宅地にはほとんどなかったといわれる。なかでもアテネはとくにひどく、汚らしい住宅地と見事な公共建築との対比が顕著であったらしい。市民の日常生活は政治、宗教生活などより軽んぜられ、社交や仕事は住居外で行われた。

古代ギリシャの住居は夏季の厳しい暑さ、冬季の寒さのために方位が重視され、南向きに配置された。中庭が取られて、それを中心に部屋が配置された。住居の外観は単純で、家並みや通りも印象的なものではない。

ギリシャの住居プランには、図2・12にあるように、メガロンがあるのが特徴である。

ギリシャ住居の具体例として、前五世紀の、エーゲ海の北部、カルキディキ半島にある町オリュントスについて見たい。

〈オリュントス〉この町の一部はヒッポダモスが設計したもので、家屋は内部の配置と街路網との関係が巧妙に設計されている。

主要街路の南北道路は九〇メートル間隔で、東西道路は三六メートル間隔で配置された。したがって、街区は九〇メートル×三六メートルで、東西に細長く、方形街区の中は南北の真ん中に細い排水路を兼ねた路地が取られて、北側、南側に五戸ずつ配置されている。方位を考えて、より日当たりの良い条件を住居に与えている。一般に、すべての住居は一様な方向性を持ち、住居の各部屋は中庭に向かって開き、そして南向きである（図2・13）。このように、方形街区を東西に長くし、住居を南北に二列に東西方向に線状に並べて背割り線の部分を路地や小路にする格子割の手法は近代に受け継がれている。

ギリシャの気候は、先述のように、暑さ、寒さ、湿気が厳しく、風も強い。北側の壁が風の防壁となっている。南向きの原則は、冬には低高度の太陽光が内部に入り込み、夏は太陽の高さがその異常な熱を防いでいる。この方位に合わせた住居と街路の配置関係があらゆる住居について統一されている。

一般的な住居は、通常二階建てで、後になってできた町の部分には舗装街路や下水網がある。下水網に通じた風呂場を有する住居もあり、下水処理設備は汚物溜めや便器であった。水槽はたいていの住居に普及していて、雨水を屋根から集めていたようである。

買物はアゴラの市場と小さな個人商店で行われた。いくつかの住居は店舗付きであったらしい。これらの住居は商店であるとともに、職人たちの仕事場でもあった。**図2・14**は中庭型住居のタイプの一つの想像図として描かれたものである。

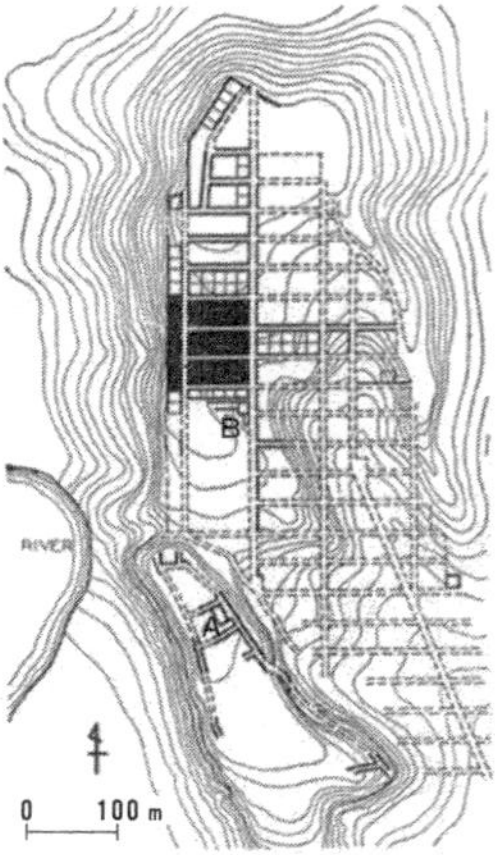

A　旧アゴラ　　B　新アゴラ

拡大図

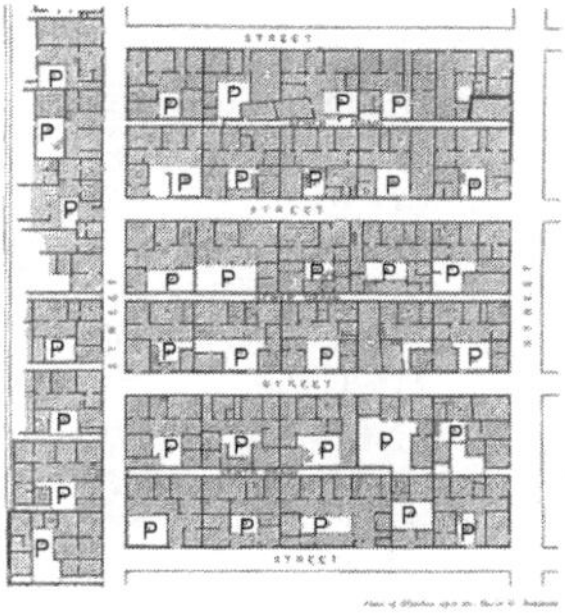

P　中庭

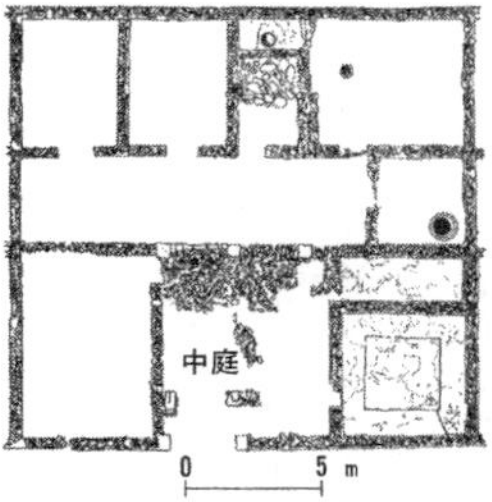

図 2・13　オリュントス

左上図は都市プラン、右上図は左の図の黒塗りの部分を拡大したもの．右下の図は中庭型住居の一例．
出所：ガリオン／アイスナー著　日笠端・森村道美・土井幸平訳（1975）『アーバン・パターン』16，17頁

図 2・14　オリュントスの家（想像図）

出所：R・E・ウィッチャーリー著　小林文次訳（1980）『古代ギリシャの都市構成』139頁

古代ローマの住居

ローマは帝政期の人口増加で、市民の住居は平屋のドムスから、新たな集合住宅インスラに変わっていった。四世紀のローマにはアパートが約四・七万棟、個人住居が約一八〇〇棟あったという。富裕層は丘の上の住居に住み、一般市民は平地の稠密な市街地住居に住んだ。先述のように、ローマには公衆浴場から競技場まで実に多種多様で豪華な公共施設、共同施設が建設されたが、一般市民の住居は粗末なものであった。

しかも、帝国の隆盛が高まるとともに、都市が徐々に人口過剰になって、広大な地域に木造棟割《むねわり》長屋が建設され、それらは頻繁に都市大火に見舞われた。都市人口増によって、建物階数が、六階から七階へと高くなるにつれて、アウグストゥス帝は二一・三メートル(七〇フィート)の絶対高制限をかけざるを得なくなった。

ローマ以外のいくつかの都市住居の具体的事例を見てみよう。

〈ポンペイ〉ポンペイの発掘に初期ローマの住居を見ることができる。ローマのような大都市ではなかったから、人口過剰問題はなく、さまざまなタイプの住居が見られた。ポンペイは住居に力を入れた都市といわれている。初期ローマの住居にはギリシャ以来の中庭(アトリウム、図中のA)があった(**図2・15**)。

パンサ将軍の家のような金持ちの住居になると、「列柱の中庭」(図中のB)がある。パ

(a)初期ローマの住宅（大）

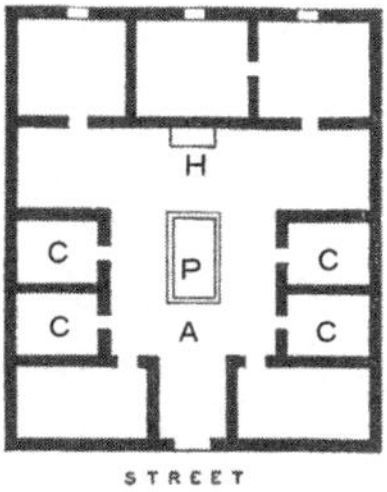

(b)初期ローマの住宅（小）

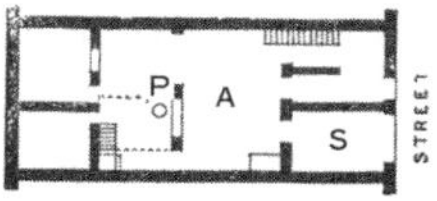

A　アトリウム
B　ペリスタイル（列柱廊）
C　クビクラ（居室）
H　炉
P　雨水溜
S　店
E　玄関
L　居間
D　食堂
K　台所

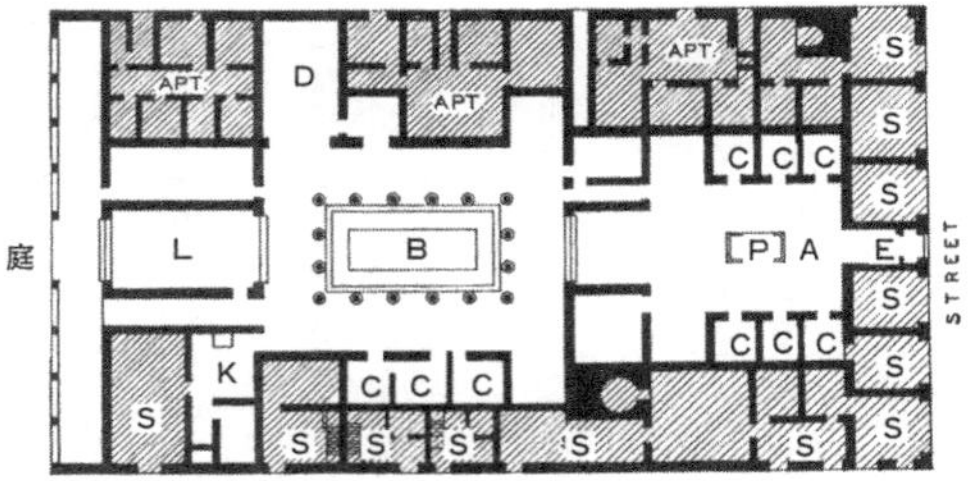

(c)後期ローマの住宅―パンサ将軍の家（ポンペイ）
1階平面図を示す．2階部分は住戸．

図2・15　古代ローマの住居（ポンペイ）
凡例は(a)(b)(c)共通
出所：ガリオン／アイスナー著　日笠端・森村道美・土井幸平訳（1975）『アーバン・パターン』29頁

ンサ将軍の二階建ての住居は街区全体を占めている。側面の道路に沿って小さなアパート（図中のAPT）がある。街路に面した住居は一般に店や仕事場に供されている。入口の扉を入ると玄関ホール（図中のE）があり、中庭につながっている。ここに屋根からの雨水を集める雨水溜（図中のP）がある。この中庭で客を迎え、あるいは執務を行う。一本の通路がこの中庭と家族生活の心臓部である列柱の中庭とを結んでいる。そこは空に開いており、柱廊で囲まれている。

各種の部屋は列柱の中庭から入れるようになっている。団欒室（居間、図中のL）、食堂（図中のD）、寝室（図中のC）である。その向うに庭がある。この住居の一部として奴隷の宿泊用居室が二階にある。

暖房は一般に木炭火鉢で、部屋から部屋へ持ち運ばれた。中央の炉から暖かい空気を循環させる一連のダクトからなるオンドルを備えている建物もいくらかあった。料理は炭火を使って石炉の上で行われ、照明は油を使った燭台《しょくだい》である。

公衆浴場がローマの社会生活の重要な場所であることは先述したが、入浴施設を備える家もあった。

〈オスティアの中層アパート〉ローマの外港オスティアは過密都市であり、多くのアパート棟があった。**図2・16(a)**図のダイアナ家はその一例で、当時のローマの棟割長屋は木造

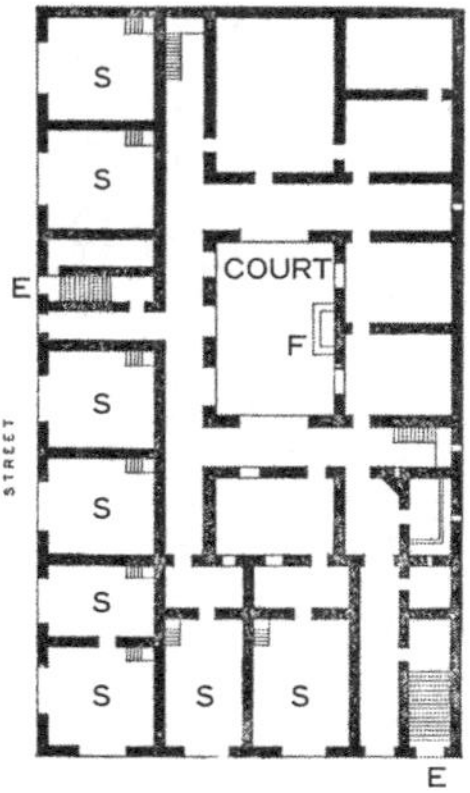

S　店　　E　入口　　F　泉

(a) 1 階平面図

(b)インスラの復元模型
(a)のプランの建物ではない

図 2・16　オスティアの集合住宅（インスラ）
帝政ローマ時代のもの

出所：(a)ガリオン／アイスナー著　日笠端・森村道美・土井幸平訳（1975）
『アーバン・パターン』30頁
(b)陣内秀信（1993）『都市と人間』123頁

であったが、これは五階建ての煉瓦造である。バルコニーが三階をめぐっており、地上階の商店は中に階段があり、各戸から上のアパートに通じていた。外の街路側に面した店の並びと中庭に面した住戸の並びがある（**図2・16ⓑ**）。

多くの家族が積み重なって住む集合住宅は古代ローマ時代が起源といわれ、帝政時代にはインスラと呼ばれる集合住宅が多く建てられた。オスティアはその例である。

古代の高層住居

古代都市の一部には、現代都市とさして変わらないくらい高層住棟が建っていた。ローマでも過密化するにつれて、六〜七階建ての高層建物が出現した。

アラビア半島の南西端にあるイエメン共和国の、首都サナア（標高約二三〇〇メートル）とシバームの旧市街では六〜七階にも及ぶ塔状住居が林立している。サナア、シバームは、それぞれ「世界最古の摩天楼都市」「砂漠の摩天楼」と称され、いずれも世界遺産に登録されている。

サナアの旧市街は周囲を城壁で囲まれ、南北約一キロ、東西約一・五キロ、面積はおよそ一四〇ヘクタールである。そこは狭い道が迷路状に入り組んでいる。旧市街の中心部には広さ約一・六ヘクタールのセントラル・スークがある。間口が三メートルたらずの小さな店舗が路地の両側を埋めつくし、香辛料や銀、靴、刀剣などの工芸品の店舗が業種ごと

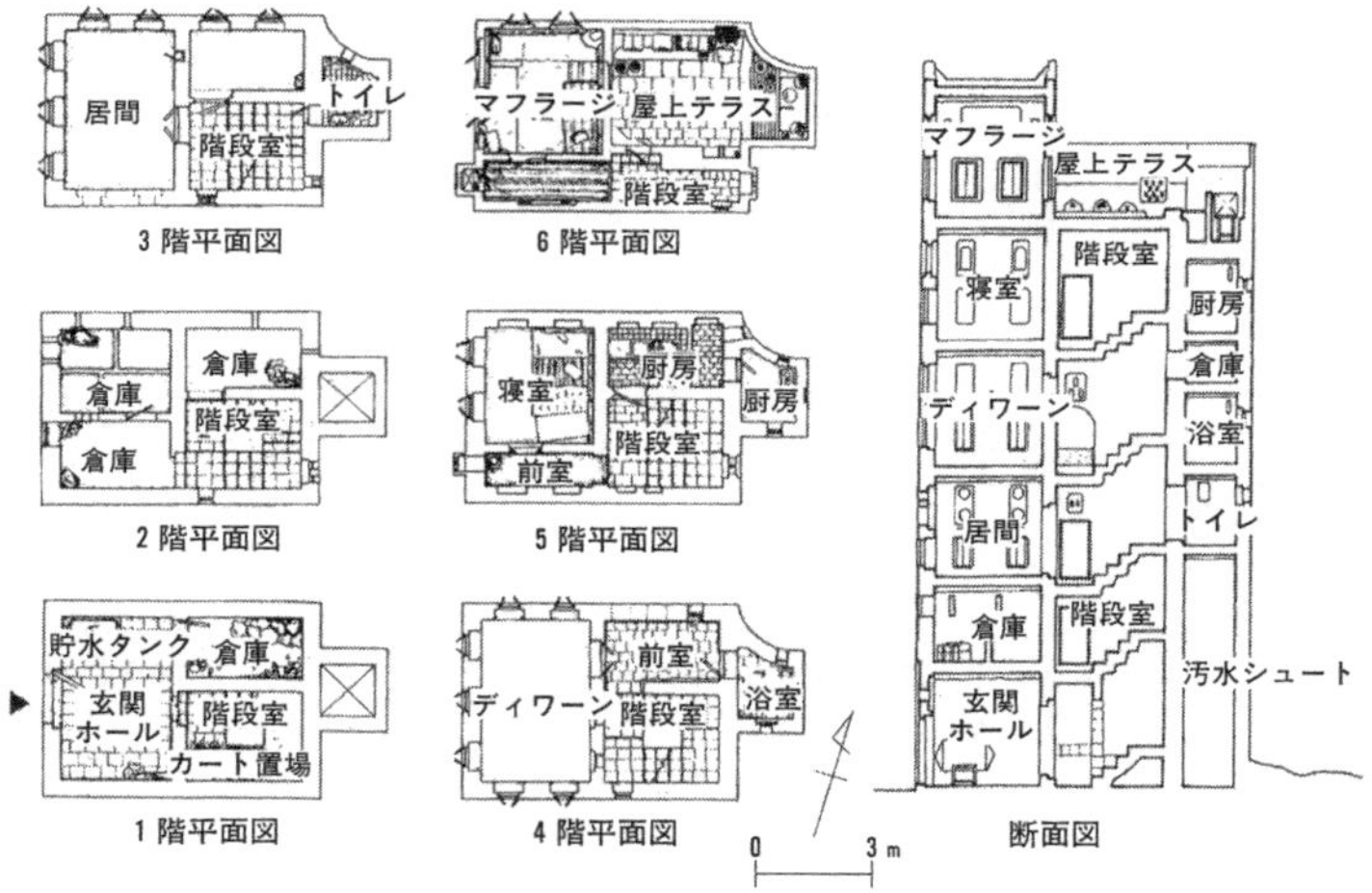

図2・17　サナアの塔状住居

出所：浅見泰司編（2003）『トルコ・イスラーム都市の空間文化』123頁

に集まり売られている。

サナアの塔状住居は三～四階建ての住居が多いが、高いものは六～七階建てがある（**図2・17**）。サナアの住居形式は、六世紀、この地を支配したエチオピアのアクスム王国の古碑に記された高層住居と同じ起源を持つといわれている。城壁内には約七三〇〇棟の住居があり、旧市街にはおよそ五万～六万人の人々が生活しているといわれている。人口密度にすると三五〇～四三〇人／ヘクタール（たとえば、東京の郊外中層団地で二〇〇～二五〇人／ヘクタール程度）に達する。

サナアの塔状住居は各階別に用途が決まっている。一階は玄関ホールと貯水タンク、二階は主に穀物貯蔵庫である。一、二階は外敵の侵入を防ぐため窓がほとんどない。三階以上が居室で、厨房、浴室やトイレは上下方向に重なる位置に設けられていて、汚水はまとめて、一階に貯蔵される仕組みになっている。

シバーム旧市街は歴史的にも古く、イスラーム化以前の、前四世紀頃から栄えた城壁都市で、三世紀にはハダラマウト王国の首都であり、交易の要衝としても栄えた。シバームは首都サナアから約五〇〇キロ東方の、ワディ・ハダラマウトに位置している。

東西五〇〇メートル、南北四〇〇メートルに約五〇〇棟の平均五階建て高層住宅が建っており、人口密度は六五〇〜七八〇人／ヘクタールに達する。一棟が一戸の住居である。用途は一〜二階がヤギやヒツジの家畜小屋と倉庫、三階から上が居住スペースである。シバームの塔状住居は多くが五〜六階建てであるが、もっとも高い住居は八階建てで、サナアよりも高層住居の割合が多い。住居の階別用途はサナアと同様である。高層化の要因は、要塞住居として外敵への備えと洪水対策でもあった。

塔状住居の基礎は石と石灰であるが、その上はほとんど日干し煉瓦でできている。ちなみに新市街は一九二〇年代から建設が始まったが、一〜二階建ての低層住居が主流である。(注7)

これらの古代の高層住居のほとんどは現代のそれと違って集合住宅ではない。大家族が住むことはあっても単独世帯用の住居なのである。

中国の中庭住居

中国には古くからの伝統的家屋である四合院《しごういん》という中庭型住居がある。四合房ともいわれるが、方形の塀で囲まれ、東西南北に四棟を配し、中央の中庭（院子と呼ぶ）を取り囲むタイプである。風水の影響を受けており、中国北方を中心に広範に分布しているが、前七世紀頃には、住居だけではなく、宮殿や廟にも使われていた。

規模は大小様々で、富裕層や王族の住居である場合、中庭や建物がいくつもある。大邸宅になると、四合院を南北の中心軸上に何重にも繰り返して、奥行の深い中庭群（院落と呼ぶ）を形成する。

北京城内の遺構は典型的な四合院とされるが、もっとも古いもので清朝中期（一八世紀前半）である。山西省では明代（一四世紀）からのものがある。

北京の四合院のほとんどは、胡同《こどう》と呼ばれる路地に面する。路地といっても、一三世紀の元朝の大都の道路基準では約九・三メートルある。現在の四合院は、各建物に別々の住人が住む共同住宅になっているものも多い。

中世ヨーロッパの都市住居

中世ヨーロッパ（一〇～一五世紀）の城塞都市の住居は、要塞を構成する一部としてとら

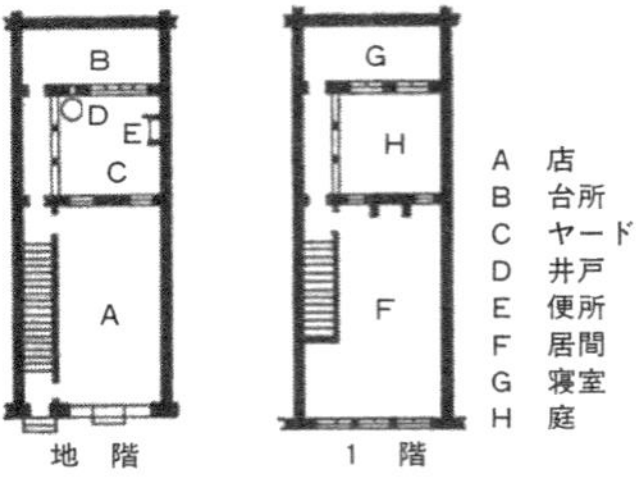

図2・18　12世紀の中世ヨーロッパの住居

出所：ガリオン／アイスナー著　日笠端・森村道美・土井幸平訳（1975）『アーバン・パターン』38頁

えられ、城壁内の町が過密化する以前には、住居は一般に石造二階建てであった。編み枝や粘土を詰め、茅葺《かやぶ》きの屋根を用いた木造もよく見受けられた。仕事場、作業所や倉庫、時には台所も一階もしくは地階に置かれた。居間、食堂、寝室は二階もしくは一階であった（**図2・18**）。

住居は一般に狭い幅員の街路に列をなして面し、その背後にわずかな空地があり、家畜を飼い、庭を耕していた。街路は通常舗装されており、それに面した土地の所有者が維持管理をしていた。街路の狭さは維持管理負担の軽減にも起因していた。

中世都市の過密の度合が増すにつれて、土地の利用度が増し、建物の各敷地はより効率よく使われるようになった。建物の高さがしだいに高くなり、三階建てや四階建てになった。木組み構造になってから下階より上階を張り出させることが可能になり、さらに過密化が進行したといわれる。

第1章で取り上げた、イタリアのフィレンツェには、一一～一二世紀に独特の塔状住居が建設された。その頃、農村に土地を所有する封建貴族が都市に集められ、政治的権力をめぐる貴族の派閥間抗争の場となった。防衛と攻撃のために、貴族の各家庭はカサ・トッレ（塔状住宅）に住み、血縁関係にある家族同士が集住して防備を固めた。この塔状住宅群は、ローマ帝政期の格子状の道路網の中に数多くそびえたっていた（図1・8(b)参照）。

イスラーム都市と都市住居

イスラーム圏の都市プランは、秩序もなく広がっているように見える街路網とモスクなどの都市施設、住居からなっている。狭い迷路が不規則に広がり、それが広場や空地を交差させている。空から見ると、道路網はまるで蜘蛛《くも》の巣のような形状で、密集した市街地の中に装飾のように浮き彫りされて見える。（注8）

しかし、そうした都市プランはイスラーム法により秩序的に構成されているのである。中東のイスラーム世界の都市では、喧騒に溢れた都心の繁華街から、静かで落ち着いた私的空間に至るまで、土地利用も道路網も、段階的な構成になっている。城門から大モスクとスーク（市場）のある中心部へ伸びるのが、もっとも往来の多いメインストリートで、次に、ハーラ（マハッラ）と呼ばれる街区の内部に入り込んだ居住者の生活に密接に結びついた道路、そして末端に、袋小路があって住居につながっている。

イスラーム圏では、都市形態も、宗教建物、公共建物のプランや住居プランも、内向きである。住居は単純な外壁で連なっている。ほとんどすべての住居は中庭型住居である。厳しい気候への防衛、軍事的防衛、高密度であること、さらには、住居のプライバシー確保がその理由である。

イスラーム社会においては、家族が重要な役割を持ち、コーランにおいても、家族の私的領域である家は守らなければならないことが説かれている。したがって、住宅地の構成でもっとも重視されるのはプライバシーの確保である。

一般的に、住宅地を通る道に面する壁には窓も少なく、装飾もない。袋小路の奥は都市の喧騒から隔離された落ち着いた場所になっているのである。

路地のような道の機能はまず、自宅への通路であり、その次にはじめて他人同士の連絡路となる。したがって、住宅地は、よそ者が入り込みにくい迷路状の複雑な構造を成しているのである。

街区（ハーラ、マハッラ）は一般的に一〇〇戸から数百戸ほどの住居と公共施設で構成され、かつては、職業、出身地、宗教などを同じくする者たちが集まる地区単位だった。各街区には街区長（ムフタール）がおり、役所への書類提出前に住民登録や結婚、出産、不動産売買などの第一次手続きを行っている。(注9)

イスラーム都市の旧市街が保全されて世界遺産に登録されている例として、モロッコの都市フェズを見てみたい。その起源は、アラブ人の王族イドリースがイドリース朝を創始した八世紀末に遡《さかのぼ》る。中東、地中海沿岸、アフリカなど各地から多くの移民を受け入れたため、多様な人種の都市に発展した。フェズ川を挟んで左右両岸に市街地が展開している。今日でも、旧市街の歴史的街区の名称に「グラナダ界隈」「ユダヤ人地区」「リンネル商人地区」といった、住民の多様な出自や生業《なりわい》を示すものが残っている。

こうしたさまざまな街区を有機的に結びつけ、旧市街を統合しているのが、迷路的な街路網である。すり鉢状の地形のため高低差があることもあるが、至るところで分岐し、袋小路も多い（**図2・19**）。この複雑な街路は、「公私の分離」原則に基づく都市づくりを反映している。**図2・20**は似たような都市マラケシュの空中写真である。

道幅が五〜一〇メートルの主要通り沿いには、モスクやマドラサ（神学校）といった壮麗なイスラーム建築の公共施設や、モロッコ革や貴金属、香辛料など、多様な商品を扱うスーク（市場）が連続している。この喧騒の通りから外れて袋小路に踏み込むと、一転して静かな住宅街となる。袋小路は幅二メートルもあれば広いほうで、時には三〇センチほどの狭さで、人一人がようやく通れるだけのものもある。さらに、住居に一歩踏み込むと、外見からは想像もできない美しく装飾された中庭が開けている。植栽され通風も工夫された中庭は、低層高密居住を支える住民の知恵の結晶のようである。

「公私の分離」原則に基づく都市づくりは、土木職人と住民の間で共有されてきたルール

図 2・19　フェズ旧市街（メディナ）の迷路状の路地と中庭型住居

図 2・20　モロッコ、マラケシュ旧市街の中庭型住居（航空写真）

出所：ベシーム・S・ハキーム著　佐藤次高監訳（1990）『イスラーム都市』19頁

に基づく。たとえば、主要通りは、荷物を満載したラクダがすれちがえることを基準として最低幅員が決められ、公共スペースや日照を侵害しない程度で、張り出し（サーバート）のサイズが決められる。また袋小路では、歩行者の住居内への覗き見を防ぐために、窓の高さは二メートル以上に設置される。さらには、空き家が生じた場合に隣人の先買権を保障して、見知らぬ人の入居を防止している。

また、モスクやマドラサのほかにも、病院や浴場といった重要な公共施設が存在するが、これらは周辺の商店や住宅からの寄付（ワクフ）によって維持されている。(注10)

都市施設と都市住居の変貌

古代の〝都市化のあけぼの〟の時代に、人類が集落から都市に住居を転じた一つの要素が都市の共同施設、公共公益施設の誕生であろう。集住を始めた人類が共同生活の利便や買物、慰楽、安全、コミュニティ、そして統治や運営のためにつくり出した施設に、現代都市の都市施設の原型を見ることができる。宮殿や神殿、剣闘士広場のように現代都市ではまったく都市機能の意味を失っているものもあるが、それらも歴史的記念建造物として再現、保存され、私たちの文化生活に大きな存在感を持っている。

稠密な市街地を擁する今日の都市では、これらの都市施設の意義も変質しているが、とくに広場や公衆が自由に利用できる空地の重要性は増しており、その確保が都市計画の手法に取り入れられている。たとえば、アメリカのインセンティブ・ゾーニングの手法（第6章参照）を使って、ポケット広場などが超過密市街地の中に埋め込まれる。二〇世紀末のスペイン、バルセロナの旧市街では密集化した市街地に新たな広場のネットワークを埋め込むことで再生を図ろうとしている。

都市施設で大きく様変わりしたものとして市場がある。現代都市の市場は、広場から外れて商業空間として施設化されて、スーパーマーケットやモールに変わった。量販店がその周りに広大な駐車場を抱えた巨大施設にもなっている。あるいは、市場は一般市民とは切り離された卸売業者の取引市場の場と化した。これは公設市場として公共団体が運営している。資本主義経済のもとで商業資本がつくり出す大型商業施設は競争と効率を求めて、過去の時代の市場とは無縁の存在に変化している。

一方、軍事防衛を絶対的条件とする城壁都市の中の都市住居は、要塞の一部のような形で、固い殻をつくるように閉鎖的で一体につながっているものも多い。エジプト、メソポタミア、インダスなどは寒暖の差が激しく、中庭型のプランは、気候防衛、軍事防衛、プライバシー確保の三つの要因から、ほとんど唯一の住居タイプであった。中庭型住居は要塞都市の都市住居の普遍的な型である。

住居の内部のプランは、近代の住宅計画のそれと変わらない。居間を囲んで部屋を配置したり、水回りの空間を集めたりするのはいまも昔も同じである。

城壁都市の内部は次第に高密度化し、住居は階層を増やしていった。古代ローマでもすでにアパートのような形で中層、高層の集合住宅、共同住宅が出現していたのである。

注
1 西川幸治（1994）『都市の思想［上］』24頁
2 ガリオン／アイスナー共著 日笠端・森村道美・土井幸平訳（1975）『アーバン・パターン』18頁
3 陣内秀信・新井勇治（2002）『イスラーム世界の都市空間』28頁
4 アンソニー・M・タン著 三村浩史監訳（2006）『歴史都市の破壊と保全・再生』45〜46頁
5 陣内秀信・新井勇治 前出 14〜52頁
6 R・E・ウィッチャーリー著 小林文次訳（1980）『古代ギリシャの都市構成』207〜208頁
7 浅見泰司編（2003）『トルコ・イスラーム都市の空間文化』118〜135頁
8 E・A・ガトキンド著 日笠端監訳 渡辺俊一・森戸哲共訳（1966）『都市』10頁
9 陣内秀信・新井勇治 前出 48〜49頁
10 ベシーム・S・ハキーム著 佐藤次高監訳（1990）『イスラーム都市―アラブのまちづくりの原理』第三書館 第1章 7〜62頁

第3章　格子割の都市

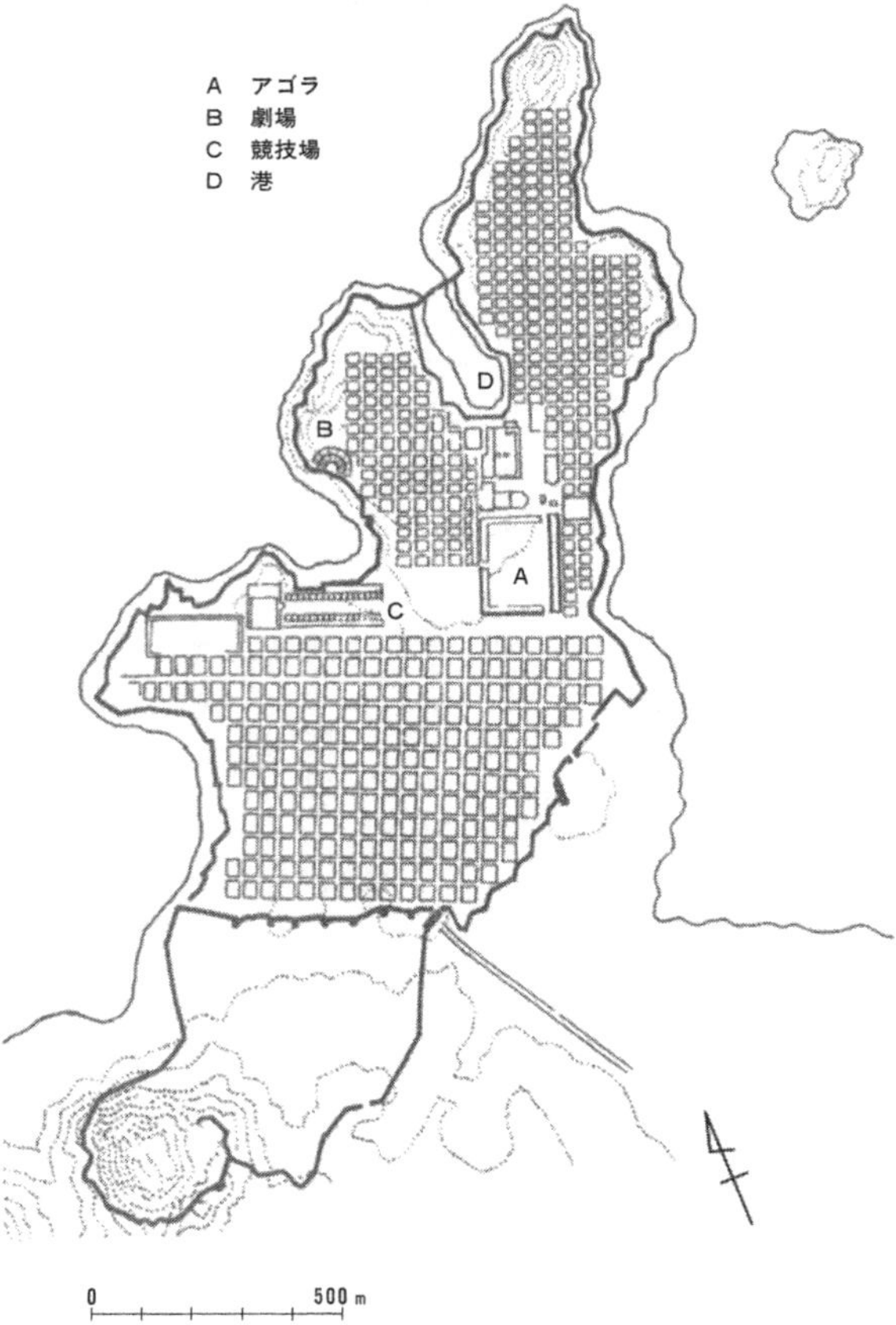

図3・1　ミレトス（前5世紀）
出所：日本都市計画学会編（1978）『都市計画図集』B-1頁

古代の都市づくりは、王や皇帝が敵を征服したところに城壁や環濠、道路や施設を建設し、同時に部下に土地を配分したりすることで始まることが多かった。街（町）割、縄張などはそれを意味する用語である。公平な土地の配分、課税に便利な地割り、土地利用の高い効率性、整然とした秩序ある街路網、市街地の拡大のしやすさ、管理のしやすさなどのために、土地の上に直線を縦横に引き、格子状の街割ができていったものと考えられる。古代ギリシャ時代には幾何学が生まれて、それが街割に応用されるようになり、ローマの都市にも広がって、次第に造形的な意味が加わりつつ発展していった。

わが国の主要な都市の七割はその創建が城下町であり、八世紀の平安京以来の格子状の街割の影響を受けている。古代日本から計画された都市の街割の基本である平安京のモデルは唐王朝の首都長安にあり、それを遡る何千年にわたって、この一見素朴な幾何学的形状の都市が存在してきた。本章では格子状の街割の都市の成り立ちと、それがどのように変化し、進化したのかを見ていきたい。

矩形街区の起源

現存する記録のある都市でもっとも古い格子状の街割の都市は、前三〇〇〇年代のモヘンジョ－ダロといわれる（第1章の図1・4参照）。モヘンジョ－ダロは南北軸の道路と、これと直交する東西軸の道路からなる都市で、この中に一辺約一八〇メートルの正方形の街区があり、それぞれのブロックはほぼ直交する小路で分断された形状をしている。(注1)

これに類似した幾何学的形状は、エジプトやメソポタミア、インダス河流域の初期の町に見られるほか、前六世紀にペルシア人に破壊された後に再建されたギリシャの都市にも格子状パターンが部分的に利用されている。前六世紀にカルデア人によって完成されたバビロンにおいても、直角な十字路を基盤とする街路のパターンに合わせて建物が配置されていた（第1章の図1・2参照）。

古代中国では都市だけでなく、農地開発でも格子割プランが採用された。井田法《せいでん》は古代中国・周の土地制度だが、戦国時代の『孟子』に記述が見える。その内容は次のようなものである。「一里四方九〇〇畝《ぼう》の正方形の田を『井』の字のように九等分に区画し、周囲の八区、すなわち一〇〇畝ずつを八つの家が私有して耕作にあたり、中央の一〇〇畝は公田として八戸が共同で耕作し、その収穫を上納する（中略）そして同じ井に属する者は、平時にはたがいに仲間として耕作にはげみ、戦時にはたがいに協力し合って敵にたいして防御をし、病気のときにはたがいに助け合うようにすれば、百姓はみな親しみ合い団結する」。(注2)

これは当時の農村共同体の理想的形態を示すものとされ、また、この方眼状区画は

「田」という漢字が象徴している。これはその後、碁盤状に構成される国土計画論に発展したという。

ヒッポダモス

前五世紀、古代ギリシャの都市アテネはペリクレス（前四九五〜前四二九）の優れた政治手腕により栄え、建築、都市計画が花開いた時代でもあった。そこで活躍したのが、先述した前五世紀の都市計画家、政治理論家ヒッポダモスである。

彼は格子状街割を積極的に都市設計に適用し、建物と道路の合理的な配置を考究した。前七世紀頃までのギリシャ都市のプランは一般的に不規則な道路網であったが、前五世紀頃からグリッド・プラン（格子割プラン）が使われた。彼は都市計画の技術と科学についても積極的な理論を展開したといわれる。

ヒッポダモス式プランの特徴は、①方位に軸線を合わせることを基本とし、②ブロックは原則として長方形をとるが、正方形の場合もある。また③中心部には広場としてのアゴラが存在し、それには数ブロックがあてられた。④街路幅員は平均四・五メートル、小路は一・五メートル程度であった。祭礼行列用の大路は、彼の設計したプリエネでは七・三メートル、ペイライエウスでは一四・五メートルある。⑤都市プランの基本的要素は街区ユニットで、道路は空間要素としてはあまり重要性を持たなかった。

①は、地形条件によっては稀に斜路をとる場合もあるが、原則的に碁盤目状プランは地形の変化を無視して機械的に適用されている。そのため急勾配の街路ができて、階段でしか通り抜けられない道路もある。

時代は下るが、格子割の機械的適用は一九～二〇世紀に行われたアメリカの都市の街割の場合も同様で、サンフランシスコでは、あまりの急勾配のために車が通れないだけでなく、人の歩行も困難なために花壇などで覆われている道すらある。格子状街割は地形の変化に弱いというのは、古代も近代も変わらない。

⑤は都市設計上、重要な点である。ヒッポダモスの影響もあって、ギリシャ都市の格子割プランは道路が主体ではなく、その方形街区の中の住居や敷地配置などの利用で街区の規模、形状が決まる。交通のための主要な街路は、時には、町に入ってくる若干の馬車の交通が可能なように配置される程度であった。

ヒッポダモスが計画、設計した代表的な町として、ミレトス、オリュントス、プリエネについて見てみたい。

イオニアの都市ミレトス（**図3・1**（**章扉**））はヒッポダモスの故郷とされている。ミレトスは前一〇～前六世紀に栄えたが、前四九四年にペルシアに破壊された。この再建にヒッポダモスが関わったとされ、これ以降、ヘレニズム時代からローマ時代にかけて発展した。城壁内の面積はアクロポリスを含めて一三一ヘクタール、人口は四〇〇〇人と推定されている。

町は小さな半島全体を占め、その先端近くの小さな湾（図3・1のD）を中心に発達した。周囲には城壁がめぐらされていた。湾は港として重要な部分で、港に面して柱廊が一面に建てられており、入港する船から見た町の姿は壮観であったといわれる。

半島は複雑に入り組んだ地形であるが、グリッド状の街区はそれとは関係なく配置されている。南部は区画が大きいが、ここは後世の拡張部分と推定されている。市民の生活の中心であるアゴラ（図3・1のA）と競技場（同C）によって、都市は大・小二種類の碁盤目状街区の区域に分割されているが、それらと劇場、港がつながって配置されている。この格子割による都市のマスタープランは後世まで守られたといわれる。(注3)

この前五世紀のミレトスのヒッポダモス式都市デザインは、アリストテレスの『政治学』のなかでも言及され、ギリシャ世界では影響力のある都市計画のモデルとなった。しかし、格子割プランは、敵が攻め込みやすいという点において軍事的には好ましくなかった。このプランは住宅地の整然とした美観と幾何学の応用、都市の体系的統一、私有地の平等な配分という点で評価された。

前章で見たオリュントスは、数本の大路が南北に走り、それに直交して小路と裏道が交互に配置された。裏路地が矩形街区を南北に二分している（図2・13参照）。

街区の寸法は住居の大きさに規定されている。オリュントスでは、六尺幅（一・八メートル）の裏路地を挟んで、一七・七メートル×一七・七メートル（六〇尺×六〇尺）の住宅敷地の五連が対《つい》になり、全体で三七・二メートル×八八・五メートル（一二六尺×三〇〇尺）の街区になり、街路幅は六メートル（二〇尺）である。

ミレトスのプランとは違って、道路の序列や日照条件に対応した東西に伸びた矩形街区が計画されている（この時代には、ローマ尺＝二九・五センチ〈日本の尺は三〇・三センチ〉が使われていた）。

東西方向を長辺にして低層住居あるいは連続住居を南北二列に並べるこの方法は、他に類例を見ることができる。時代は下るが、たとえば、イギリスの条例住宅地（第5章参照）や日本の戦前の区画整理標準もこうした方法が踏襲されている。

プリエネは前三五〇年、マイアンドロス河を挟んでミレトスの対岸に建設された都市で、最盛期の人口が四〇〇〇人とされる。断崖絶壁が背後に迫る斜面に、まったくの新都市として建設された。断崖と城壁に囲まれた市域の面積は四三ヘクタールで、当時としては標準的なサイズの町だが必要な都市施設はすべて整っている（**図3・2**）。その後、そばを流れるマイアンドロス河のもたらす泥土で、港としての機能が失われると急速に衰えた。しかし、その結果、ローマ帝国時代にほとんど改変されないで、純粋なヘレニズム時代の都市空間のまま、一九世紀にドイツ人T・ヴィーガントによって発掘された。(注4)

プリエネの道路網の方位はほぼ正確に東西南北に向けられ、斜面を上る道路は一部階段

A　アゴラ
B　アテナイ・ポリアスの神殿
C　劇場
D　競技場
現トルコのサムスンカレ
19世紀末に発掘.
図中上が北

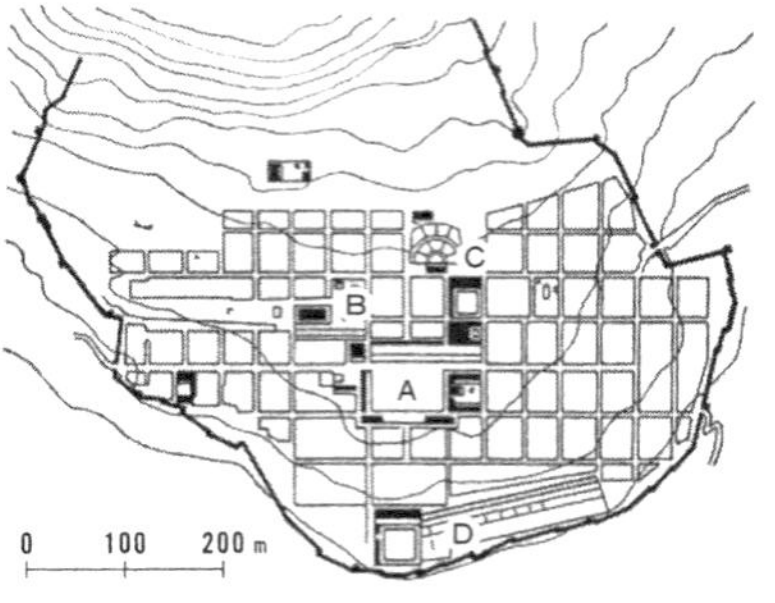

図3・2　プリエネ
出所：ガリオン／アイスナー著　日笠端・森村道美・土井幸平訳（1975）『アーバン・パターン』20頁

になっている。図中の等高線は、街路のうちいくつかは傾斜がかなりきつくて、時には、階段が必要であったことを示しているが、矩形街区の規模を変えることで若干調整しているようである。

矩形ブロックの大きさは、四七・二メートル×三五・四メートル（一六〇尺×一二〇尺）で、長短辺の比率は四対三である。住宅地ではさらに二三・六メートル×一七・七メートルに再分割され、各ブロックには、四〜六戸の家屋が配置された。中庭型の各住居は街区を縦横にそれぞれ二等分した一一・八×八・九メートルの面積を占めている。しかし、こうした最初の住居の敷地割は年代を経るとともに変化し、なかには隣地を買収して拡張した住居も見られた。

アゴラは地理的にほぼ町の中心にあり、その中を東西方向の主軸街路が貫通している。その周りに、神殿と公共建造物と商店群がある。また、娯楽の施設として競技場と劇場が配置されている。城壁の門とアゴラとを結ぶ主街路は荷を背負った家畜や荷車が難なく通れるように直線的に配置されている。

ヒッポダモスの設計した三つの都市に共通しているのは、その碁盤目の街区は住居の配置と関連づけられていることであった。

しかし、その街区の規模や形態、一街区あたり中庭型住居敷地数は必ずしも一様ではない。たとえば、プリエネでは、正方形に近い長短比(四対三)、ミレトスでは七対四(五一・六メートル×二九・五メートル)、オリュントスでは細長く、五対二である。ごく狭い排水用の路地を挟んで五軒ずつの二列の住居群に分けていて、一街区一〇戸ある。これは一般に多いほうで、プリエネでは一街区あたり四~六戸がもっとも多い。オリュントスやプリエネの典型的な住居はゆったりとした中産階級の住居である。

ヒッポダモスの計画理論が十二分に発揮されたのは、アテネ都市国家によって築かれた地中海沿岸の殖民都市であった。それらは、アテネ〝帝国〟を構成するギリシャの都市連合の一部となった。(注5)

アレクサンドリア

ローマ都市の格子割は、ギリシャ都市のそれとは違って、街路が主体に考えられている。こうした例の一つとしてエジプトのナイル河口に建設されたアレクサンドリアを見てみたい。

前三三四～前三二三年、ギリシャからインドまで征服したアレクサンドロス大王の時代にオリエント文明とギリシャ文明が融合してヘレニズム文明が生まれた。大王は広大な征服地に多数のアレクサンドリアという名前の殖民都市を建設した。

ナイル河の河口に建設されたアレクサンドリア（**図3・3**）もそうした都市の一つであるが、もともとマケドニアの建築家ディノクラテスにより設計され、前三三二年に創建された。アレクサンドリアはのちにプトレマイオス朝（前三〇四～前三〇年）の首都となり、ヘレニズム文化の中心として約三〇〇年栄えた。この都市には、世界最古の図書館も建設されたが、プトレマイオス朝は、前三〇年に滅亡しローマ帝国の領地になった。

アレクサンドリアの格子割プランはローマのカエサルにより都市改造されてできたものである。この町はローマの殖民都市として再び栄え、紀元一世紀には人口が五〇万人に達したといわれる。

都市はナイル河の扇状地の西の端に位置し、近年にはクレオパトラの宮殿と考えられる遺跡が海中から発見された。現在は陸続きになっているが、当時はファロス島という小島が陸からさほど離れていない位置にあり、それに向かって一・五キロの築堤が架け渡され、その両側に港湾施設がつくられていた。島の東側の入口には、アレクサンドリアの巨

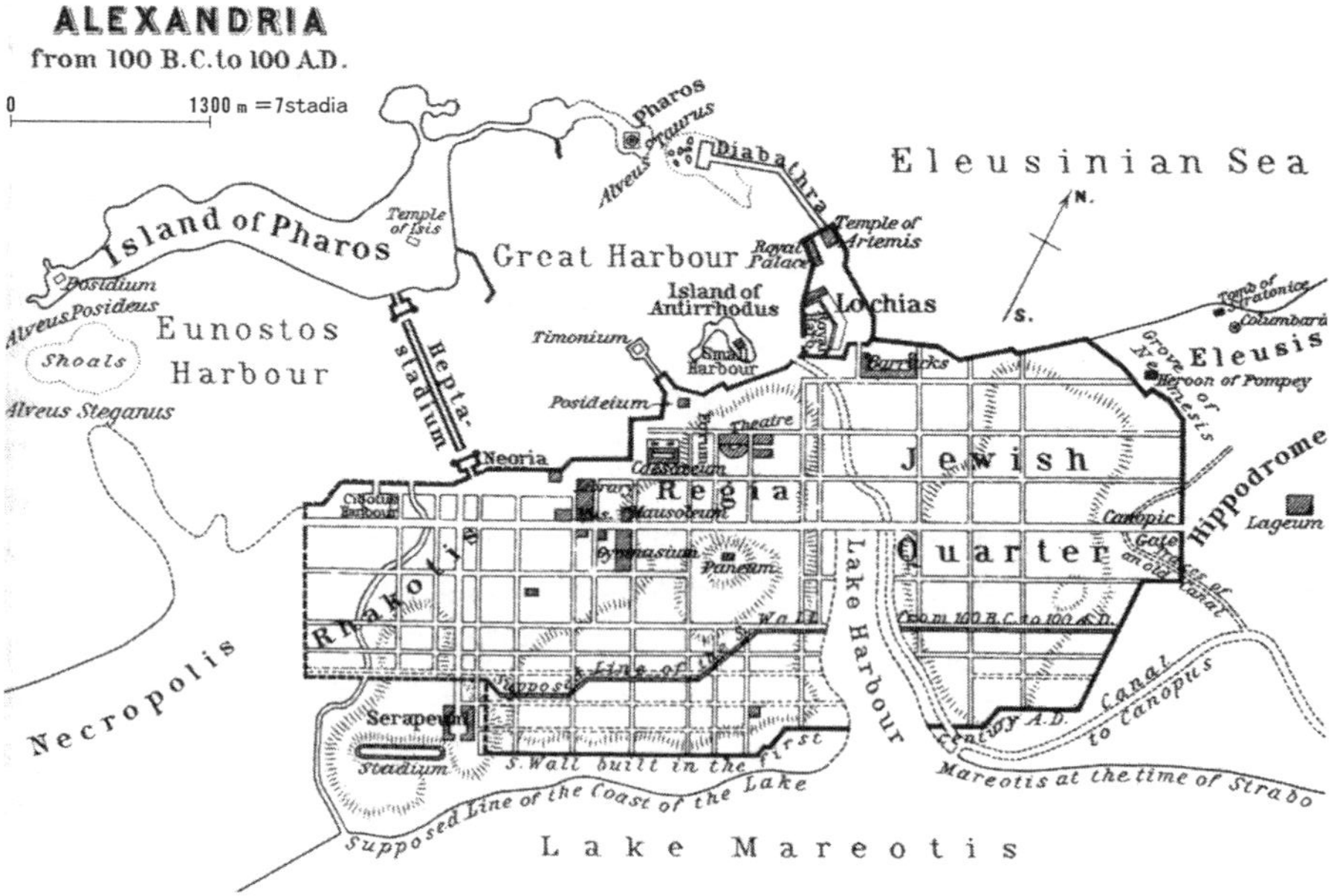

図3・3　アレクサンドリア

前1世紀～後1世紀頃．1300 mは7 stadiaに相当する　出所：S・モホリーナギ著　服部岑生訳（1975）『都市と人間の歴史』101頁大な灯台（高さが一八〇メートルあり、八〇キロ先の海上から見えたといわれ、世界七不思議の一つに数えられる）が設置されていた。

アレクサンドリアは地中海に面して細長く横に伸び、背後にマルウト湖（マレオティス湖）を控えて市街地が配置されていた。城壁で囲われ、土地は起伏に富むが、格子状をした道路パターンは、地形を無視したものとなっている。もっとも、多少、街区規模を変えることで地形の変化に対応しているように見える。

移民のためにつくられたこの都市はギリシャ、マケドニア、ユダヤ、エジプトの民族が住み、それぞれの神殿がつくられた。港に近いところに神殿、王宮、広場が配置されている。

アレクサンドリアの都市プランの特徴は、五キロに及ぶ直線の、凱旋《がいせん》用の大通りが中央を東西に走り、さらに並行して幹線道路が走っていることである。それに並行する何本もの大通り、それらに直交して町全体を格子状に区画する道路が配置されている。街区ユニットの内部がその後どのように設計されていたかは明らかではないが、アレクサンドリアの格子割プランは、明らかに、ギリシャのヒッポダモスのそれと異なっている。

ギリシャとローマの格子割プランの違い

古代ギリシャの都市プランは、その後、ローマ時代の都市計画に強い影響を及ぼした。

しかしながら、ローマの殖民都市で用いられた街区網を見ると、格子割プランを基本としながらも、ギリシャ都市の「街区を単位」とするパターンから、「街路を主軸」とするパターンへと変わっている。それがローマン・タウンの形式として定着し、発展する段階ではさらに改変されていった。

繰り返すが、ギリシャ都市の格子状プランは街区ユニットの集合である。街区の中でどのように住居や建物、広場などを配置するかによって規模、形状が決まり、それを並べていったものがギリシャの格子割プランである。

これに対して、ローマ都市では、互いに直交している道路のパターンが第一の必要条件であって、家の建っている街区などは残余のスペースにすぎなかった。そしてその街区の規模、形状は、先に決められた道路の配置によって定まるのである。

ヒッポダモスがレイアウトしたミレトスには、主軸線がない。都市構造の形成という意味では、公共建築物はプラン全体の中で有機的に関係づけられなかった。そこでは街区ユニットが計画要素であって、空間要素としての道路は存在せず、あまり重要性を持っていなかったのである。

一方、ローマ人にとっての街割の第一歩は、道路のレイアウトから始まる。道路幅員の段階構成は都市の骨格構造をつくり出している。建設された道路と道路の間の空間、つまり、道路という外郭に囲まれた街区内部をどうするかは従属的な作業であった。

ヒッポダモス・プランでは、街区単位の数は、自由に外側に付け加えることによって増殖できたが、実際にはそういうことは起こらなかった。なぜなら、ポリスの理念が規模の拡大を許さなかったからである。拡張する場合には、新たな「ポリス」を反復してつくるのが原則であった。

古代中国の格子状街割

古代中国の都市モデルは古代儒教という宗教のもとにあったが、第1章で見た『周礼考工記』では、都市建設はまず外郭を決め、軸となる街路を格子状に決めた。しかし、その後の長安プランでは直交する街路から生まれる街区の中身も重視され、その影響を受けた日本の飛鳥時代の都市でも「条坊制」の方針が展開されている。条坊制とは、長安に始まる古代都城の市街地の街区を重視した格子状街割の方法である。

長安は、もとは隋《ずい》の文帝が五八二年から建設した都市で、中国文化が早く開けた地方の一つにあった。古代中国でもっとも完成した都城の形態を示すとされ、長安や洛陽のような、城郭を回《めぐ》らした都市を「都城」と呼んだ。

唐代（六一八〜九〇七年）にその首都となった長安（**図3・4(a)**）は、外郭城と宮城・皇城の内城の二重城郭からなる。面積約八四〇〇ヘクタール、その城壁は東西九・七キロ、南北八・七キロ、その高さは五メートル以上で、南と東・西面にそれぞれ三門、北面には四門の城門があった。『周礼考工記』にそったプランで、礼的秩序によって構成された。

宮城は、町の中央の北端に位置し、その南に皇城（官庁施設）、東西に東市、西市という市場が置かれ、中央にある朱雀門、明徳門をつなぐ朱雀大路を軸線にして完全な対称形をとっている。都城の四周は羅城（城壁）で囲まれた、環濠城塞都市である。街路は東西南北に直線道路が引かれ、一一〇の「坊」（街区）がある格子状街割になっている。

「坊」の大きさは東西五六〇～一一二〇メートル×南北五〇〇～五九〇メートルで、各「坊」の四周は土塁で囲まれ、中に「巷」という十字路があり、四面に門が開かれ、さらにその間に「曲」という小路が設けられた。一つの「坊」の大きさは、三〇～六〇ヘクタールにもなり、とにかく広大である。門は朝夕、太鼓の合図で開閉されたという。

幹線街路は、南北道路が九本、東西道路が一二本で、南北は、中央の朱雀大路が幅員約一五〇メートル、端に行くほど狭くなって、二〇～二五メートル、東西は朱雀門前が約一二〇メートル、他は約四〇～七五メートルであった。

都城の内部には商業や工業も発達し、都市としての自立性も強かった。人口は最盛時に一〇〇万人に達したといわれる。(注6) しかし、長安は唐代の末期になると、内乱によって荒廃し、都が洛陽に移された。その後は西京と呼ばれた。

平城京と平安京

六〜七世紀頃までの日本の大和朝廷の時代には歴代遷都の制度、つまり、天皇が崩御すると新宮を造営して遷都する「遷宮の制」があった。大和盆地に大陸の先進的文化が伝えられ、わが国の伝統文化と交流して、古代都市が生まれた。六四六年に孝徳天皇がはじめて難波に都城制の実施を宣言し、難波京、大津京、藤原京などについで、平城京、平安京が建設されていった（第1章の図1・15参照）。

〈平城京〉平城京の立地は、三方を山で囲まれ、南に平野が開けた奈良盆地の北部にあり、これは陰陽思想に基づく四神（朱雀・青竜・白虎・玄武）相応の場所である。七一〇年、ここに唐の長安を模してつくられたのが平城京であるが、その規模は長安の約四分の一である（**図3・4**）。

横長の長方形の長安と違って、平城京は縦長の長方形から少しはみ出している部分、外京があるが、緯度、経度の線に沿ってほぼ左右対称の格子割パターンが基本にある。町の中心の軸線になっている朱雀大路は長安のそれと比べるとだいぶ見劣りするが、それでも幅約三六メートル（一二丈）もある。町はそれを軸にして東西に二分され、左右京はさらに大路によって南北に九条、東西四坊ずつに区画されている。南北約四・八キロ、東西約四・三キロである。

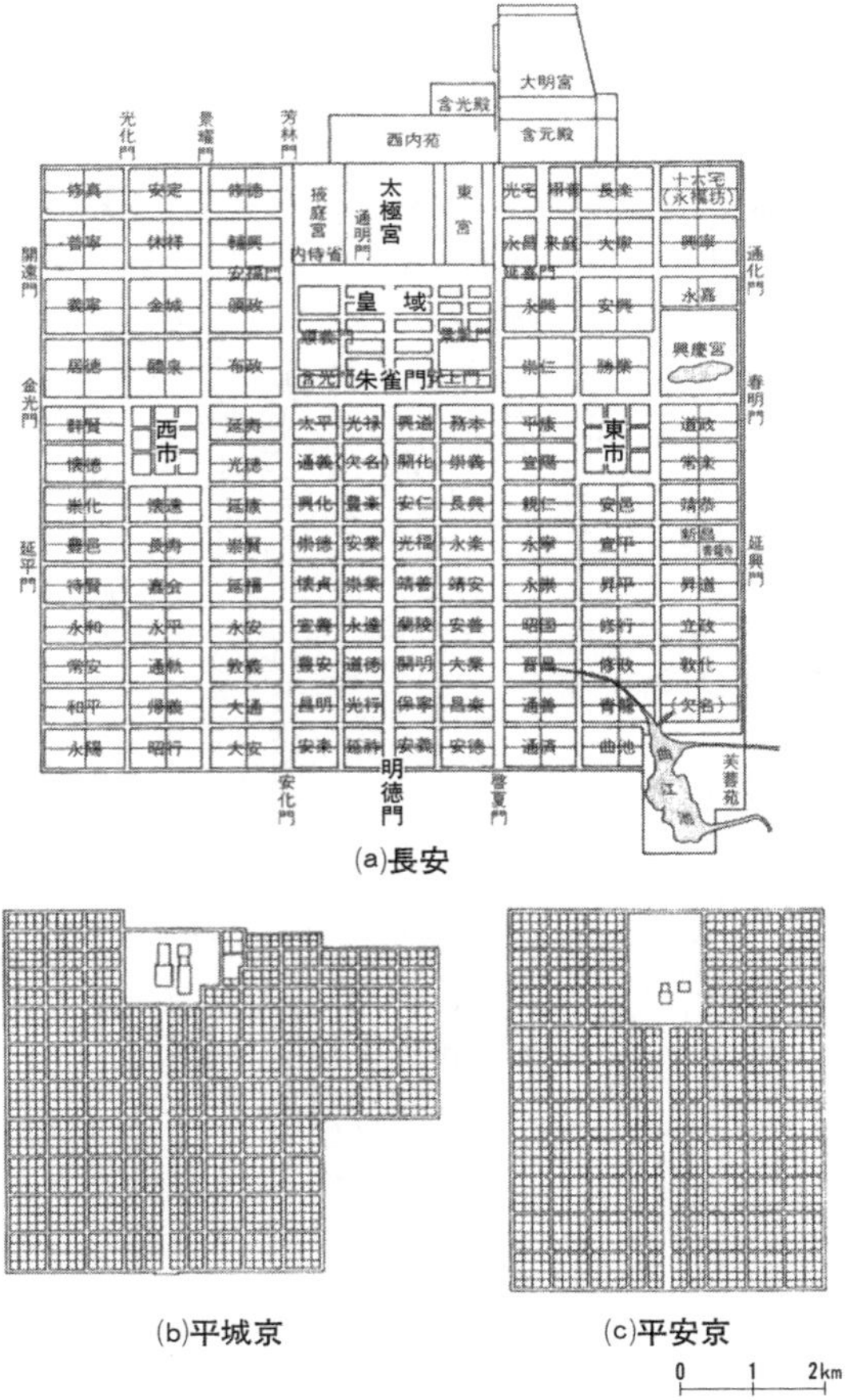

図3・4　長安と平城京・平安京の規模比較

長安と平城京、平安京を同一スケールで並べている．上が北

出所：(a)材野博司（1989）『都市の街割』56頁

(b)(c)高橋康夫ほか編（1989）『日本都市史入門　Ⅰ空間』212,213頁

都市の内部は整然と貴族や役人、庶民の住宅が配置され、左京と右京にはそれぞれ東市・西市があった。薬師寺、唐招提寺を始め、現在に残る多くの寺が造営された。元明天皇の平城京遷都から、桓武天皇が平安京に遷都するまで約八〇年間栄え、最盛期には二〇万人以上の人々が生活したといわれるが、廃都後、都は喪失し、田園に戻された。

平城京の全体計画は、大宝令の小尺（二九・六三センチ）で一八〇〇尺（一八〇丈、五三三メートル）を基準とする方眼地割で、この一八〇〇尺で割り付けたのが「坊」である。この「坊」を区画するのが大路であり、この大路間に小路を設け、各坊は四分の一、一六分の一に区画され、一六分の一坊を「坪」と呼んだ。この「坪」は有位者への宅地班給の単位であり、一般市民への班給単位は一坪の一六分の一であった。長安の「坊」は東西に長い長方形であるが、平城京の「坊」は正方形に近い。その中が四区に分かれていた。

羅城門を挟み、都にはりめぐらした外郭にあたる羅城の痕跡は発見されていない。その規模も小さく弱かったと推定されている。

〈平安京〉七九四年に平城京からの遷都でつくられた平安京の中心は宮城で、そこから南へ下る朱雀大路が平安京の都市軸となり、これを中心に左右対称に施設を配置している。平城京と同様、条坊制の街割である（**図3・5**）。

中央を南北に走る都市軸である朱雀大路（二八丈＝八四・八メートル）の北端には宮城、七

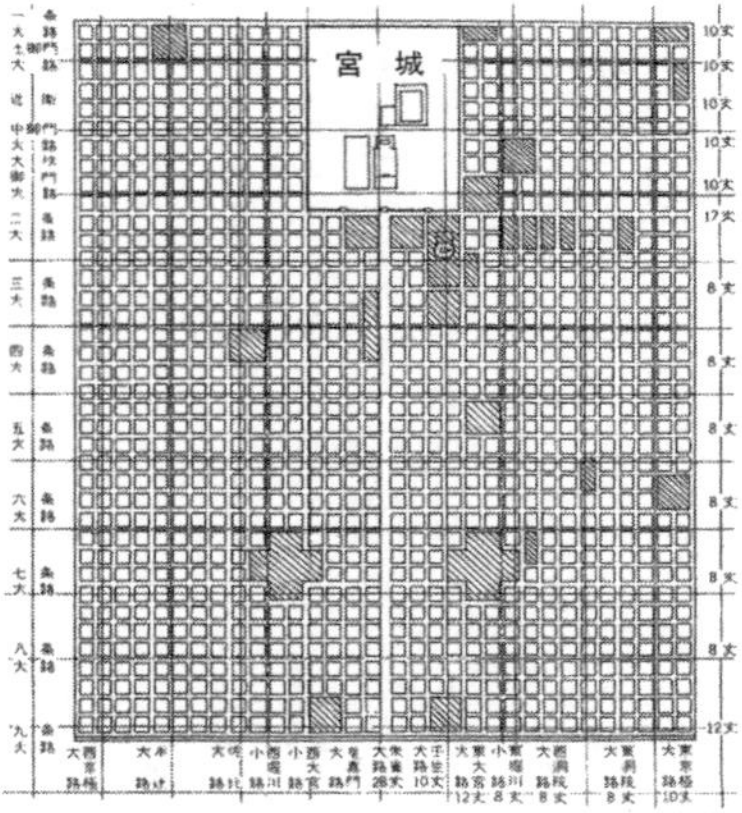

図3・5　平安京（793年）
出所：日本都市計画学会編（1978）『都市計画図集』B-1頁

条には東市・西市、南端には東寺・西寺が配置された。朱雀大路の南端に羅城門があるが、羅城は羅城門の両脇、南面のみにつくられたと推定されている。平城京と同様、平安京にも長安にあるような長大な羅城の跡は発見されていない。その規模は小さく、羅城と羅城門は都を防衛するための施設ではなく、将軍や外国からの賓客のための凱旋門の役割を果たしていたといわれる。

　平安京における基本ユニットの方形街区は四〇丈×四〇丈（一二一メートル×一二一メートル）で、これは「町」と名づけられた。この「町」を四×四に並べた一六「町」をもって一つの「坊」とされ、二×二の四つの「坊」で「条」とされた。一つの「町」の中の宅地割の形式は「四行八門《しごうはちもん》制」とされ、「町」の三二分の一で、五丈×五丈（一五・二メートル角）の面積の宅地ユニットを「戸主」と称した。これらの、「町」「坊」「条」による格子割街区の段階的な階層構成は、都市の管理運営の単位にもなっていたのである。

平安京の都市規模（南北五三一二メートル〔一七五三丈〕、東西四五六九メートル〔一五〇八丈〕の長方形で全体が二四二七ヘクタール）は平城京より大きい。平安京では交通量に対応して街路幅員を定めるなど、街割の技術的配慮が行われ、都市構成の単位である街区としての町や坊の集合として都市をとらえていた。

この方法としては、平安京では四〇丈×四〇丈の基本ユニット（「町」）は一定で、これに道路分が加わる。平城京では心々制（真々制とも書く。方形街区の相対する外周道路の中心線間の距離をとること）、平安京では内法《うちのり》制をとっていた。したがって、平城京では大路の心々間の長さが一八〇丈×一八〇丈と一定であるが、各単位街区は道幅分だけ小さくなることになる。

天皇の都である平安京の計画には庶民の生活への配慮は乏しいが、やがて官制の市場が民衆の交流する場に変わり、その民衆エネルギーが古代都市平安京から中世都市への転換に大きな役割を果たすことになる。(注7)

平安京モデルの街区利用の変貌

平安京における地点表示は条坊制に基づいて、坊、つまり街区を中心に名前が付けられていたが、九世紀後半に入ると、通りである小路による呼称に変わっていった。一一世紀になると、交通空間であり生活交流空間となった通り、小路を挟んだ向かいの家屋列との間のつながりが重んじられるようになっていた。

一二世紀後半の平安後期から鎌倉初期になると、条坊制の「町」の一辺を「頰《つら》」、路を挟んで相向かう頰を「面《おもて》」と呼ぶようになった。

条坊制の「町」では家屋の半分は、路地的性格を持つ裏小路に面していたが、経済活動が重視されるに従って、裏小路に面する各戸は「面」の街路に面するようになり、それぞれの住戸の集まりが頰となる。

「町」は、街路の二面にのみ出入口を持つ「二面町」から、「頰」ができることによってまず「四面町」が形成される。

次いで、一三世紀になると、町屋商業の展開と関連して、各「頰」がそれぞれ独立した片側町をなす「四丁町」が成立する。「四面町」もすでに形態的には「四丁町」と似てはいたが、四つの面を持ちつつも、なお一個の「町」として成り立っていた。

「四丁町」に至ると、条坊制の「町」は四つの「丁」に解体し、ここに古代平安京の条坊制の「町」は終わり、中世京都の都市構成の基本地域単位が現れ始める。やがて経済活動、共同防衛の必要性などから、町人の結合意識が高まり、街路を挟んで向かい合う面を一つの「町」とする「両側町」に変化していった（図3・6）。

さらに、平安京の中世化の現象として、「辻子《ずし》」が発生し、広い道路上に「巷所《こうしょ》」が現れた。辻子は街区内に通された小路のことで、主として街区内部の空閑地を再開発するために設けられた。一方、格子割道路である広い大路の一部だけでなく、小路も住民などによって占拠され、宅地や耕地になり、これが「巷所」と呼ばれた。平安京の南端の東寺周辺に見られる巷所の多くは耕地化したもので、市民生活にとって広すぎる道路用地が農地に転換された（図3・7）。

中世には、京都以外でも格子状街割の都市が生まれている。たとえば博多は港町として発展したが、一〇町四方の土地が格子状に街割されていた。堺も格子状のパターンになっていた。第1章で取り上げた寺内町でも、その中心にある御坊と在郷信徒の詰所である多数の家屋を持った格子状街割のパターンである。絵図等による寺内町の街割では、T字形や喰い違い（鉤《かぎ》形）道路などを取りこんだ、防衛的配慮をした格子状パターンであった。

屋敷割は二敷地背中合わせで、後述の「京型」に類するものである。

豊臣秀吉は平安京の大内裏跡の広大な地域に聚楽第《じゅらくだい》を建設して、これを新しい都市核とし、京都の大改造を行った。これによって、京都の街割は正方形状の「碁盤型」と長方形状の「短冊型」、「郭外式」の三通りとなった。

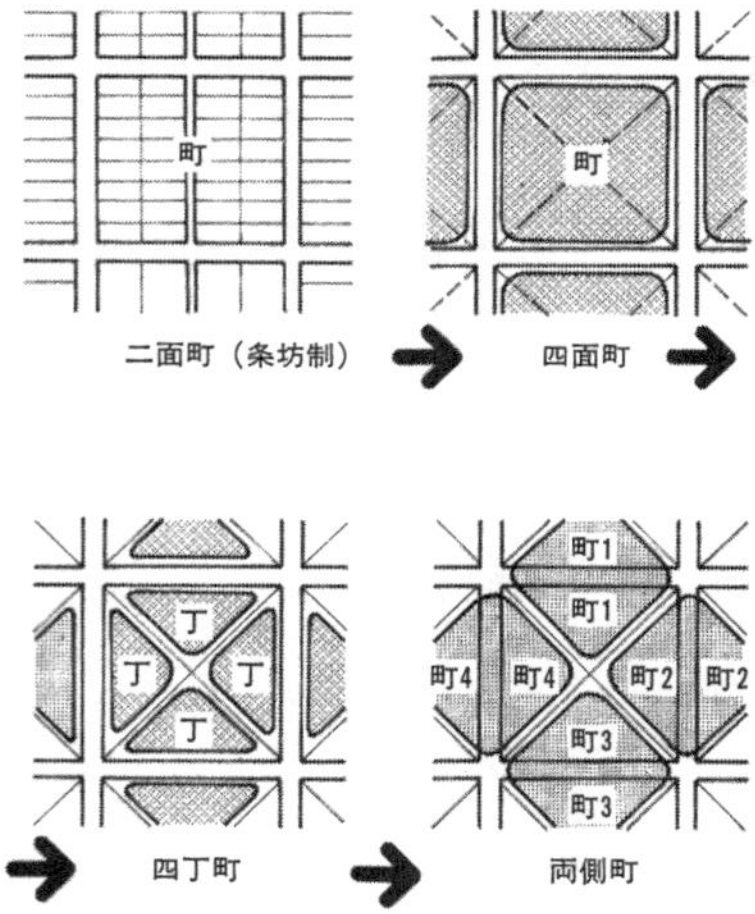

図 3・6　条坊制の町の変化（平安京）
二面町から両側町へ、町から通りへ、古代の条坊制の「町」から中世の「町」への変化を示す．
出所：材野博司（1989）『都市の街割』61頁

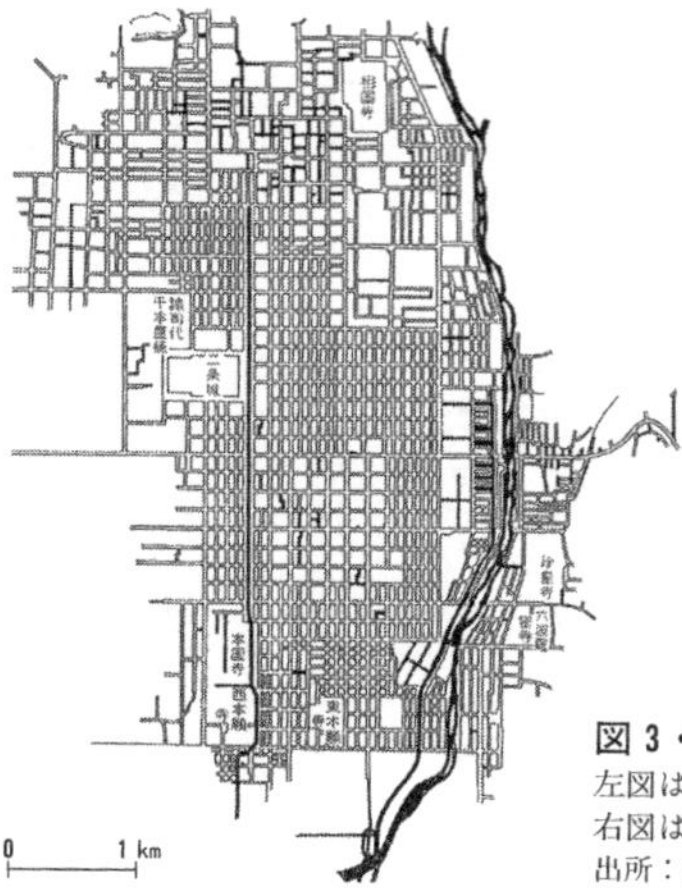

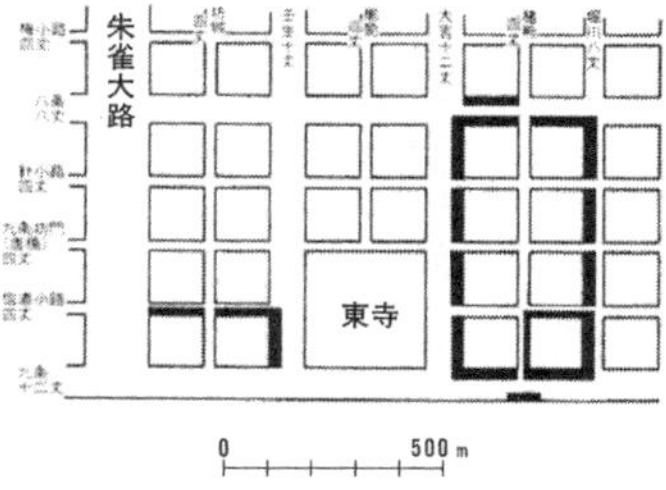

図 3・7　中世京都の「辻子」と「巷所」
左図は辻子の分布
右図は巷所の位置（▬）を示す
出所：都市史図集編集委員会編（1999）『都市史図集』4 頁

江戸の街割

近世に入ると、各地の城下町のプランに短冊型が多く採用されていった。碁盤型の街割を行った近世城下町としては、江戸の古町、大坂の秀吉の城下の部分、名古屋の碁盤割地区などがあるが、少数派であった。平安京モデルの最小ユニット「町」は市街地の高密度化に合わせて細分割されていったのである。

江戸の街割は、江戸城を中心に、町人地や武家地の配置によって多様なタイプの格子割パターンがあることがわかる。おおまかにいって、江戸城の東部が大名用の大区画に分割され、濠を挟んで町人地が海側に配置されていた。後述する銀座煉瓦街の部分は、数寄屋橋門を渡って海側につくられた町人地である。

町人地は平安京をモデルとして、四〇丈（約一二一メートル）四方の区画、「町」を住宅地のユニットとして、その中を、井の字形に分割し、道路に面したところに町家を建て、中央は「会所地《かいしょち》」として、共用の空地や共同便所、ゴミ捨て場となっていた。

道路幅員も平安京をモデルに、本町通りとそれに直交する通町筋（日本橋通り）が六丈（約一八・二メートル）、その他の横丁筋は四丈（約一二・一メートル）、三丈（約九・一メートル）、二丈（約六・一メートル）であった。当時、一般の城下町の道路幅員は京間《きょうま》二間《けん》（約三・九メートル）〜三間（約五・九メートル）程度で、江戸の道路の道幅はかなり広かった。

図3・8の上下の図は街割を始める前後の状況である。

(a)1608年
（慶長13年）ころ

(b)1644年
（正保元年）ころ

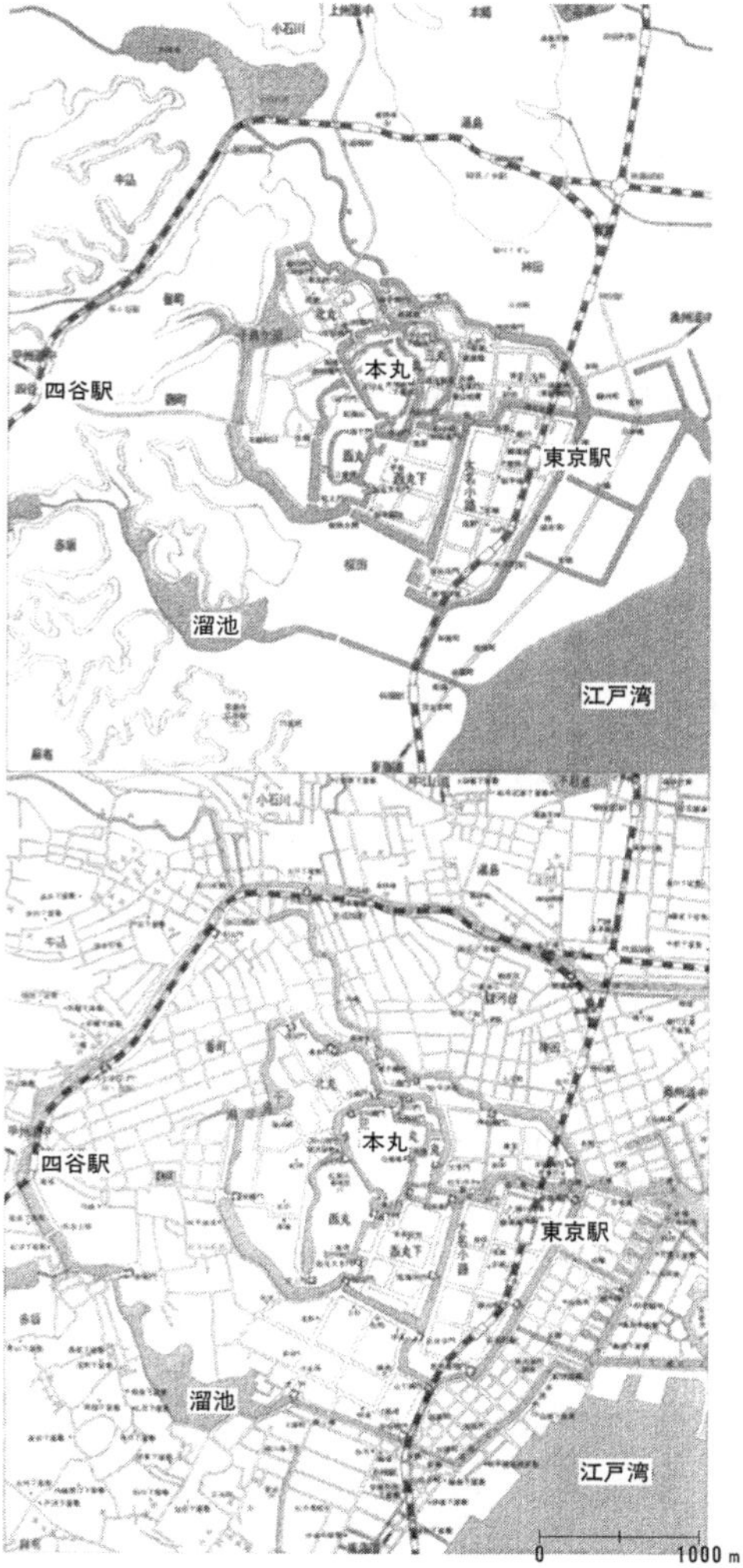

図 3・8　江戸の街割

現在の東京との位置関係を知るための参考として鉄道路線が記入されている
出所：内藤昌（1966）『江戸の町（上）巨大都市の誕生』表紙裏の図

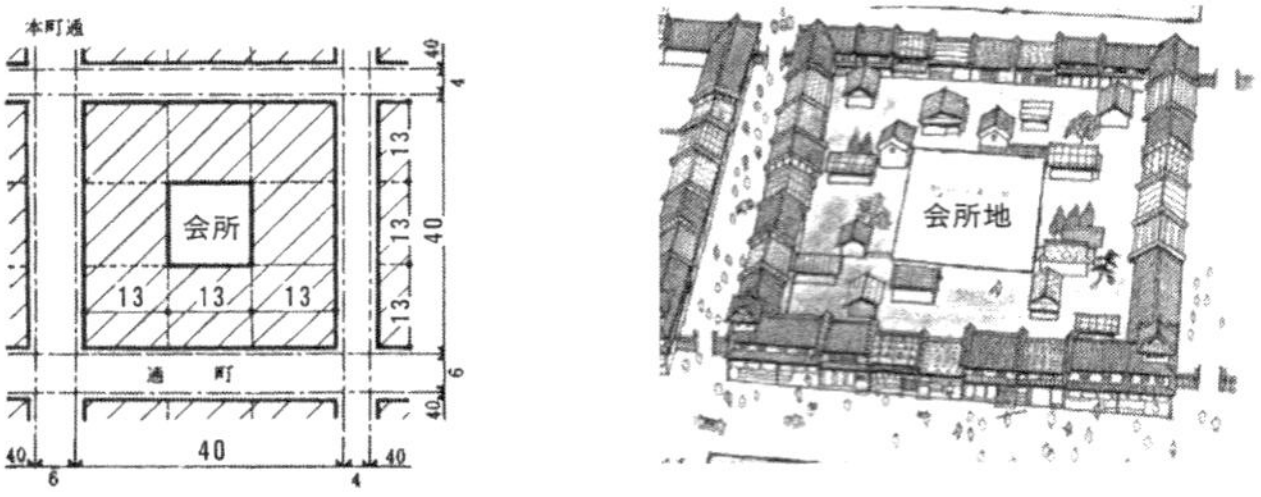

**図3・9　「江戸型」町人地の街区ユニット
右は想像図**
出所：右図は内藤昌（1966）『江戸と江戸城』187頁
左図は図3・8と同様，16頁

方形街区の屋敷割には、「京型」、「江戸型」の二つのタイプがあった（この名称は矢守一彦〔一九七〇〕『都市プランの研究』によるものである）。各戸裏行（各敷地の奥行）の二倍が一街区の短辺に等しく、街区の相対する二辺方向にのみ間口、すなわちアプローチをとるのが「京型」である。もう一つは江戸の屋敷割で、格子割パターンは京都に同じく一辺四〇丈（京間尺で約六〇間）の碁盤型であるが、街区内部は、二〇間幅に井の字形に区画割し、四周より裏行（敷地の奥行）二〇〜四〇間の敷地をとった。これを「江戸型」と呼ぶ。中央二〇間四方の会所地は、建物へのアプローチがしだいに道路側に開かれていくと、中世の平安京が四面町や四丁町に変わっていったように、会所地の機能そのものと同様、解体していった（**図3・9**）。

中世から近代初期の欧米の格子状街割

ヨーロッパ中世都市に目を転じると、そこで格子状街割が使われたのは少なかったが、成長する都市の場合、とくに計画的に都市をつくる場合にそれが用いられた。第1章のフィレンツェで見たように、軍事的、商業的、交易中心としての戦略的拠点を持ち、かなりのスピードで成長する都市において、計画的に規則的な街路パターンとして、格子状街割が採用されたのである（第1章の図1・8参照）。

近世初期のルネッサンスの都市デザインでは、新しい支配階級の権威を幾何学的パターンに象徴させ、大砲や大量の兵隊が移動できる、軍事防衛に有利な直線的道路が尊重された。これを引き継いだバロック都市のデザインでは、放射型の直線道路と広場が格子状街割に重ねられている。グリッドと放射状パターンの組合せの上に焦点となる広場や公共施設などが配置された。たとえば、後の第4章で見るヴェルサイユは、幹線となる三本の放射状街路の焦点に宮殿が置かれ、その背後の街は格子状街割の幾何学的パターンでつくられている。ロンドン大火後のレンの改造計画も同様である（次章の図4・2、4・3参照）。

トリノは、ヨーロッパに広く存在した古代ローマの殖民都市が起源であるが、一六世紀末までローマの格子割の都市を引き継いで、そこから急速に発展して市街地を拡大させた。城郭都市の中に整然とした碁盤目状の街割がされているのを見ることができる。**図3・10**の(1)はローマ時代のプランで、ほぼ正方形の町に正方形の格子割街区が形成されていた。アウグスタ・タウリノルムが都市の名称であった。(2)は一六世紀末の形状である。火薬の発明によって新たに開発された兵器には土塁が必須で、攻撃してくるものに側面から砲火を浴びせられる稜堡が設けられた。古代ローマ以来の正方形の町の隅部に先の尖った稜堡が付け加えられたのである。

(3)から(5)は、ルネッサンスから一七世紀末のバロックの都市改造がよく示されている。稜堡を備え拡張を行った。(4)が一六七〇年頃からの新たな拡張後、(5)がさらに北西方向に新たな拡張を行った一七世紀末のトリノである。

トリノは、一七世紀半ばから、数多くのモニュメントを計画的に建設し、華やかな大スケールの都市空間を実現して、ヨーロッパを代表するバロック都市となった。古代ローマ都市の構造をよく継承しており、バロックの都市づくりも、格子状街路の構成を基本に展開した。

中世に歪《ゆが》みを生じていた主要道路の何本もが、建築家ユヴァラの設計によってまっすぐに拡幅整備され、柱廊が設けられた。広場や街路が柱廊で見事に統一され、透視図法的な効果を強調した点がトリノ・バロックの特徴である。その典型例として、柱廊が周囲を巡る長方形の広場として整備されていたサン・カルロ広場などがある。(注8)

バルセロナは、ローマの殖民都市として前一世紀に創建された（面積一二ヘクタール）。その後、城壁を何度も外側に移設して成長し、一四世紀には人口約三・四万人の大都市になっていた。産業革命後さらに成長し、一九世紀半ばには城壁内の人口が一九万人に達し、過密による住環境の悪化、公衆衛生問題の深刻化が進んだため、城壁を破壊し市街地を拡

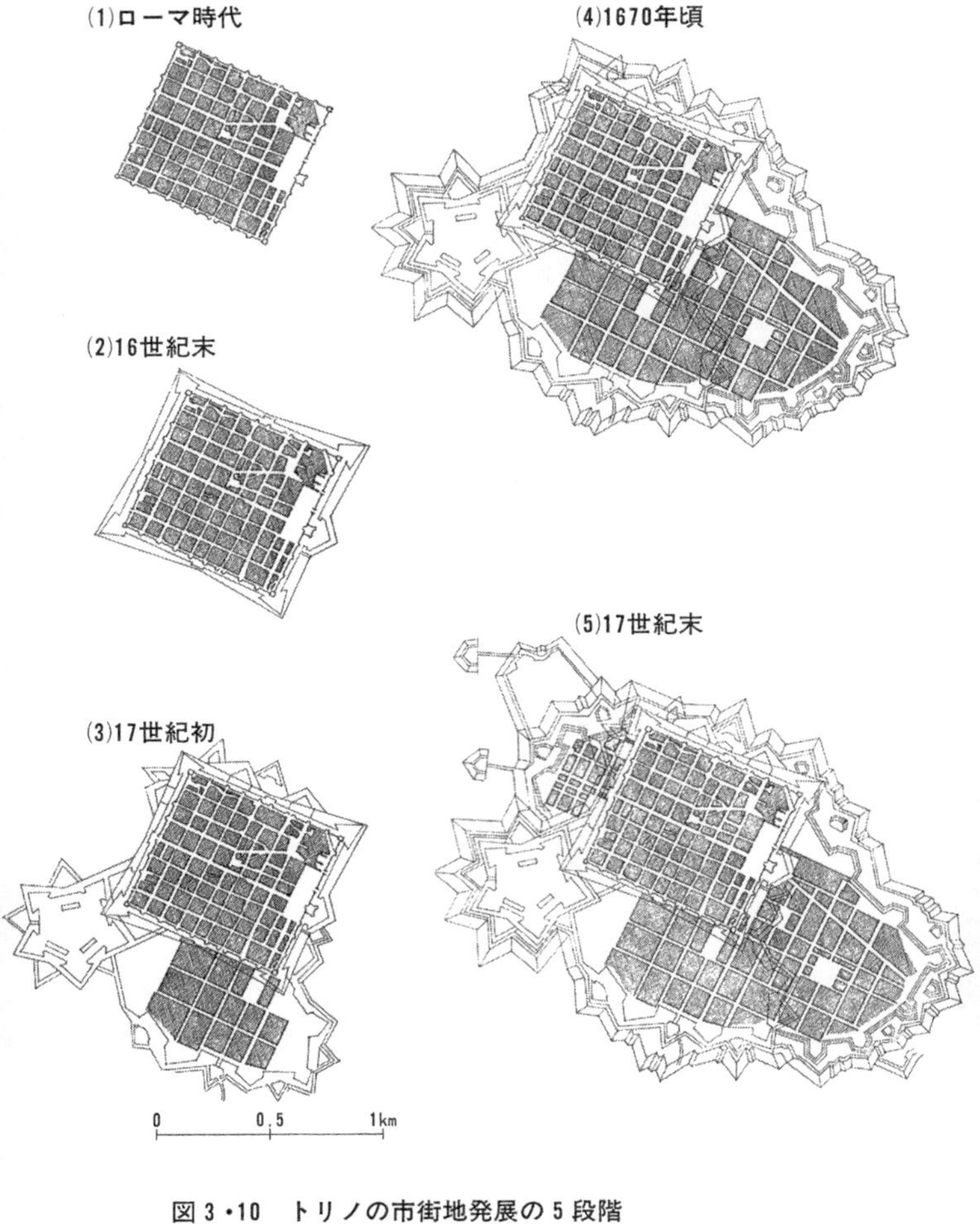

図3・10　トリノの市街地発展の5段階
上が北
出所：S・E・ラスムッセン著　横山正訳（1993）『都市と建築』14,15頁

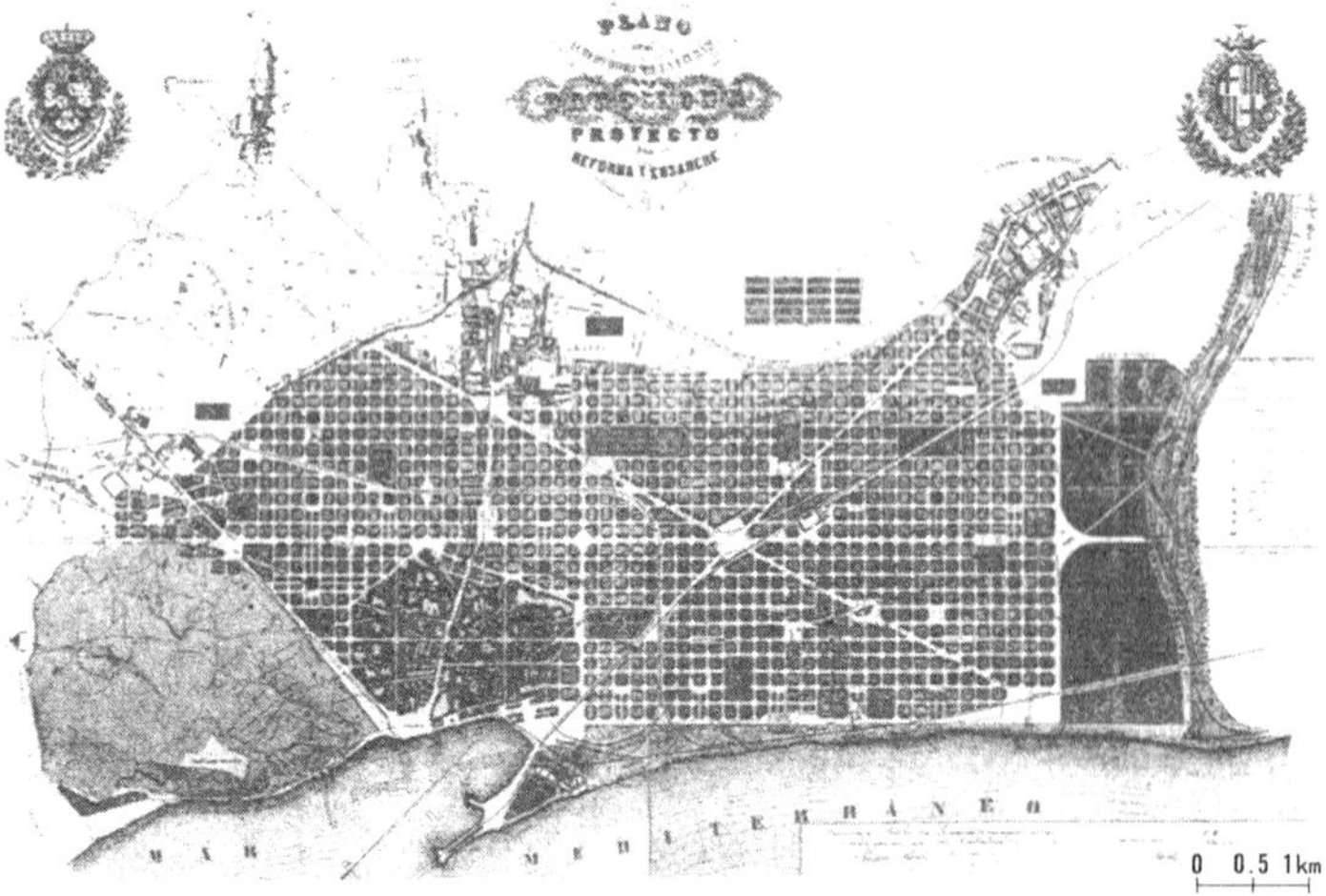

(a)都市プラン

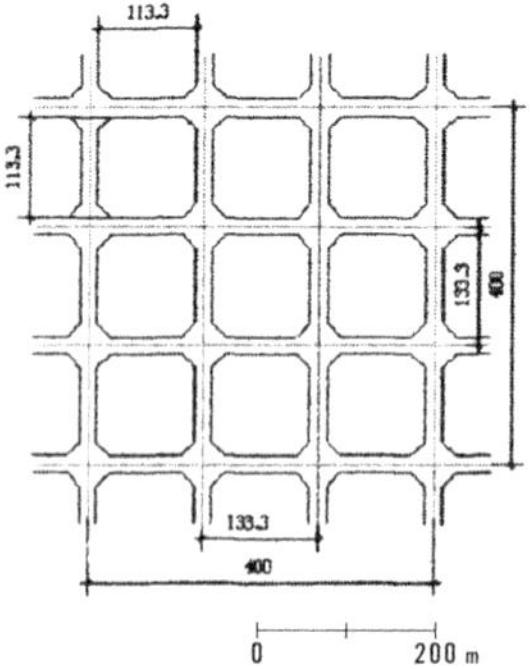

(b)街区プラン

図 3・11　セルダ・プラン

出所：レオナルド・ベネーヴォロ著　佐野敬彦・林寛治訳（1983）『図説・都市の世界史 4』99頁

張することが決定された。

一八五九年、城壁の破壊に伴う市街地拡張計画のコンペが行われ、イルデフォン・セルダの案が当選した。セルダは社会改良主義的な思想の持ち主で、身分や階級で住む場所が決められたり、土地によって地価の違いが生じたりすることを嫌い、階層や職種に関係なく平等に住める町を理想とした。セルダのプランは空間の階層性や中心性を持たない、芯々（道路の中央から道路の中央まで）が一一三・三メートルの正方形の均質な格子割パターンで隅切り（コーナー部分の角を落とすこと）をとっていた。

街区内は原則として並行配置の二列の建物が計画され、街区内のオープンスペースが街区を横断して連続する街並みとなるはずであったが、当時の人口急増（一八五九年の一九万人が九一年には五〇万人になった）による建物面積の増加の圧力を受け、高さ二〇メートルの建物が街区四面すべてを覆う中空街区型（街区の中が空地）の街となった（**図3・11**）。

バロックの都市の時代の殖民都市計画においても、格子割の都市デザインの町が多くつくられた。アメリカでも、一六八二年に、W・ペンおよびT・ホルムがフィラデルフィアに建設した都市は完全な矩形街区パターンであった（**図3・12**）。また、アメリカ合衆国独立後一七九一年にP・ランファンによって建設が開始されたワシントンは、大規模モールを中心に放射状街路（対角線）の入った格子割パターンである（次章の図4・4）。ダニエル・H・バーナムによるシカゴ・プラン（一九〇九年）など、格子割と放射状の結合パター

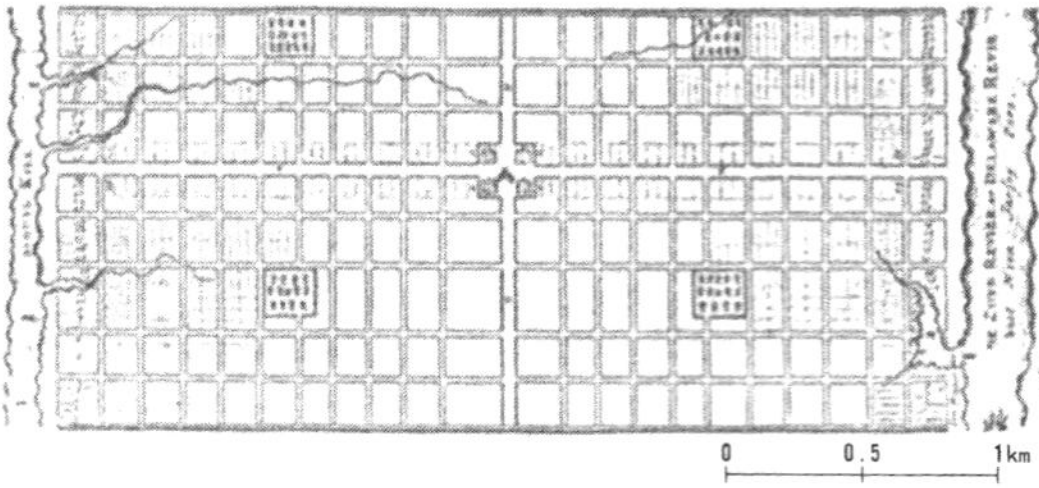

図3・12　フィラデルフィア　最初の格子割プラン
出所：Raymond Unwin (1909), Town Planning In Practice, p.90

ンの都市が各地に建設された（次章の図4・5）。

ニューヨーク・マンハッタン

アメリカは、一五世紀末にコロンブスにより〃発見〃されて以降、ヨーロッパから列強諸国が進出して殖民都市計画が試みられた。とくに、スペイン、イギリス、フランスなどが、格子状街割に放射道路が重ねられたバロックの都市デザインの街をつくった。それに次いで、新たな格子状街割が試みられたのがニューヨークのマンハッタンである。

マンハッタンに最初にどのような都市計画をたてるかについては、一八〇〇年、建築家で測量技師のジョセフ・マンギンが、前述の、P・ランファンのワシントン・プランを思わせるような案を提案したが、退けられた。その後、一八一一年にクリントン市長は、当時は人口一〇万人にも満たなかったマンハッタンを一〇〇万人以上が住める街にすることを計画して、企業家や民間人

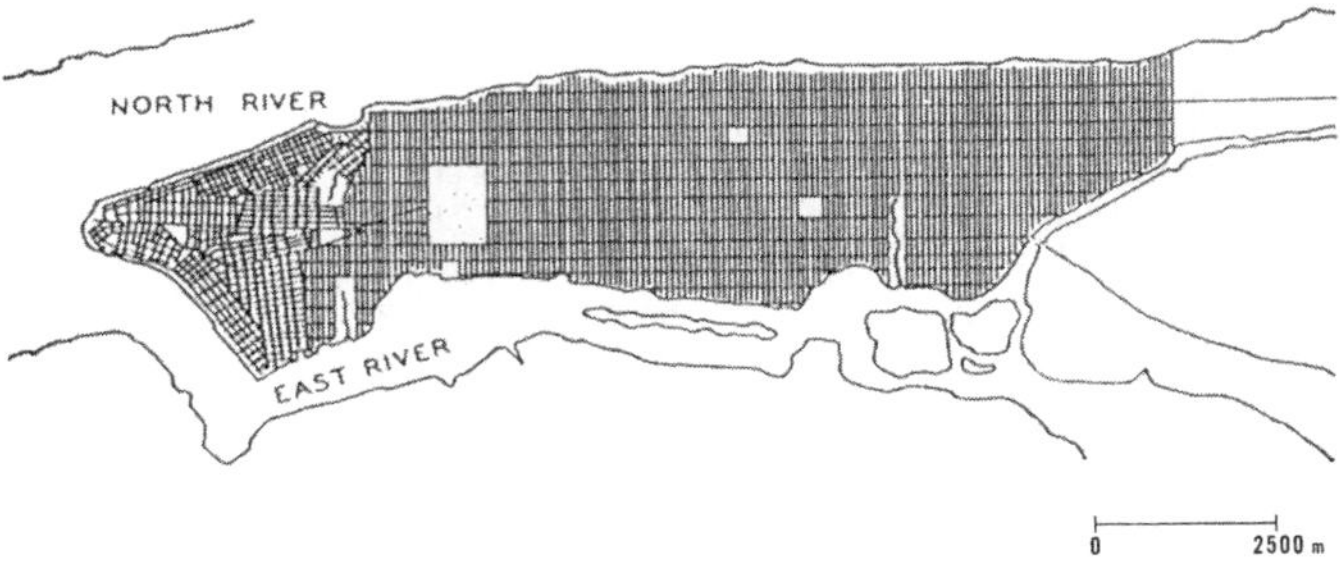

図3・13　マンハッタンの格子割プラン（1811年）

出所：ガリオン／アイスナー著　日笠端・森村道美・土井幸平訳（1975）『アーバン・パターン』56頁

の委員会を設けて議論し、もっとも経済効率性の高いパターンとして**図3・13**のプランが採用された。

委員会は三人の民間人（弁護士と地主と測量技師）で構成され、マンハッタン全体を平坦にならし、格子状の街路パターンで覆い尽くすという計画を打ち出した。オランダが支配していた島の南端の城壁で囲われていた部分を除いて、それより北側はほぼ方位に従って直線定規をあてて描いたように、南北約六〇メートル、東西は六〇～二〇〇メートルのいくつかの種類の長方形街区で蔽《おお》っている。高地価を理由にオープンスペースは極度に抑えられたが、道路率は高く、三〇％であった。

マンハッタンの格子状街割はもっとも効率よく建物が建てられ、高密度に使える街区として定められたのである。住宅でも商店でもオフィスでも、土地利用には関係なく、道路幅員を広くして高容積利用を可能にした。そこには良好な住環境や空地を配したビルの計画を誘導するという視点はなく、後に、委員会の決定案の無定見さに抗議する人々もいた。

その後、マンハッタンは経済発展により、数十年で超過密状態となった。住居用建物は、一般に、五〜六階建てで隣棟との間隔も極端に狭くて、悲惨な住環境の町ができてしまった。典型的な民間共同住宅は「テネメント」と呼ばれ、低所得階層の有色人種の人たちが、ロンドンの過密居住レベル以下の悲惨な居住状態に置かれることになった（第6章参照）。

当然のように、その後、マンハッタンには自然を生み出すような大規模な公園を求める声が湧きあがった。その結果、一八五七年に、市はマンハッタンに大規模な公園を建設するために設計コンペを行い、F・L・オルムステッドの案が採用された。

オルムステッドの提案の基本コンセプトは、ビジネスの緊張感から解放する人工的な自然をつくり、そこであらゆる階層の人々が交流できるような場にすることであった。

この公園建設にあたっては、公園法の制定によって用地の買収と公園の整備のために政治的に独立した委員会が設置された。用地価格については州最高裁判所が土地評価委員を任命して鑑定させ、財源確保のために債券の発行を行った。さらに、公園整備に伴う受益地を設定して用地費の三分の一を受益地に賦課する受益者負担制度を導入するなど、都市計画事業の先鞭となる創造的手法が適用された。(注9)

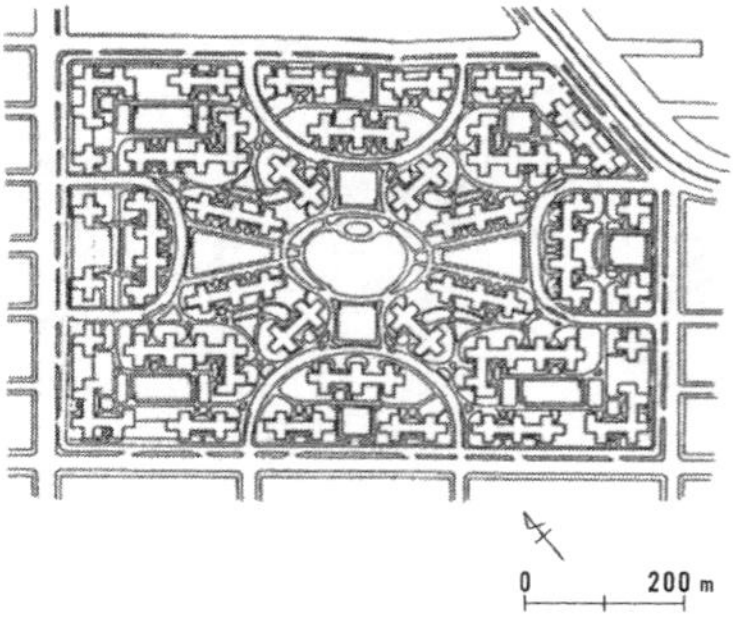

図3・15　スタイブサント・タウン

戦後の経済復興のための民間保険会社による事業。画一的な設計で、〝いわくつきの再開発〟といわれた.

出所：日端康雄・木村光宏（1992）『アメリカの都市再開発』229頁

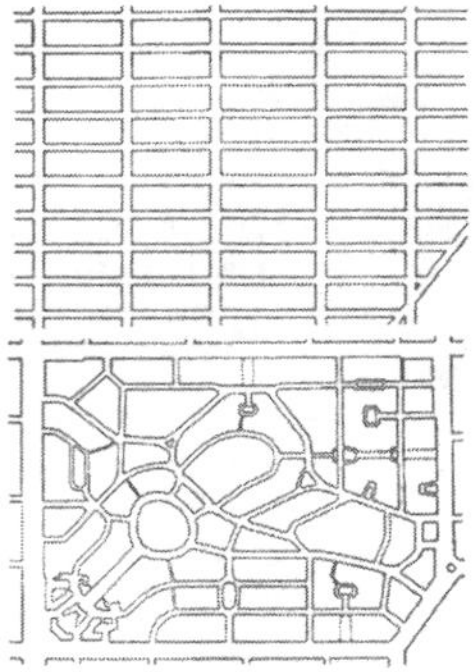

図3・14　ペリーの近隣計画論における格子割街区統合プラン（ホイッテン設計）

出所：C・A・ペリー著　倉田和四生訳（1975）『近隣住区論』121頁

その後、アメリカ経済の発展とともに、都市の成長や郊外の宅地化が進み、アメリカ全土の都市に敷地分割規制が敷かれ、緯度、経度を基準にした格子状街割が強制的に行われた。

マンハッタンでは、一九二〇年代に、C・A・ペリーの近隣住区が格子割街区の統合によって可能と考えられた（第5章参照）。**図3・14**は近隣住区をマンハッタンに適用したホイッテンの提案である。また戦後、格子状街区を統合して、ひとつのまとまった地区にして都市再開発されるようになった。一四番街の北側の一八ブロックを統合したスタイブサント・タウン地区が代表例である。統合された街区はスーパーブロック（超街区）と呼ばれた（**図3・15**）。

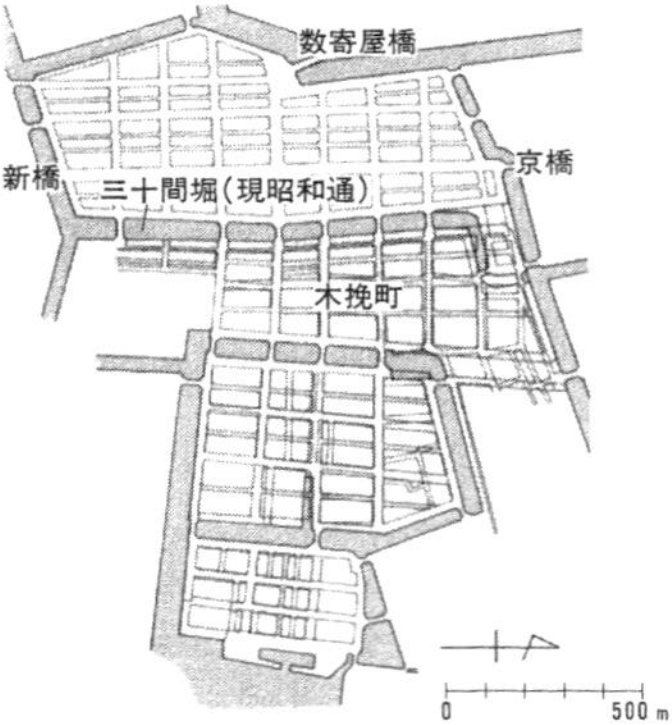

図3・16　銀座煉瓦街再開発
明治10年実現図　銀座地区は実現したが木挽町以東は部分的に実現.
出所：藤森照信 (1982)『明治の東京計画』296,301頁 (写真)

日本の近代都市の格子割街区

一八七二(明治五)年に東京・丸の内、京橋、銀座、築地にわたる大規模な大火があった。明治政府と東京府は、直ちに道路改造と家屋の煉瓦造化を内容とする銀座煉瓦街計画を決め、井上馨《かおる》らの発案で、計画・設計を大蔵省御雇外国人技師のイギリス人T・J・ウォートルズに依頼した。

大火前の銀座は、「短冊型」の江戸の町人地の典型的街割であったが、ウォートルズはそれを一部改造して利用し、一八世紀末のイギリスのジョージアン様式の町をびっしり建てこんだ。広場や緑地はまったく確保されなかった(**図3・16**)。

事業は、明治初期の政府内部の混乱と、住民の反発などにより、当初の計画から後退したが、わが国ではじめて歩道が設置され、並木も整備され、ガス灯も設置された最大約二七メートル(一五間)の広幅員道路とイギリス風の建物が実現した。すべての建物は煉瓦造で、様式の統一が目論まれたが、実際には、計画地全体で煉瓦造と石造が半々であった。しかしながら、七七（明治一〇）年五月の完成後は批判も多く、空き家も目立った。

明治以後の格子状街割としては、札幌の新都市建設、関東大震災後の東京下町の復興計画、第二次大戦後の全国の主要都市中心部で土地区画整理が展開された。いくつかの代表的事例に触れてみたい。

北海道では明治期、開拓使（後の北海道庁）によって開拓地の選定とその拠点となる都市の建設が行われた。市街地の区画設定後、宅地は民間に貸与された。格子状街割網の計画都市が札幌、旭川、帯広などに生まれた。

札幌では、一八六九（明治二）年に農業移民振興のために都市建設が開始された。同年の札幌草創図によると、札幌の街割は、平安京モデルの城下町の街割にバロックの都市デザインを重ねたタイプであった。

一般的な方形街区は一〇九メートル四方（六〇間）の正方形で、それを二行六門に分かち、幅六間の中道をつけて、一戸あたり敷地は五間×二七間であった。六〇間ごとに幅一五間あるいは一一間の街路が配置され、火防線（防火帯）や公園緑地が要所に確保された。札幌の大通公園（幅約一〇五メートル：五八間）は火防線として計画されたものである（図3・17）。

一九二三（大正一二）年、関東大震災によって破壊された東京の再建のために帝都復興院官制が公布され、復興計画が立てられた。

その内容は七〇〇万坪にわたる広大な区域の土地区画整理事業と合わせて、幹線道路、公共施設の建設、河川等の改修を行い、さらに、ゾーニング制を敷いて建築規制を行おうとするものであった。

この区画整理の計画基準では、一キロごとに幹線道路、五〇〇メートルごとに補助幹線道路を通し、二五ヘクタールの単位地区に小学校を配置し、平均八〇〇〇人規模の小学校区を設定するというものであった。この都市計画道路の枠組みは現在も残っている。

日本の旧城下町が、街割の変革の洗礼を受けるのは、第二次世界大戦後の戦災復興土地区画整理事業である。

戦災で破壊された市街地を復興するために「戦災復興計画基本方針」が決定され、一九四六（昭和二一）年に定められた「復興土地区画整理設計標準」で、街廓（街区のこと）は矩形またはこれに近い形状として、その長辺は概《おおむ》ね次の標準によるとされた。

「住居地域内で八〇～一六〇メートル、商業地域内で八〇～一四〇メートル、工業地域内で一〇〇メートル以上とされ、住宅地用街廓の長辺の方位との振れは、東西または南北方向（共同建または長屋建を予想される地区では東西方向）に対して二〇度以内とする。幹線街路に対する街廓は、長辺を街路に向かわせるなどの方法によって、区画道路と幹線の交差を

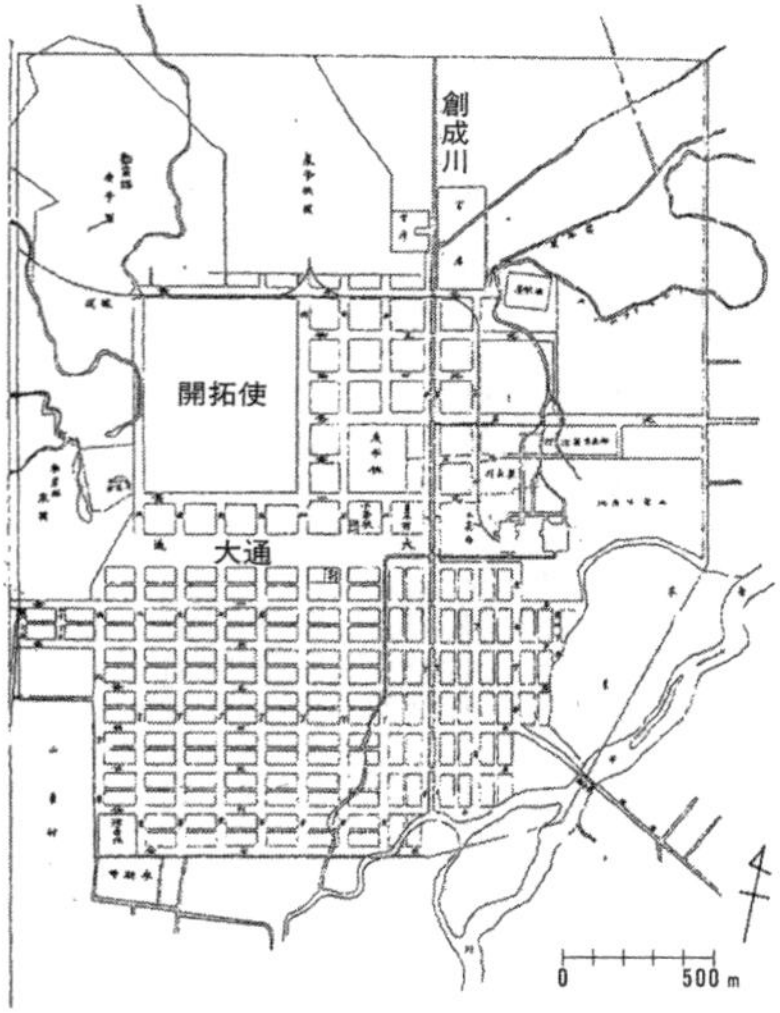

図 3・17　北海道の開拓都市札幌

1877（明治10）年頃
出所：都市史図集編集委員会編（1999）『都市史図集』23頁

図 3・18　仙台の戦災復興計画

左図は区画整理前、右図は区画整理後
出所：都市史図集編集委員会編（1999）『都市史図集』24頁

少なくする。店舗や長屋の建築が予想される街廓には、裏口道路（幅員一・五～二メートル）を設け、できれば電柱をこれに入れる」。一般の住宅地においても、できるだけこの方針に従うものとされた。

画地の配置については、街廓の長辺にそって二列に並べる。短辺が商店街に面する場合は、短辺側にも画地を並べる。形状については、住宅画地は南北方向の長さ（奥行）を長くし、商業画地については、高層建築物の予想される地区では画地を特に大きくする。その他一般の店舗では、間口五～一〇メートル、奥行一五～三五メートル程度、住宅地の店舗街では、間口五～八メートル、奥行一五～二〇メートル、一般画地の場合は原則として、この奥行の倍数が街区短辺寸法とされた。街区、敷地の寸法、形状のみでなく、交通を考慮した街路との関わり、電柱などの位置指定による街並み構成などについても指針に示されている。

第二次世界大戦により罹災《りさい》した二一五都市のうち、被害の大きい一一五都市で戦災復興の都市計画が策定され、国庫補助により復興事業が開始され、都市改造が実現した。日本全国で一斉に都市建設が実施されたのは、一七世紀前後の城下町以来のことである。具体例の一つとして仙台を取り上げてみたい。

仙台では旧城下町の全域で戦災復興区画整理が実施された。緑豊かな並木道（定禅寺通《じょうぜんじ》り、青葉通りなど）や都心の公園（勾当台公園《こうとうだい》）が新設され、仙台駅の位置が変更された。並木道では電線が地中化され、街路樹は「杜《もり》の都」のシンボルとなった（図3・18は区画整理前後の街割を示している）。

以上は、都市計画事業としての街区形成であるが、土地利用規制としての手法は二〇世紀前半に市街地建築物法の建築線制度により、街区形成が部分的にできていた（図6・8参照）。しかし、第二次大戦後、そうした都市計画の仕組みが失われて、高度経済成長による急激な都市化によって、街区形成のない市街地が広大に形成されてしまった。

格子状街割の普遍性

格子状街割は、古来、何らかの計画的意図がある場合に行われてきた。たとえば、占領地に新たな都市を建設する場合である。その意味で、格子状街割の都市は、自然発生の都市とは違って、計画都市である。

都市の街割とは、道路と建築敷地群による空間組織を形づくるものであり、それに幾何学的な形状を当てはめて行うのが格子状街割である。道路で囲われる方形街区に、路地、敷地、建物という、都市と建築を関係づける要素が絡《から》んで、市街地の基本的空間組成を形成する。街区は都市の全体と敷地、建築をつなぐ中間領域である。多くの人々が高密度で住む都市を、安全、快適に、かつ効率よく管理運営するためには、この中間領域を明確につくり上げる必要がある。

紀元前のギリシャでは街区内の低層住居の配置をもとに方形街区（一辺がおおむね四〇～九〇メートル）が設計された。時代は下るが、二〇世紀末に千葉県の幕張副都心では中層集合住居の中空街区ができている。五階建て住居で八〇メートル角の正方形街区である。紀元前五世紀のギリシャと二〇世紀末の日本の千葉県の街区のサイズはさほど大差はない。格子状街割はそのサイズと形状において、時空を超え文明を超えた普遍性を有している。

格子割の町は、高密度で効率的に人々を住まわせられること、一定の秩序を維持できること、都市の基本的構成を維持しつつ、拡張が容易にできること、街区再編の容易さなどがその特徴である。要するに、こうした機能が同時に満足できる唯一の都市空間組織である。また、格子状の街割の町は政治的支配や都市の運営管理にも便利であった。条坊制の街割は、基本となる街区レベル、複数の街区を集合した大街区レベルを重ねることで何層にも都市の管理を行うことができる。

格子状街路は都市の市街地の骨格であり、それを一度つくっておくと、後で改良でき、応用がきくのである。市街地に人々が定住してしまうと、後から道路をつくり、区画整理をするのは非常に困難である。格子割の利点は後世の都市の運営に生かせることである。

現代の都市デザインでは、格子割の街は、その景観の単調さや規格型の街の画一性、交通処理の非効率さなどから退けられることが多い。

しかし、格子割であることで、一義的に、単調で魅力のない街になるわけではない。街

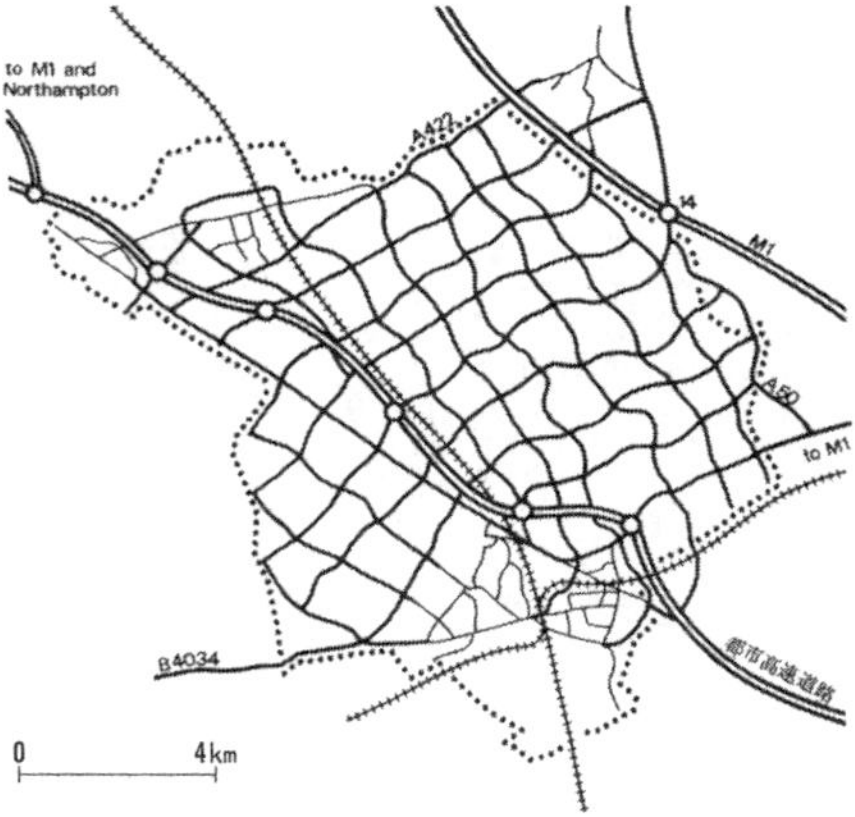

(a)幹線道路配置図

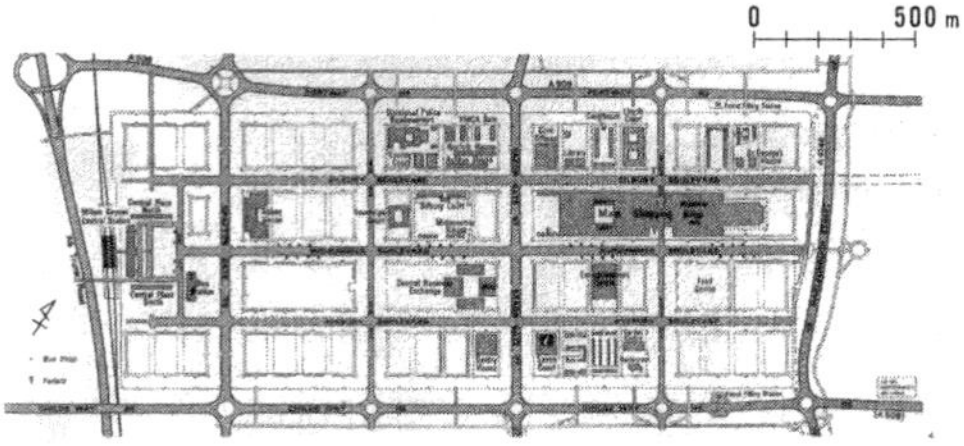

(b)中心地区

(c)住宅地

図 3・19　ミルトン・ケインズ・ニュータウン（イギリス）

出所：(a)日本住宅公団（京都大学上田篤研究室訳）(1973)『ミルトン・ケインズ計画』39頁
(b)(c)日本都市計画学会編（1988）『近代都市計画の百年とその未来』231頁

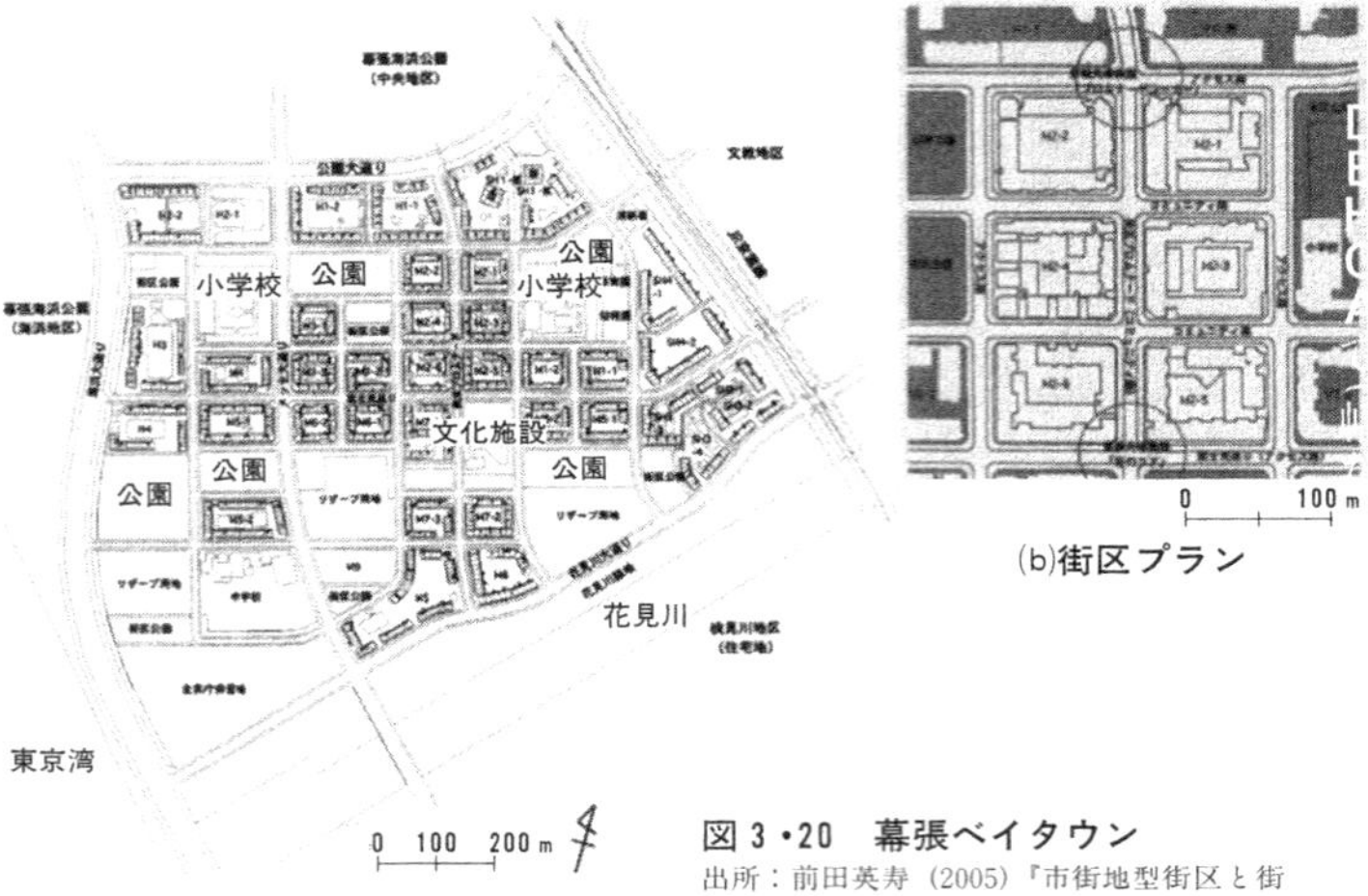

(b)街区プラン

(a)マスタープラン

図3・20　幕張ベイタウン

出所：前田英寿（2005）『市街地型街区と街区型建築の実現手法に関する研究』（自費出版）

区内の高密度な複合利用によって多様性のある街になることは、マンハッタンを歩いてみればわかることである。近代都市計画を生涯批判し続けたJ・ジェイコブスは、この多様性の魅力を高く評価した。

イギリス、ロンドンの大都市政策での最後のニュータウン、ミルトン・ケインズでは格子割を応用する形で、都市基盤の機能面とデザイン面を両立させて多様性のある都市をつくり出そうとしている。R・デーヴィスの都市デザインによるこのニュータウンは、だいたい一〜一・六キロ（一マイル）間隔で格子割の幹線道路を配置し、その内部は方形街区が計画されている（**図3・19**）。先にあげた幕張の住宅地の場合も、都市デザイン上の意図で格子状街割が行われて独特の町をつくり出しており（**図**

3・20）、格子状街割が現代都市デザインのなかでも再評価され、活用されている例が生まれている。

注
1 材野博司（1989）『都市の街割』41頁
2 西川幸治（1994）『都市の思想［上］』45～46頁
3 都市史図集編集委員会編（1999）『都市史図集』234頁
4 勝又俊雄（2000）『ギリシア都市の歩き方』112頁
5 ガリオン／アイスナー共著 日笠端・森村道美・土井幸平訳（1975）『アーバン・パターン』18頁
6 西川幸治 前出 50～51頁
7 西川幸治 前出 67～86頁
8 S・E・ラスムッセン著 横山正訳（1993）『都市と建築』13頁
9 石川幹子（2001）『都市と緑地』54頁

第4章　バロックの都市

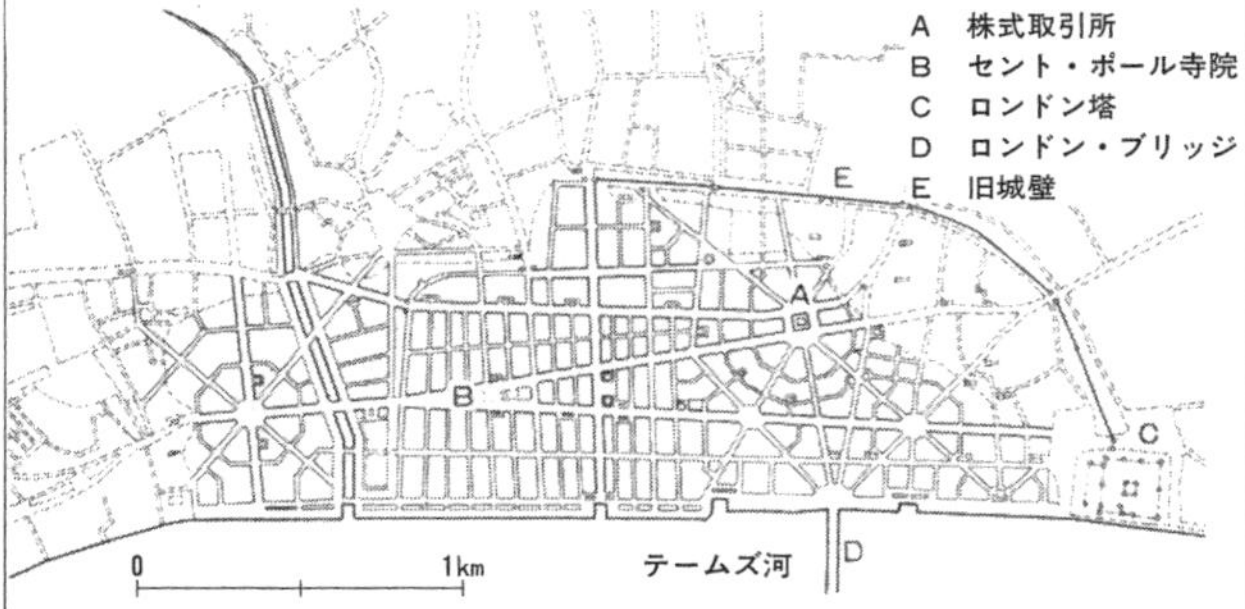

図4・3　レンのロンドン再開発プラン（1666年）
出所：日本都市計画学会編（1978）『都市計画図集』B-4頁

バロックの建築と都市

建築のバロック芸術の時代は主に一六～一八世紀頃であるが、バロックの都市計画はそれと関連しながら、一七世紀頃から二〇世紀前半に広がっている独特の都市計画スタイルである。前近代から近代に移行する文明転換期の時代に実現されたこれらのバロックの都市は、二一世紀の世界大交流の時代に魅力ある観光都市として評価されている。その代表例がパリやウィーンである。

最初のバロック建築は、一五八四年、ポルタが完成させたローマのイル・ジェズ聖堂といわれる。バロックとは、古典美術やルネッサンス美術の端正な様式に対して、直接感覚に強く訴える美しさと強い感情の表出を求める、絵画的で、感動に満ちた表現の芸術様式をいう。

後期バロックの時代になるとこの芸術スタイルは専制王制と密接に関係し、そこでは建築と彫刻、絵画などが一体となって装飾的で絵画的な都市空間を形成した。フランスでは、ルイ一四世（一六三八～一七一五）、ナポレオン一世（一七六九～一八二一）、ナポレオン三世（一八〇八～七三）らの〝専制君主〟が輩出し、それを先導した。彼らは、バロックの芸術的特徴が都市設計様式として組み込まれた都市改造手法を、自らの権力を鼓舞するものとして政治的手段に利用したのである。

バロックの都市計画は、その前の中世ルネッサンスの都市にルーツがある。ルネッサンスも一種の芸術文化革命であるが、それがローマ教皇という、当時の強大な権力と結びつきローマの都市改造に発展していったのである。

バロックの都市計画に対する、L・マンフォードら歴史家の評価は厳しい。たしかにバロックの都市計画には中世末期の過密都市の市民の悲惨な生活や劣悪な住環境をよくしようという考えはまったくなかった。フランスのルドーの提案する（一七七三年）理想都市ショウを始め、ヨーロッパの各地での社会改良主義者たちの都市計画運動の時代と同時代でありながら、バロックの都市計画にはそうした社会改良の思想はまったく見られなかったのである。フランス革命以後の激動の時代に生まれた近代的制度手法、たとえば、土地収用法（一八四〇年）などが都市改造手法として駆使されたが、それらの法制度の精神にも則《のっと》っていない。

このように、バロックの都市計画の社会性には問題があるとしても、ヨーロッパではバロック都市において、はじめて意識的な都市計画が行われ、バロック都市の様式は、近代都市計画のプロトタイプの一つともみなされている。しかも、生きた歴史文化の象徴となって人々から好まれ、輝いている世界の都市の一角にバロックの都市がある。その都市づくりの作法に現代都市計画が学ぶべきものがあるのではないか。その系譜と都市空間の魅力を生み出した源泉を見ていきたい。

中世都市の終焉

一五四三年に出版されたコペルニクスの論文は、天動説から地動説への大転換をもたらした。地球は宇宙の中心ではなくなり、古代からの世界観は無意味なものとなってしまった。時を同じくして、ようやく中世都市の発達が実質的に終わりを告げることになるが、それは以下の要因による。(注1)

第一は、中世都市の過密化と商業や交易の発達による都市の成長である。中世のヨーロッパでは、都市の数は急速に増加したが、都市の人口は一〇〇〇人以下の小規模で、ごく一部の大きな都市でも四万~五万人でしかなかった。中世都市は防衛上の理由や給排水と衛生設備の限界で城壁内をあまり大きくできなかった。飲水は町の泉や井戸が利用され、下水処理設備はなく、排水は街路にそのまま垂れ流しであった。当然、公衆衛生上の問題が極めて深刻であった。

それでも、都市の人口は徐々に増加し、城壁内は過密化した。建築密度が上昇して、二階建て住居は三~四階建てに変わり、稠密《ちゅうみつ》で不衛生な城壁内では疫病が発生した。たとえば、一四世紀の黒死病(ペスト)は、都市住民のおよそ半分の生命を奪ったといわれる。給水設備が各住戸に連結したのは、一七世紀初期のロンドンからであった。水洗便所は、スペイン、フランス、イギリスに一六世紀に出現するまで存在せず、都市成長の最大の原因は商業経済の発展である。それによって、富裕商人や新興貴族階級、教会などが次第に広大な領地を占有するようになり、貴族と聖職の二つの特権階級の出現により封建領主の権力が衰退した。さらに、世界に通商が広がり始めると、交易に便利な港や交通の要衝になる地点など、中心地の立地条件を有する都市に人口集中が生じた。

たとえば、一四世紀のイタリアのフィレンツェ（第1章参照）は人口が四万五〇〇〇人から九万人に、パリは一〇万人から二四万人に、ヴェネツィアは二〇万人に増加した。一六世紀には二〇万都市がヨーロッパの各地に出現した。

第二は、絶対王政国家の台頭とその政策手段としての都市改造である。時代は下るが、一七〜一八世紀に「朕《ちん》は国家なり」というルイ一四世の言葉通りに、君主と国家とは一体となった。バロック時代の君主は、古代の専制君主のように神と一つになったものではなく、世俗社会のピラミッドの頂点にすぎなかったが、中央集権的な国家体制のもと、中世からの同一レベルの多くの都市群のなかで、君主のかかわった少数の都市だけが大きくなっていった。

とくに、国王は権力の象徴となる首都の建設を進め、都市計画は国家政策の一手段となっていった。首都は、政治の中心であると同時に、経済活動の中心ともなり、これらの都市はより多くの人々を引きつけ、人口は急速に増加していった。前述のように、バロック都市の建設者たちの目的は、過密都市への救済事業ではなく、君主たちの高い社会的地位の特権と栄光とを維持するための戦略的都市計画の実現であった。

第三は、火薬の発明により城塞都市が無力になり、都市構造が決定的に変化したことであった。射程距離の長い鉄砲や火薬の新技術の発明による長距離弾道の大砲が戦争での主要な武器になるにつれて、都市を城壁や環濠で囲むという、古代都市から五〇〇〇年続いた都市づくりが無意味になってしまったのである。

ルイ一四世はパリの城壁を壊し、城壁の跡地に広幅員の直線街路ブールヴァールやプロムナード（遊歩道）をつくらせた。フランツ・ヨーゼフはウィーンの城壁を崩し、環濠を埋めて、その跡地にリング街路（リンク・シュトラーセ）と公共建造物などをつくらせた（図1・19）。町は城壁から解放され、その混雑からも解放されていったのである。鉄砲や大砲の登場で街路の意味やレイアウトも変わり、直線的な幹線道路が必要とされた。遠近法的な眺め、広大な地域をずっと見渡すような展望が、都市計画の原理として重視されるようになった。

第四は、近代人の誕生である。都市成長の影響により、ギルドとその強制的団結が打ち破られた。また、専制国家の台頭で中世都市の城壁の中で集団を形成していた個人、自由な市民は国家の忠実な市民、あるいは、君主の臣下へと変わっていった。こうした環境変化が近代人を誕生させたといわれる。

中世初期のヨーロッパ都市の城内では、中産階級の住民が住み、農民などは城壁外に住んでいた。封建君主やそのほかの政治的権力を持った人を除いては、ほぼ平等な関係にあったようである。ところが、中世後期の一四世紀中頃になると、こうした関係が変化し、少数の富裕な商人と貴族などの上流階級、中流階級の商人と職人、最大多数を占める労働者層の三つに階層分化した。都市住民の階層分化は都市の空間パターンに反映し、政治力・経済力を持つ上流階級が古くからの密集した中心部の土地を買い占めた。たとえば、フィレンツェのメディチ家は、都市の中心部に自らの銀行と大邸宅を構えた。その結果、職住一体の従来からの居住パターンは崩れ、住むところを失った多くの郭内住民は城外から通勤することになった。こうした職住分離の形態も中世都市の終焉《しゅうえん》を意味した。

ルネッサンス

第1章で見たように、バロックの動きに先駆けて一四世紀末から一六世紀はじめにかけて全ヨーロッパに広がった芸術・文化の革新運動、文芸復興がルネッサンスであるが、ローマにおけるルネッサンス期にはニコラウス五世(在位一四四七〜五五)から、システィーナ礼拝堂をつくったシクストゥス四世(同一四七一〜八四)、ブラマンテやラファエッロを建築家として迎えたユリウス二世(同一五〇三〜一三)、メディチ家出身のレオ一〇世(同一五一三〜二一)など、歴代の教皇たちによる相次ぐ都市改造や建築更新が行われた。彼らは古代ローマの栄光を復興させようとしたのである。

フィレンツェ、ヴェネツィア、ローマ、ロンバルディアの上流階級の一族たちは彼らの都市を飾りたて、メディチ家、ボルジヤ家およびスフォルツァ家は、古典的モティーフで飾りたてた新宮殿を自ら建設した。教会もこうした動きに一枚加わった。

この時期には、レオナルド・ダ・ヴィンチ（一四五二〜一五一九）を始め、多くの優れた芸術家、建築家が輩出し、活躍した。一四八四年、ミラノはペストにより人口の三分の一が罹病《りびょう》、五万人以上が死亡した。その後ダ・ヴィンチは、自ら居住するミラノの都市拡張計画を提案している。彼はその中で過密化して不衛生な都市を改造するための立体道路、運河、都市住居の配置など、さまざまな案を示している。(注2)

同時代には、ベルニーニが巨大なサン・ピエトロ広場をヴァチカンにつくり（図4・13参照）、ヴェネツィアではサン・マルコ広場が完成し、ライナルディがローマのポポロ広場に一対の教会を建て、ロワイヤル広場（現在のヴォージュ広場）とヴィクトワル広場がパリにつくられた。

こうしたルネッサンス期の広場は、中世都市から受け継がれたもので、記念物的外観を持ち、古代ギリシャ、ローマの典雅な都市空間をしのばせた。広場の外周の建物は一つの定型のファサードを有し、それらの形は一般市街地とはまったく別な彫刻作品を思わせるものであった。古代ギリシャ、ローマ都市の記念物的性格が再び蘇えり、すべての形態は中心線を持ち、空間は軸を持った。対称性を有する古典的な彫刻的形態は中世都市の構築法とはまったく違ったもので、軸と強力な中心線が権力の集中を象徴した。

一四五三年にニコラウス五世の手で、荒廃していたローマを再生し、改造する大事業が開始された。使用可能な城壁、道路、橋、水道、公共的建造物などの古代の都市施設を修復し、新たな建物用途に転用する事業が行われた。教皇庁がサン・ピエトロ寺院のあるヴァチカンに移され、この一帯を聖域とする都市改造が、一六世紀初頭、本格的に行われた。

一五二七年、教皇と神聖ローマ皇帝との対立による「ローマの略奪」によって都市は一時混乱に陥ったが、一六世紀半ば、ミケランジェロ（一四七五～一五六四）が教皇の要請を受けて、ローマ市街の三つの地点でルネッサンス都市への重要な仕事をした。ブラマンテ（一四四四～一五一四）の計画案を尊重しつつサン・ピエトロ大聖堂を改造し、カンピドーリオの丘に独特の華麗な広場空間を創生し、クイリナーレの丘を行く尾根道の先端に、ピア門を設計した。カンピドーリオの丘はフォロ・ロマーノの守護神殿があった古代ローマの由緒ある場所であったが、数世紀の間ゴミ捨て場になっていた。そこにミケランジェロは新たに幾何学的な図形の広場を中心に導入して、建物で囲い、階段をつけるなどして、優れた都市空間を創造した（**図4・1**）。

一五世紀のはじめからほぼ二〇〇年間にわたって、建築のディテールから庭園、都市の

階段から広場と元老院を望む

出所：カミッロ・ジッテ著　大石敏雄訳（1968）『広場の造形』98頁

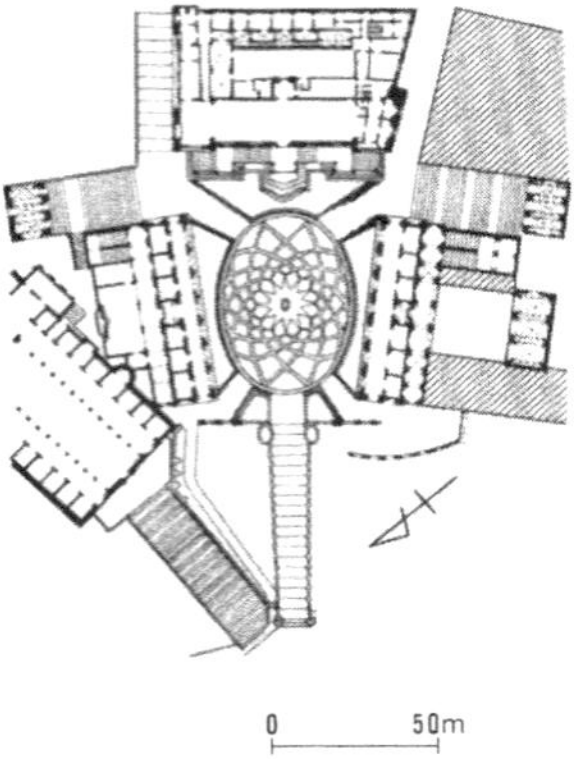

図4・1　ミケランジェロ設計のカンピドーリオ広場

出所：日本建築学会編（1981）『西洋建築史図集（三訂版）』55頁

形態まで同じ美的原理が求められ、理想的美が追求されたのがイタリアでのルネッサンスの都市である。

これに対し、イギリス・ルネッサンスは大陸のそれとは少し違っていた。チューダー様式がルネッサンスの衝撃を吸収したため古典復興（クラシック・リバイバル）が他の国より遅れてやってきた。また、イギリスでは地主階級が君主政治の台頭を抑えたので、「大計画」による記念物主義がまったく根を下ろさなかった。たとえば、ロンドンの西方に位置する、もともとは古代ローマ殖民都市のバースでジョン・ウッド父子が一八世紀半ばに設計、実現した円形広場（サーカス）やロイヤル・クレセント、広いオープンスペースに面して単純な曲線の建物のあるロイヤル広場は、波状の壁面や不規則な曲線形態の独特の柔和なデザインである。

ローマのバロック都市計画

一六世紀末になると、ローマでは、世界中から訪れる信徒の巡礼ルートとして、中世以来散在していた七つのバシリカを直線道路で結びつけ、広場にランドマークとしてオベリスクを建て、教会の外観を刷新した。ルネッサンスの都市空間が閉じた調和、均衡を持っていたのに対し、バロックの都市空間は都市全体を貫くヴィスタ（見通しの良い眺望）の直線道路、放射道路によって独特の眺望景観をつくり出した。

一七世紀半ばにカルロ・ライナルディ（一六一一～九一）によってつくられたポポロ広場は、双子の聖堂と放射状に延びる三叉路からなり、建築、街路、広場を一体的に演出した舞台装置的でモニュメンタルな空間を生み出した（図4・13参照）。一七世紀には、バルベリーニ宮殿、四つの泉の交差点とその角のサン・カルロ聖堂（フランチェスコ・ボッロミーニ［一五九九～一六六七］設計）などが登場した。

ローマのバロック空間は、古代から中世に形成された低地の稠密な市街地の中に実現した。ローマのバロックの広場のうち一番大きく、かつもっとも象徴性に富むのがベルニーニ設計によるサン・ピエトロ広場である。一八世紀に建設されたピンチョの丘の斜面のスペイン階段（フランチェスコ・デ・サンクティス設計）は、トレヴィの泉と共にバロック都市ローマを華やいだものにした。

時代は下るが、一八七〇年、イタリアの首都となったローマは、新たな幹線道路としてのナツィオナーレ通り、ヴィットリオ・エマヌエーレ通りの開削など、都市の大改造が実施され、城壁内の空地の宅地化、郊外への住宅地開発を推し進めた。

ファシズム期の一九三六年には、ローマの都心の南七キロの地点に、四二年の万国博覧会の会場として、新都市エウルが建設された。ここには近代的な新都心形成が見込まれ、軸線を持つシンメトリーの幾何学的な形状の街路や広場、列柱を持った記念物的な建物が建設されたが、博覧会は実現しなかった。戦後は、住宅地が加えられて、エウルは郊外ニュータウンとなった。

ヴェルサイユとカールスルーエ

ヴェルサイユとカールスルーエは、バロックの都市の最初の代表例である。ヴェルサイユはパリの南西一八キロに位置し、ルイ一三世が、小さな狩猟用の離宮を建てたが、ルイ一四世が一六六一年に改築に着手、約八〇年の長い歳月をかけて建設された。ルイ一四世は混雑したパリの町から宮殿をヴェルサイユの広大な猟場へ移し、その豪華な宮殿を中心にして、ル・ノートルに命じて壮大な庭園を設計させた。宮殿の背後のヴェルサイユの町は、宮殿を中心とした放射状道路が格子状街割に重ねられる形でつくられた。大通りには三列の並樹が植えられ、遠近法的な眺望が得られるよう設計されている（図4・2(a)）。

カールスルーエはドイツ西部、バーデンの首都であった。一八世紀はじめ、バーデンの領主カール・ウィルヘルムが、ここを狩猟の根拠地と定め、その居城の周囲に町が発達した。一八世紀に建てられた城は、古いフランス風の素朴な建物である。一八七〇年以来、工業都市として急速に発達した。

カールスルーエでは都市全体が王宮を取り巻き、それを中心に道路が放射状に設計されている（図4・2(b)）。

一八世紀に入ると、君主の権力はより強大になり、バロック都市は発展していった。都市軸や焦点が君主政治の巨大な権力を象徴する都市デザイン手法であった。ヴェルサイユの通りは王宮に焦点を結んでおり、カールスルーエの町は、全体が宮殿と王室の庭園を取り巻いている。壮麗な気風が王たちの庭園に浸透していた。

クリストファー・レンのロンドン計画

一六六六年九月一日、ロンドンのシティで大火災が発生し、鎮火するまでの四日間で一七三・二ヘクタールが焼失した。当時三四歳でオックスフォード大学天文学教授であり建築家でもあったクリストファー・レンは、国王チャールズ二世と議会からの求めに対し、直ちにロンドン再建計画案を提出した。

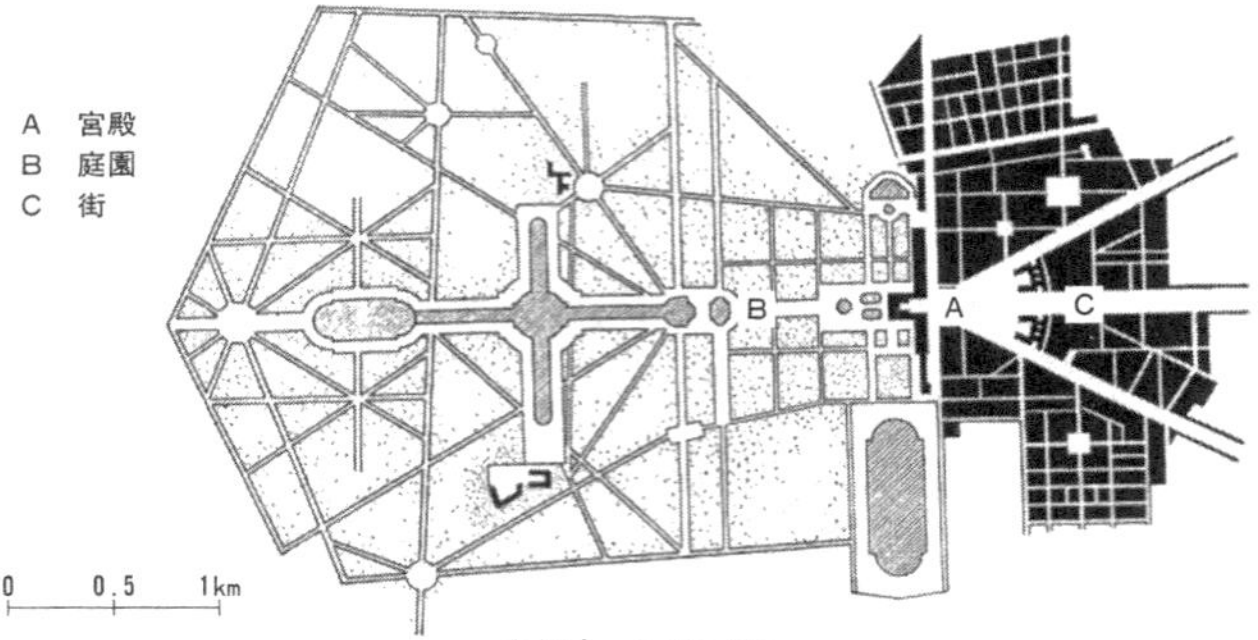

(a)ヴェルサイユ

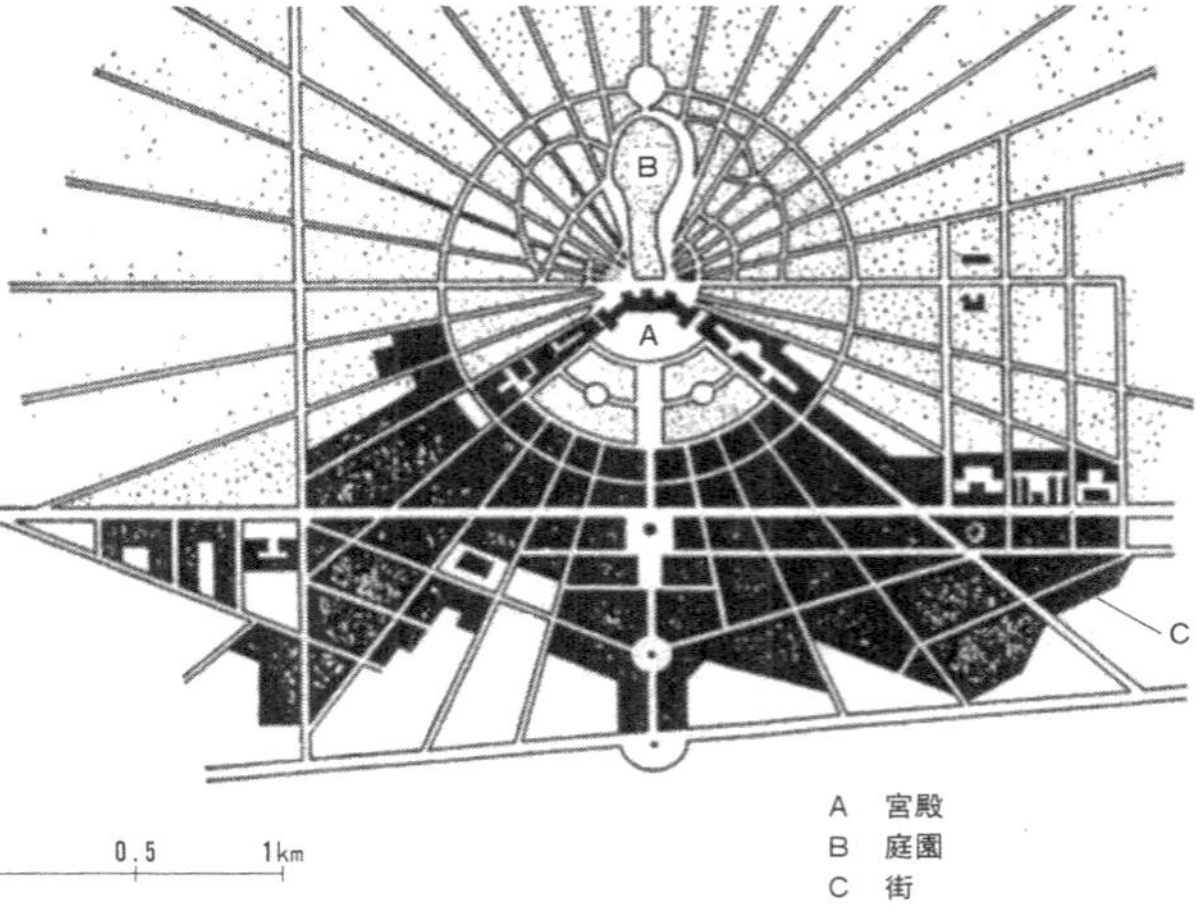

(b)カールスルーエ

図4・2　初期バロックデザインの宮殿都市

出所：ガリオン／アイスナー著　日笠端・森村道美・土井幸平訳（1975）『アーバン・パターン』45頁

大火前のロンドンは、当時の他都市と同様、城塞都市であり、ロンドン塔やセント・ポール大聖堂、各々に教区教会を持つ小区画のパターンを輪郭づける曲がりくねった通りで構成されていた。大火当時、ロンドンは城壁を越えて拡大成長していた。

レンは被災していない建物のある古い通りに、新しい二本の直線状の大通りを提案した。それらは、再建するセント・ポール大聖堂の正面にある三角形の広場を起点とし、城壁内の市域を突っ切って、一本はオールドゲート、もう一本はロンドン塔を終点とした（**図4・3**（**章扉**））。放射街路とつながるローマ風広場が、ロンドン・ブリッジの足元とラドゲート・ヒルの頂上にあり、市街への二つの重要な玄関となっている。後者には、新築されたセント・ポール大聖堂の正面にある市壁の門戸がある。ローマへの入口であるポポロ広場の位置に似ているといわれる。

レンがロンドンに導入しようとした、長いヴィスタと幾何学的な広場は、一五世紀はじめイタリア人芸術家が再発見した遠近法を使った絵画的な景観を創造しようとするものであった。

レンは主要な焦点の一つに株式取引所を置き、イギリスの新たな支配勢力や財界に迎合しようとしたが、これを実施するには複雑な権利調整と教区教会の困難な移築が必要であった。さらに、イギリスは当時、英蘭戦争の最中でもあって建設資金がなかった（この英蘭戦争でイギリスはオランダからアメリカのニューアムステルダムを奪取し、一六六六年、ニューヨークと改名した)。国王はレンを含めて六人の委員からなる復興再建委員会を設け、都市改造を進めようとしたが、その委員の半分は都市商人であったため、委員会は多少の街路拡幅と耐火建築の新しい基準を決めただけに終わった。結局、レンのバロック都市をつくるという試みのほとんどは挫折したが、彼のプランの影響はアメリカやフランスその他の国にもたらされた。

ワシントンDC計画

バロックの都市デザインはナポレオン、オースマンのパリ改造に先行して、ヨーロッパからアメリカにも飛び火した。第3章で述べたが、フィラデルフィアは殖民地時代の一六八三年、ウイリアム・ペンの格子状街割プランに基づきクエーカー教徒によって建設された。これはワシントンなどアメリカのバロックの都市の原型となった(フィアデルフィアではその後一九四九年から長年にわたってエドモンド・ベーコンがウイリアム・ペンのプランを補強する形で都市デザインを実践した)。

一七九〇年、ジョージ・ワシントンは大統領官邸法に基づきポトマック河畔に新首都の建設を決定し、フランス人ピエール・シャルル・ランファン(一七五四~一八二五)に計画をまとめさせた。ランファンは父が宮廷画家で、一七七七年、二三歳のときにフランスから渡米し、工兵としての訓練経験を生かして、ワシントンの率いる部隊に入隊した。ジョージ・ワシントンが新首都計画を準備する際、仲のよかったランファン少佐を選んだといわれている。

ランファン・プランの特徴は、①格子状街路と放射状街路を重ね合わせ、放射状街路軸線を強調し、その交点に広場を配置、②国会議事堂と大統領官邸を核とする東西・南北軸を設定し、その交点に記念碑を設置。東西の軸線は幅員一二〇メートルのグランド・アベニューとした。街路は幅員四八メートルの広幅員街路、四〇メートルの幹線街路、三〇メートルの街路の三種類とされた。③ポトマック河から東のアナコスティア河に至る運河を開削した。②のモール（遊歩道）はヴェルサイユのそれに似ており、影響を受けているように考えられる（**図4・4**）。

ランファンの計画案は、一七九〇年にパリで展覧されたが、大通りとブロック、ヴィスタとスクエアを合成した規則性のあるグリッドは、「うんざりするほど面白味がない」「偉大で美しいという感覚が欲しい」といわれ、評判は良くなかった。

ランファンは、その後、土地売却をめぐる政府との対立が原因で、一年後に解雇されている。政府は建設資金捻出《ねんしゅつ》のため直ちに民間に土地を売り出そうとしたのに対し、ランファンは、まず街路や公共施設を整備して地価を上昇させた上で売却すべき、という極めて合理的な意見を主張したのであった。その後、首都の建設は遅々として進まず、遷都一〇〇年にあたる一九〇〇年に首都計画の抜本的見直しが行われ、シカゴ博覧会（一八九三年）

や都市美運動を推進したダニエル・バーナム、ランドスケープ建築家でハーバード大学教授フレデリック・ロー・オルムステッド・ジュニアらが入った首都改良委員会が発足し、ランファンの原計画に立ち戻って都市計画全体を再強化することになった。

ダニエル・バーナムが立案した、アメリカでの最初の都市マスタープラン、シカゴ・プラン（一九〇九年）の提案は、その中心部が詳細なバロックデザインの町であった（**図4・5**）。バーナムの都市デザインの提案は、格子状街割の上に放射状の直線道路を広場でつなぐものであった。シカゴ・プランでは、これ以外に、市街地全体へのパーク・システムの提案が有名である。パーク・システムとは公園、緑地、広場を連結させながら都市の中に埋め込まれたオープンスペースのネットワークである。バーナムはまた、アジアでのアメリカの殖民都市マニラの設計もしている。

アメリカでは、シカゴ博覧会以降、都市美運動による都市改造とパーク・システムによる都市の全体構成改善への動きが大きくなっていた。アメリカ大陸では、ヨーロッパのように古代、中世の城壁都市の歴史的背景を持たないゆえに、このパーク・システムが自由に構想され、独特の近代都市を形成していくことになる。

オースマンのパリ改造

オースマンによるパリ改造の時代（一八五三〜七〇年）は、ナポレオン三世の君臨した帝

図4・4　ランファンによるワシントン・プラン（1790年）

出所：ガリオン／アイスナー著　日笠端・森村道美・土井幸平訳（1975）『アーバン・パターン』55頁

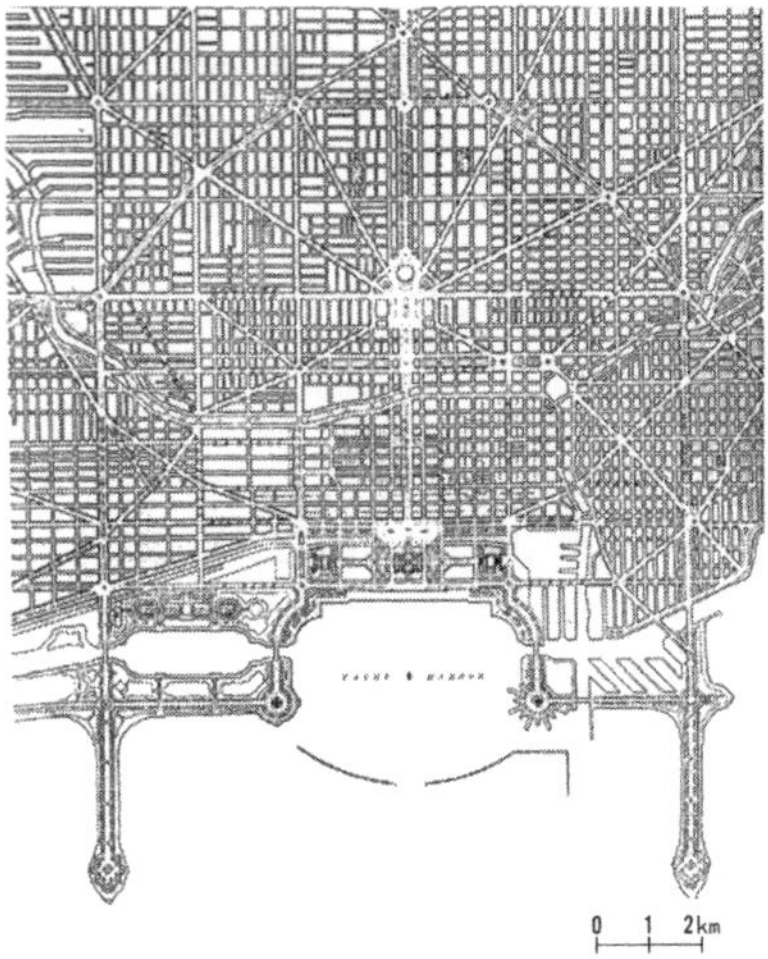

図4・5　バーナムによるシカゴ・プランの中央部（1909年）

出所：フランソワーズ・ショエ著　彦坂裕訳（1983）『近代都市—19世紀のプランニング』64頁

政の華々しい面の裏側に、民主主義体制への胎動や近代化革命、産業革命の進行が隠されていた。他方で、パリ万国博（五五年）、エッフェル塔建設（八九年）、ロンドン万国博（五一年）の展示館、水晶宮（クリスタル・パレス）の建設など技術革新も目覚しかった。

フランス革命でルイ一六世は処刑され（一七九三年）、革命コンミューンはすべての王室所有地を没収、パリを再計画するために芸術家委員会を設置した。一七九九年にナポレオン一世が権力を握ると、委員会の提案は実施され始め、シャルル・ペルシエとピエール・フォンテーヌのデザインしたリヴォリ街が生まれた（一八〇一年）。

第二帝政期（一八五二〜七〇年）において、ナポレオン三世からセーヌ県知事に任命され、パリ改造を委ねられたオースマン（一八〇九〜九一）は、街路、建物、公園、公共建築の四つを相互に関係させて実施した。特に、公園はアルファン（一八一七〜九一。公園局長のちに公共事業局長）によって、ブーローニュの森（八四七ヘクタール）、ヴァンセンヌの森（九〇一ヘクタール）、ビュット・ショーモン公園、モンスリ公園などがつくられ、さらに、シャンゼリゼ通りなどの交差点に二四の広場が実現した（**図4・6**）。

ナポレオン三世はロンドンに追放されたとき、ジョン・ナッシュによるリージェント・ストリートや公園に面した宮殿風の長い住宅壁面建築を高く評価していた。その後、パリに戻り皇帝の座につくと、彼はパリにリージェント・ストリート以上のものをつくろうとしたといわれる。

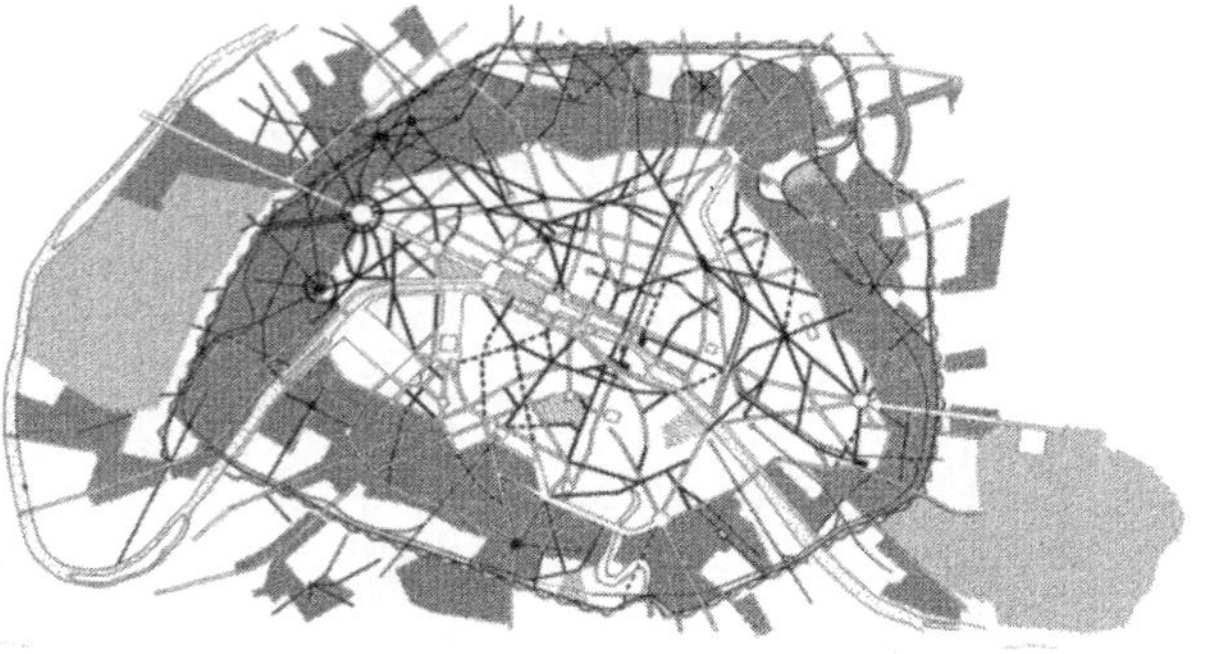

図４・６　オースマンによるパリ改造の主要プロジェクト
黒線は新しい道路、　は新開発地区、　は大規模公園（左手はブーローニュの森、右手はヴァンセンヌの森）
出所：レオナルド・ベネーヴォロ著　佐野敬彦・林寛治訳（1983）『図説・都市の世界史４』63頁

オースマンは市議会で新しく提案する街路の建設がスラムの撤去、交通体系の整備、治安の維持、暴動の統制になること、とくに新たに建設された鉄道駅を互いに結ぶことで、交通が抜本的に改善されることを主張した。新しい街路や建物のみならず、上水道供給の総合的な再建、新しい下水道体系、大規模な公園改良を含む再開発にオースマンは土地収用法や「超過収用」（一八五二年）という新設された近代的手法を用いた（**図４・７**）。

　これは新街路の用地だけでなく、両側の開発用地も強制的に取得するものである。収用（強制買収）した土地は、連続したファサードの統一性を保証するための規制をかけたのち、開発業者に売却された。この新しい街路と壁面建築の関係はロンドンの先例を踏襲したものであった。新しい広幅員の街路ブールヴァールも、ヴエルサイユから学んだというよりも、むしろロンドンのナッシュの設計や一八世紀末のイギリス風の広場、庭園から学んだ。並木の街路は、ローマのシクストゥス四世のルネッサンス・プロジェクトやレンのロンドン・プランなどから学んでいるようである。

オースマンの再開発事業の進め方は強硬的であったが、合法的でもあった。たとえば、土地の所有者に対する収用補償額は裁判所が定めている。用地取得費用や建設資金は、開発事業で生み出される不動産価値の増加で生じる将来の歳入を当て込んで借入された。こうした制度手法は後の「土地増価税」に先行する方法である。

パリ再開発は二〇年近くの時間をかけて進められたが、ナポレオン三世の政治的権力が弱まると、オースマンは、事業の莫大な負債と議会未承認の公費支出の責任を問われ、一八七〇年に市役所を追放されて事業は終わった。その後、パリでは地価の高騰や土地投機が生じ、パリの市民生活に深刻な影響を残した。

オースマンのパリ改造はルネッサンスからバロックに進化したモニュメンタル（記念碑的）な都市デザイン原則の集大成であった。世界中の都市が、パリに実現した並木大通り（ブールヴァール）や斜路、広場、大公園などを模倣しようとした。

一六世紀のパリは典型的な中世の迷路都市の様相であった（図4・8）。その頃からフランソワ一世のルーヴル宮殿、ルイ一四世のヴェルサイユとシャンゼリゼ通り、チュイルリー庭園、一八世紀になってルイ一五世のコンコルド広場、凱旋軸の貫通などのプロジェ

オースマンの風刺図（1854年）

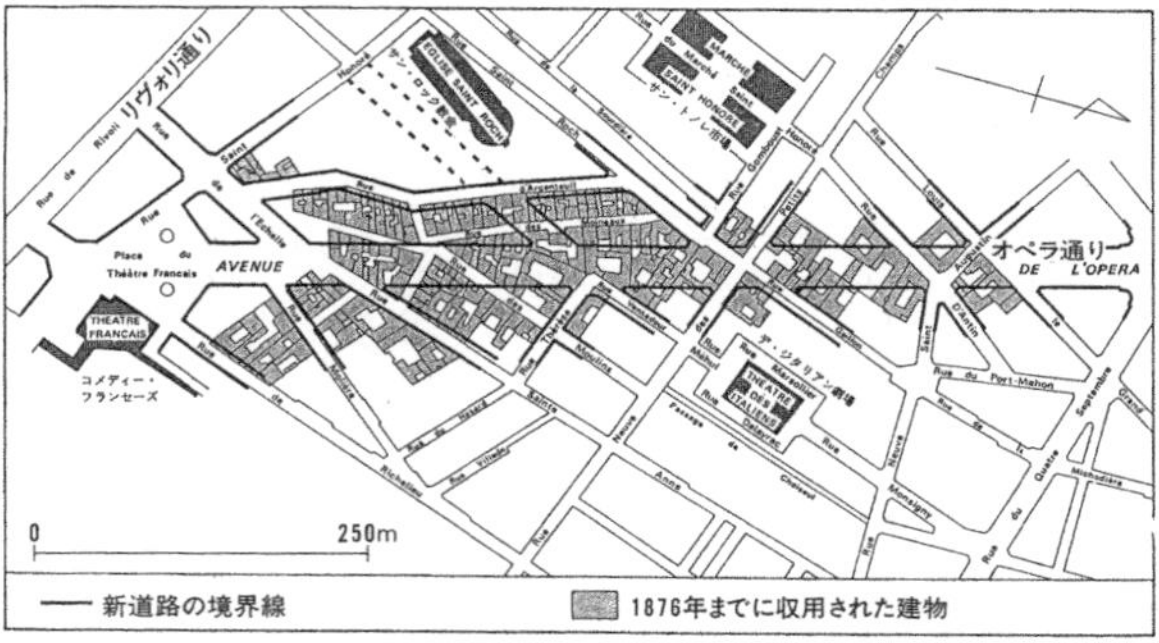

図４・７　超過収用による直線的大通りの建設（オペラ通り）
出所：レオナルド・ベネーヴォロ著　佐野敬彦・林寛治訳(1983)『図説・都市の世界史４』60頁

図４・８　16世紀のパリ
1538年のパリはセーヌ河のシテ島を中心に城壁で囲われた典型的な中世都市
出所：日本都市計画学会編（1978)『都市計画図集』B-2頁

クトが連綿と続いている。

一七八九年のフランス革命によってパリから六万人の王族、貴族、僧侶らが逃亡し、四〇〇〇ヘクタールの土地が没収され、都市改造に供された。建築家フォンテーヌ、ペルシエらが活躍し、ナポレオン一世が権力を握ると、リヴォリ通りが完成され、都市軸をつくり上げた。(注3)

パリは王が替わるたびに都市改造が繰り返された。ナポレオン三世の第二帝政はこうしたプロジェクトを引き継いだり、それらを改造したりしたものでもある。パリの中世都市の改造は一朝一夕になされたのではなく、三〇〇年を超える年月をかけてさまざまなプロジェクト連鎖のもとで実現したのである。

ウィーンのリンク・シュトラーセ

パリ都市改造と同時代に、ウィーンの環濠が埋められて環状道路と公共建造物などがオットー・ワグナーなどの建築家を動員して、一八五八〜八八年に建設された。旧市街の城壁を取り除き、そこをリンク・シュトラーセ(環状道路)として整備し、公共建造物を配置しようというルートヴィヒ・フェルスター案に基づく計画であった(1章の図1・19)。

ウィーンでは一六世紀末、オスマントルコ帝国の西方進出、イスラーム教の脅威から、ハプスブルク帝国のみでなくヨーロッパキリスト教文化圏を守る砦として中世の城壁の外にグラシ（斜堤）と呼ばれる、幅五〇〇メートルの広大な環濠がめぐらされた。異民族侵入の危機が去った一八世紀以降もそれは残ったが、二五万から三〇万人へと人口が増え、城壁内の過密化と住環境の極端な悪化のために、環濠の外側に商工業者などを移住させた。

一八五七年のクリスマスに、フランツ・ヨーゼフ一世が親書を公表した。城壁環濠を撤去して環状道路を建設し、官庁建築、大学、劇場、博物館などの公共建造物をその沿道に建設すること、環濠の跡地の大部分は民間に売却してその資金を道路建設や公共物建造の財源とするというものであった。優秀な官僚組織の支えにより、翌年から三〇年かけて事業が進められた。ハプスブルク家はこの間、相次ぐ敗戦や領土縮小にあい、帝国解体を目論む社会的勢力の増大の中での首都改造計画であったが、見事な完成を見たのである。

日比谷官庁集中計画

ヨーロッパでのバロックの都市計画の直接的影響は日本にも及んでいる。一八八六（明治一九）年、外務大臣井上馨は、日本が欧米先進国と肩を並べるための欧化政策の仕上げとして、国会議事堂、裁判所などを含んだ庁舎計画を打ち上げ、プロシャからヘルマン・エンデ（一八二九〜一九〇七）とヴィルヘルム・ベックマン（一八三二〜一九〇二）を招聘《しょうへい》した。彼らは、バウアカデミー（ベルリン工科大学の前身）で建築学を修め、共同で建築事務所を開設しており、エンデは母校ベルリン工科大学教授を務めていた。

彼らは「官庁集中計画」を提案し、明治天皇にもそれを説明した。計画範囲は、北は皇居の南ほぼ半分、南は愛宕《あたご》神社、東は築地本願寺、西は日枝神社に至る、東西約三・三キロメートル、南北約二・三キロメートル、中央に大きく博覧会場がとられ、日本大通りが東西軸を成している。この通りに、東から天皇大通りと皇后大通りが集結し、西へは国会大通りが伸びる。国会議事堂前からヨーロッパ大通りが南を走り、浜離宮に至る壮大なものであった（**図4・9**）。

ベックマンは早くからパリの改造計画に関心を持ち、オースマンによる大改造計画が進められていた一八六〇年代、何度もパリを訪問していた。ベックマンは、パリの城壁跡地が大環状道路に生まれ変わったのに、節約と狭い視野から大部分が建設用地になってしまった地元ベルリンの都市計画に批判的であった。

ベックマン案はパリの都市計画や、ウィーンのリンク・シュトラーセ計画を含めた先進諸国の実情を踏まえた上での先端をいく提案であったが、当時の明治政府にとっては財政的にほとんど不可能なプランであった。また、提案には、パリ改造やウィーンのプロジェクトなどに見られた、事業の財源を生み出す手法が含まれていなかった。

その後、ベックマンらはベルリンで半年かけてプランを修正し、翌八七年にエンデが来日した。同時に、ジェームス・ホープレヒトも臨時建築局から招聘されて来日した。

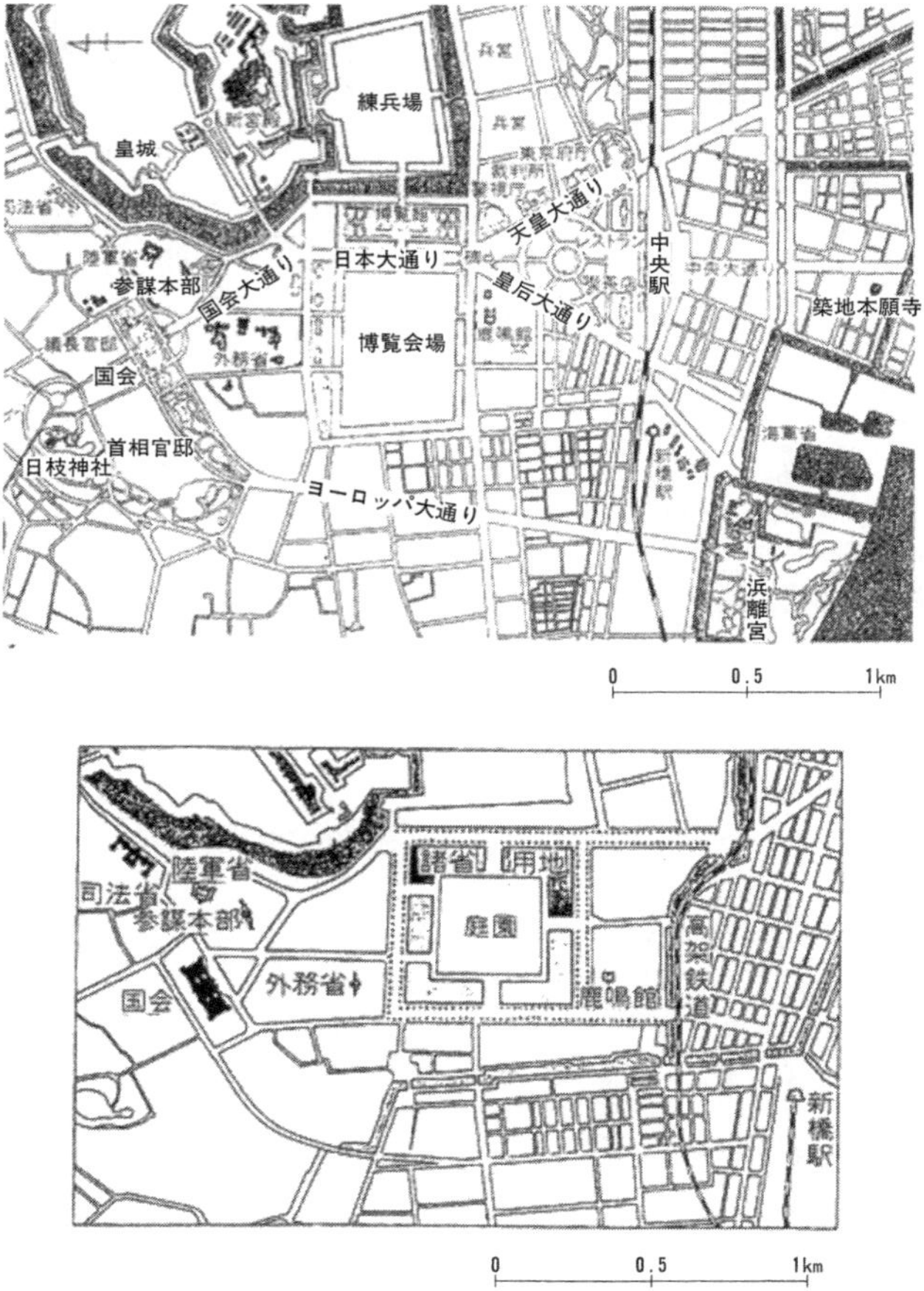

図4・9　日比谷官庁集中計画
上図ベックマン案、下図ホープレヒト案
出所：都市史図集編集委員会編（1999）『都市史図集』22頁

ホープレヒトは、六二年にベルリンの都市計画を立案し、決定した人物であった。彼は日本側の財政難を考慮し、また、当時の東京の都心部の状況を大幅に変えてしまうことになるベックマン案に反対し、計画は大幅に縮小された。

しかし、この間にプロジェクトの最大の推進者である井上馨が進めていた不平等条約改正に反対の気運が盛り上がり、井上は辞任、エンデとベックマンの構想はさらに大幅に縮小され、実施に移されたのは、東京裁判所と司法省の二つの建物だけに終わった。かくして帝都東京のバロック都市計画は実を結ぶことはなかったのである。(注4)

殖民都市

もう一つのバロック都市計画に、一五世紀末から二〇世紀前半まで引き継がれた近代殖民都市計画がある。

欧米列強諸国は、アジア、アフリカ地域、アメリカ大陸等から金銀財宝を略奪し、香辛料その他土着産物を入手し、奴隷貿易が発達するなかで、貿易ルートを奪い合った。こうして西欧商人による世界海上ルートの支配が確立した結果、ヨーロッパ世界が「産業資本主義」へ移行する原動力となる富の蓄積のための拠点として、これらの地域に建設されたのが近代殖民都市である。

その発端は一四九二年、コロンブスのアメリカ大陸〝発見〟を契機にスペインがラテンアメリカに多くの殖民都市をつくったことである。たとえば、メキシコ・シティ（一五二一年）、グアテマラ・シティ（一五二七年）、エクアドルのキト、ペルーのクスコとリマなどが一六世紀の代表的殖民都市である。ラテンアメリカには、現在、多数の殖民都市が世界遺産に登録されている。これらの都市デザインに共通するのは、格子状街割に重なって、中心広場を起点として放射道路が延びている、典型的なバロックデザインである。

一五世紀末以降、世界全域にわたった西欧列強による大規模な海外進出が続き、一九世紀半ば以降の「大量移民の時代」を迎える。殖民地を建設し支配したのは、少数のヨーロッパ人や白人、キリスト教徒であり、その中核を担ったのは奴隷貿易であった。

バロックの時代の強国が殖民地に築いた殖民都市にも、バロックの都市デザインが用いられた。

アフリカ北部、モロッコのカサブランカ、マラケシュ、フェズその他の都市は、メディナという旧市街の外側にバロック都市デザインの新市街がつくられているが、これはフランスの殖民都市計画によるものである。

ヴィクトリア朝時代のイギリスも各地に多くの殖民都市をつくった。一九一一年、イギリスのジョージ五世は、インドの首都をカルカッタからデリーへ移し、市街地の南約五キロにある丘に新市街（ニューデリー）を建設することを決定した。イギリスの建築家Ｅ・Ｌ・ルティエンス（一八六九～一九四四）が設計して、三一年に建設が完了した。計画区域は、約二六平方キロ、計画人口七万人であった。市の西部中央に中央政庁地区を配置し、そこから東に延びる約三キロの大通りを都市軸とし、各種主要建築物もこれに面して建てられている。放射路は寺院や古代遺跡等に通じている(図4・10)。

二〇世紀前半に中国や旧満州に築かれた日本の殖民都市としては、日本の支配下にあった満州国政府が三六年に都邑《とゆう》計画法を公布し、新京(長春)の国都建設計画を始めたほか、奉天(瀋陽)、吉林、上海、大同などがある。

新京は佐野利器《としかた》(一八八〇〜一九五六)を中心として計画、設計された。二〇〇平方キロを計画区域、中央部一〇〇平方キロを事業区域とし、後者を収用方式、その周辺を区画整理方式で行おうとするもので、このうち中心部二〇平方キロを第一期事業区域として一九三三(昭和八)年から五ヵ年計画で建設された。中央に王城、その南に中央官庁街、王城の東に市政庁街、周りに商業地・住宅地が配置されている。図4・11は旧市街地・満鉄開発部分・第一期工事区域を示している。

内田祥三《よしかず》、高山英華《えいか》、内田祥文《よしぶみ》、関野克《まさる》らが計画を担当した大同は、当時のわが国の計画技術の高い水準を示すもので、旧都市を含む中核都市の周囲に衛星都市を配置する構成をとり、住宅形式など現地の諸条件を生かしながら、近隣住区による構成を提案している。また、大連の殖民都市計画は帝政ロシアが決めたプランを日本が引き継いで実現したものであった。

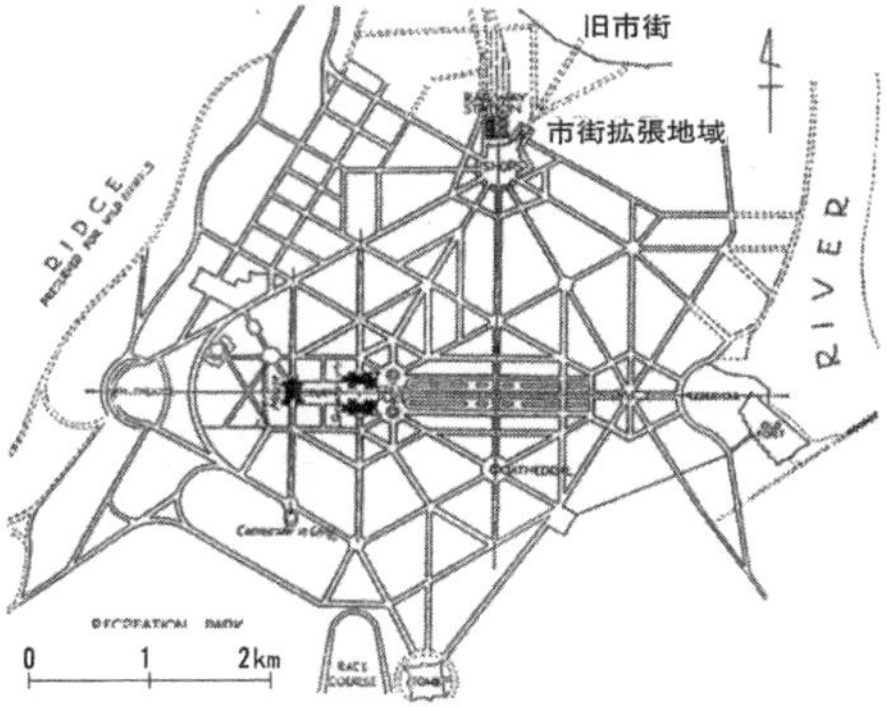

図4・10　ニューデリー
出所：日本都市計画学会編（1978）『都市計画図集』B-9頁

図4・11　新京（長春）
出所：同上、B-9頁

バロック都市計画の世界的伝播

土地の状況や市民の生活とは無関係に、製図板上の青写真をそのまま実行する権力者の都市計画として、パリ改造の影響が世界中に伝播《でんぱ》した。その独特の都市デザインは先進国だけではなく、殖民都市として開発途上国、低開発国へも波及した。こうして生まれた都市空間は、政治体制がつくり出したものである。人々はそれを中世都市を超えた、目を見張る新たな都市空間として支持したのであった。もっとも、もとよりそこには中世の都市デザインからも多くを取り入れていた。ルネッサンスの都市計画を通じてギリシャ、ローマからも多くを学んでいたのである。そして各国それぞれ独自の試みをしながら、お互いに影響し合っていた。

また、バロックの都市計画では資本主義の時代の都市開発方式が芽生えた。たとえば、パリでは、市役所が開発して不動産を売却し、開発資金を得たのである。残念ながら全体としては支出が大幅に上回り収支が破綻したが、こうした考え方は市場主義社会での新しい公共事業経営システムになった。この仕組みはウィーンでも同様に採用された。ワシントンにおいてはランファンがこれを主張したが、政府に受け入れられず、彼の解雇の原因となった。

さらに、公共施設などの開発によって開発利益を徴収し、増価した不動産を売却して事業費にあてる方式が生み出された。プロシアの「アディケス法」(一九〇二年)の土地区画整理事業も同じ考え方である。道路などの公共施設を整備し、土地増価を図って土地の一部を売却し事業資金にあてる手法である。

一方、民主主義の社会システムが次第に浸透すると、君主が強行するにしても、法律に基づいて行う形がとられた。すでに述べたパリ改造の時代の「土地収用法」や「公衆衛生法」「不衛生住居法」が立法され、「超過収用」などの手法が考案されたこともこれにあたる。

こうした都市計画手法は、二〇世紀前半の近代都市計画制度に受け継がれていった。

バロックの都市デザインの特徴

都市によって異なるところもあるが、バロックの都市デザインの特徴は、次のような点でおおむね共通している。

(1)建築的閉鎖型広場から開放型広場への変化——広場のデザインは、中世都市での建物の壁で囲まれた建築的形態から、オープンスペースへ変わっていった。閉鎖感がなくなり、開放的であたかも田園的空地を取り戻したようになった。たとえば、その代表例がパリにあるガブリエル設計の巨大なコンコルド広場で、ここはルイ一五世の名声を高めるパり拡張計画の一部としてつくられた。それはもはやヴァンドーム広場（図4・12）のように建物で囲われた広場ではなく、むしろチュイルリー宮やシャンゼリゼ通り、セーヌ河のようなほかのオープンスペースとつながっているのである。ナンシーの広場は、並木のある広い通りで結びつけられ、その通り自体が一つの広場である。ヴァラディエール設計のローマのポポロ広場は同じ特徴を三次元的に持っている。広場の片側に一連の段丘があり、オープンスペースとなってピンチオ丘までつながり（図4・13）、その反対側のヴィスタを拡大させている。

こうした広場のデザインが変化する状況の中ではあったが、中世広場には独特の囲み感覚を生み出すモジュール（寸法の序列）が存在することが研究され、それが広場の設計に応用された。

その代表的人物がオーストリアのカミロ・ジッテ（一八四三〜一九〇三）であり、彼は、中世都市の広場と建物との間にある種の視覚認知的関係があることを明らかにした。たとえば、広場における観察者の位置から見える建物への距離と建物高さとの比率について、広場の最小の長さは、その広場に面して建っている主要な建物の高さに等しく、最大の長さはその建物の高さの二倍であった。H・マルテンの研究では、建物の高さ以下の建築的細部を視野に入れるには、観察者と建物との距離が建物の高さと等しいとした。また、観察者が建物の完全な姿を視野内に正しく含むためには、距離はその高さの二倍に等しい。

図４・12　パリのヴァンドーム広場（鳥瞰図）
出所：S・E・ラスムッセン著
横山正訳（1993）『都市と建築』108頁

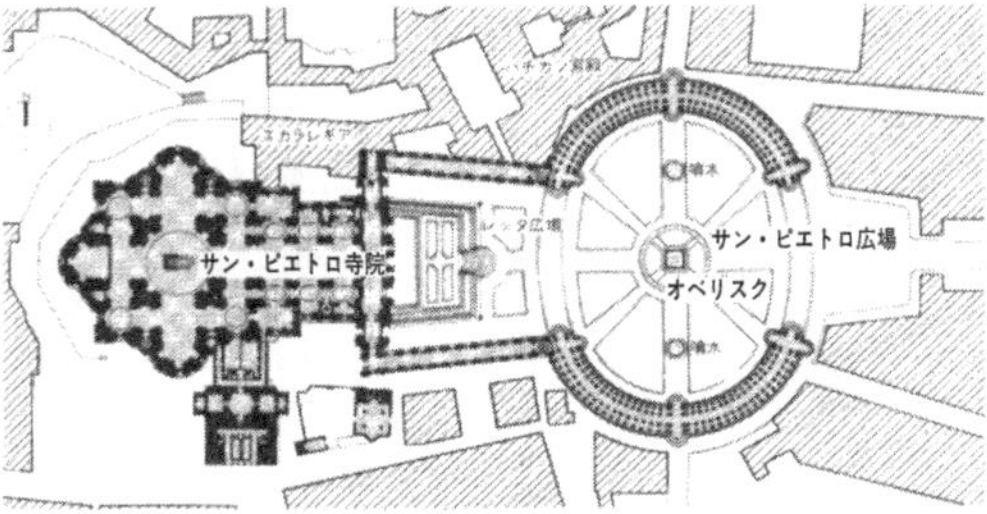

(a)サン・ピエトロ広場

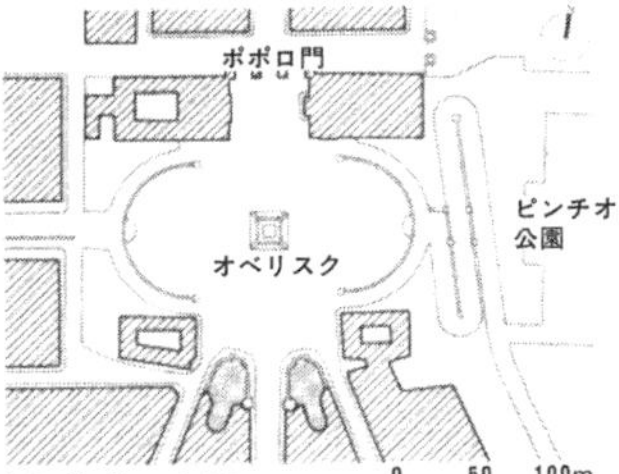

(b)ポポロ広場

図４・13　ローマのサン・ピエトロ広場、ポポロ広場
出所：日本建築学会編（1983）『建築資料集成No.9（地域）』182頁

対象とする建物の正面が、一群の建物の一部の場合、その一群の建物の配置効果を見るためには観察者と建物との距離はその建物の高さの三倍に等しいという。

(2)直線的な広い大通り――広い大通り（ブロード・アヴェニュー）は、君主の権力の表象であり、貴族たちの優雅で楽しげな道歩きの遊歩道（プロムナード）であり、行進する軍隊の力や訓練を大衆に見せつける場所でもあった。ダヴィレーは「もっとも美しい街路とは、まっすぐで、かつ幅広いもの」、ペンテルは「幅広くまっすぐなほど、美しい街路」（一七四四年『建築学事典』の「街路」の項）と述べている。街路の遠近法的眺めや街並みへの固執は次第に「街路崇拝」をもたらした。**図4・14**は、パリの中でも最大の都市軸、シャンゼリゼ通りであるが、ルイ一四世の時代から西へ伸びていった。コンコルド広場を突き抜けて、一二本の大通りが放射状をなすエトワール広場、そしてそのはるか延長に二〇世紀につくられた副都心、ラ・デファンスの第二凱旋門へと伸びていく。

街路は、噴水、尖塔、ロータリーを兼ねた円形広場（ロン・ポワン）などによって、所々中断されることはあっても、街路に求められたことは、とにかく直線で広くするということであった。また、街路パターンが放射状であろうと、碁盤目状であろうと、中心広場があり、そこに街路が集中した。

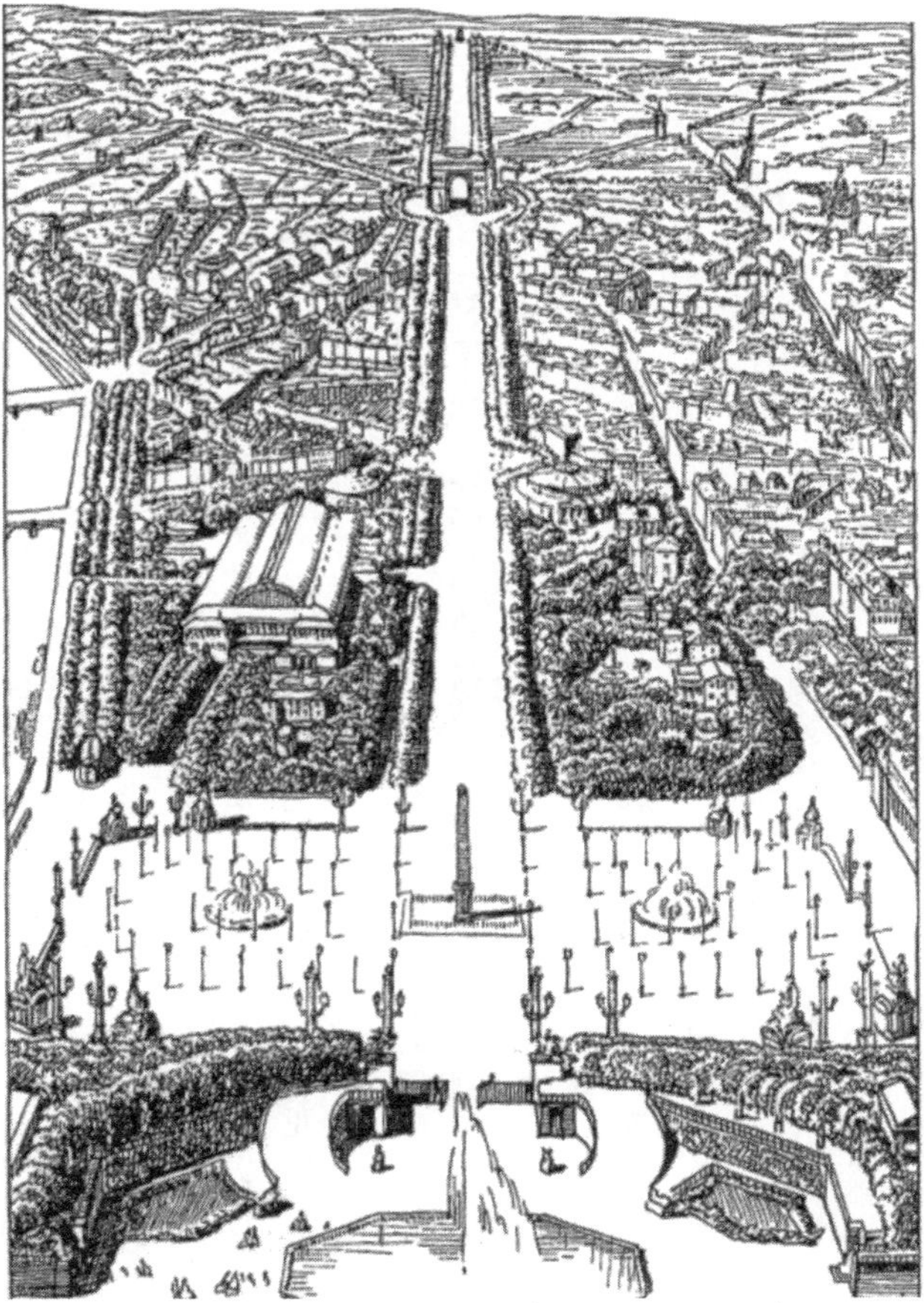

図４・14　パリのブールヴァール（シャンゼリゼ通り）
出所：S・E・ラスムッセン著　横山正訳（1993）『都市と建築』166，167頁

(3)壁面建築――バロック都市デザインの街路のもう一つの特徴はそれに面する建物の正面(ファサード)である。これは一つの街区全体の前面(フロント)を連続的に見せ、広い立派な通りや広場に匹敵する連続した建物壁面を、荘厳な雰囲気を演出する手段とした。ヴァンドーム広場周辺はこの種の建物を外部から内部に至るまでもっとも率直に表している例である(図4・12)。ルイ一四世は周囲の建物正面(ファサード)のみをつくり、その裏側の家屋は個人が負担した。そして、個人は、二～一〇窓の「建物正面(ファサード)の長さ」を買ったのである。

この考え方は道路面だけでなく、両サイドの建築壁面も公共的空間とする考え方を植え付けた。また、これは土地と建物を一体に登記するフランスの登記制度にも反映された。

(4)都市公園とランドスケープデザイン――バロック都市計画の時代になって、中世都市の時代と決定的に異なる変化は、城壁から解放されて、緑やオープンスペースが都市に入り込んできたことである。こうした動きの先鞭をつけたのは、産業革命の先頭をいっていたロンドンであった。一八世紀中頃から大規模公園が整備され、リージェント・パークの整備は、一八一一年、ロンドン市街地の再開発により生み出された。

公園整備の誘因は宮殿の庭園であった。一七世紀には、たいての庭園は都市の外にあったが、一八世紀に入って街路や広場と一緒に公園が整備されていった。パリの改造でも多くの公園が多大の代償を払って建設されている。

一七世紀には、造園に対しても幾何模様が採用された。たとえば、アムステルダムでは運河の土手が環状と放射状に標準化されたパターンに改造された。しかし、一八世紀になると、イギリスの造園家は、自然の特徴を最大限に利用し、樹木が大きな群となってつくり出す森のシルエットを好んだ。こうしたイギリスの影響が他の都市に伝播し、都市の全体的なレイアウトと自然との関係も大きな変化を受けた。とくに自然との関係では、杓子定規で単調な規格化を排除するようになっていった。たとえば、バースのジョン・ウッド父子によるロイヤル・クレセントなどの設計は、カールスルーエやヴェルサイユとは対照的で、建物の景観効果を高めるために、自然の特徴を利用するようになった。

都市に公園や緑地系統の施設を植えつけるこうした動きは、バロックの都市計画の一環としてアメリカに渡り、独自の発展を遂げていくことになる。


バロック都市のデザイン要素を要約すると、①都市軸、②焦点（ノード）、③多焦点放射状パターン、④ブールヴァール、などであり、その原理は⑤遠近法的景観（長いヴィスタ）と絵画的美観、⑥幾何学的造形の応用である。
⑤の遠近法によって印象的な眺望をつくり出すためには、広い街路と、それに合うように配置された広場と、さらにそれらの中、あるいは端に配置された視点（ビュー・ポイン

1．ルーヴル宮殿
2．パレ・ロワイヤル
3．コンコルド
4．エトワール凱旋門
5．フランス学士院
6．リュクサンブール宮殿
7．国民議会（ブルボン宮殿）
8．マドレーヌ聖堂
9．アンヴァリッド（廃兵院）
10．グラン・パレおよびプティ・パレ
11．陸軍士官学校
12．エッフェル塔
13．トロカデロ

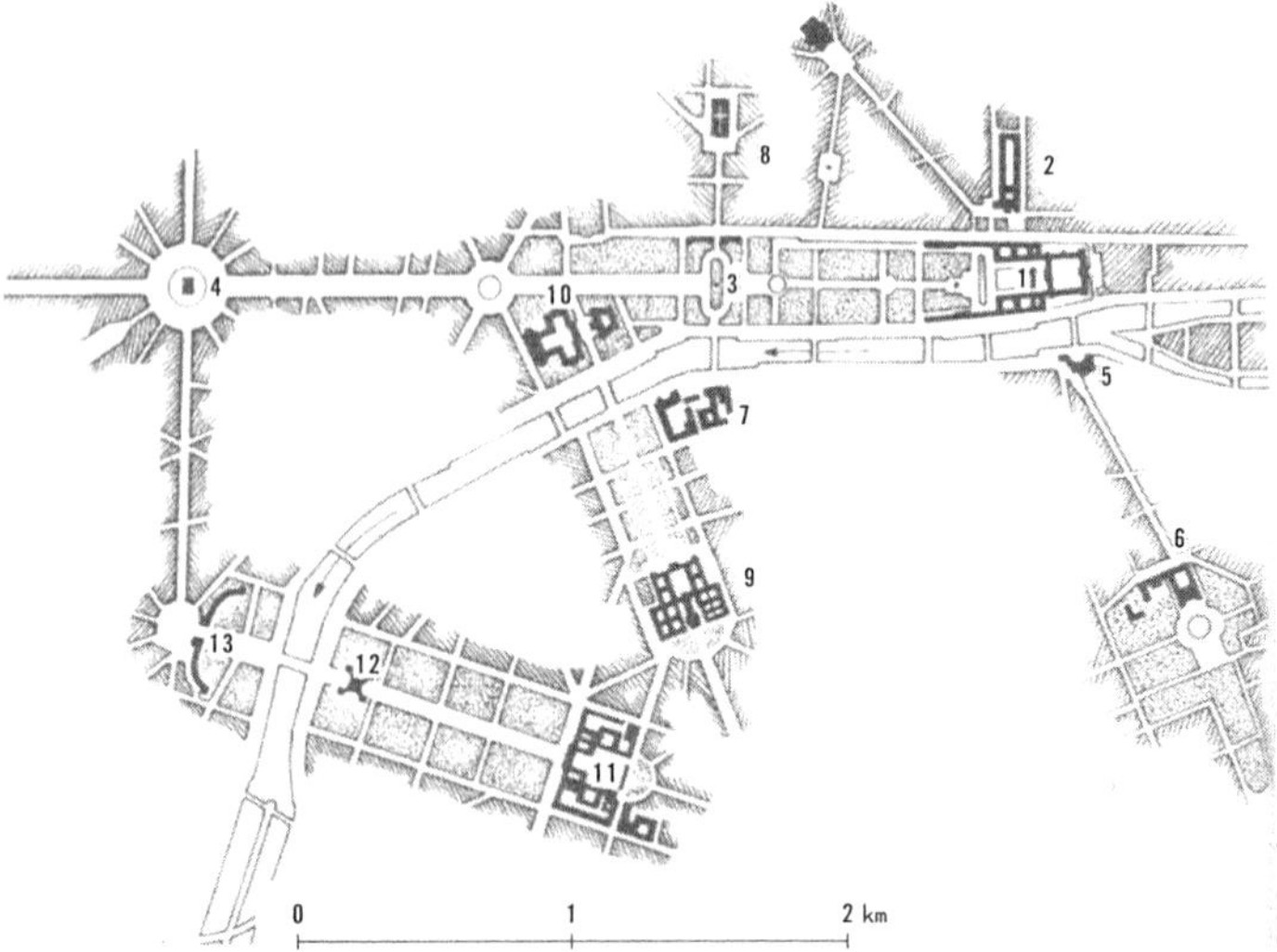

図4・15　バロックの都市デザイン手法

パリの都市軸とノード（焦点）

出所：ヴォルフガング・ブラウンフェルス著　日高健一郎訳(1986)『西洋の都市　その歴史と類型』296頁

ト）とが必要になる。それは組織的にあらかじめ計画されることによって達成されるのである。**図4・15**は、パリ改造に用いられた、①と②に関わる主要なもので、先述の最大の都市軸シャンゼリゼ通りと、セーヌ河を横断する橋、河に沿って建つ記念物的建造物を取り出して示したものである。

注

1　E・A・ガトキンド著　日笠端監訳　渡辺俊一・森戸哲共訳（1966）『都市』23〜36頁

2　長尾重武（1994）『建築家レオナルド・ダ・ヴィンチ　ルネッサンス期の理想都市像』3〜4頁

3　宇田英男（1994）『誰がパリをつくったか』162頁

4　石田頼房編（1992）『未完の東京計画』10〜34頁

第5章　社会改良主義の都市

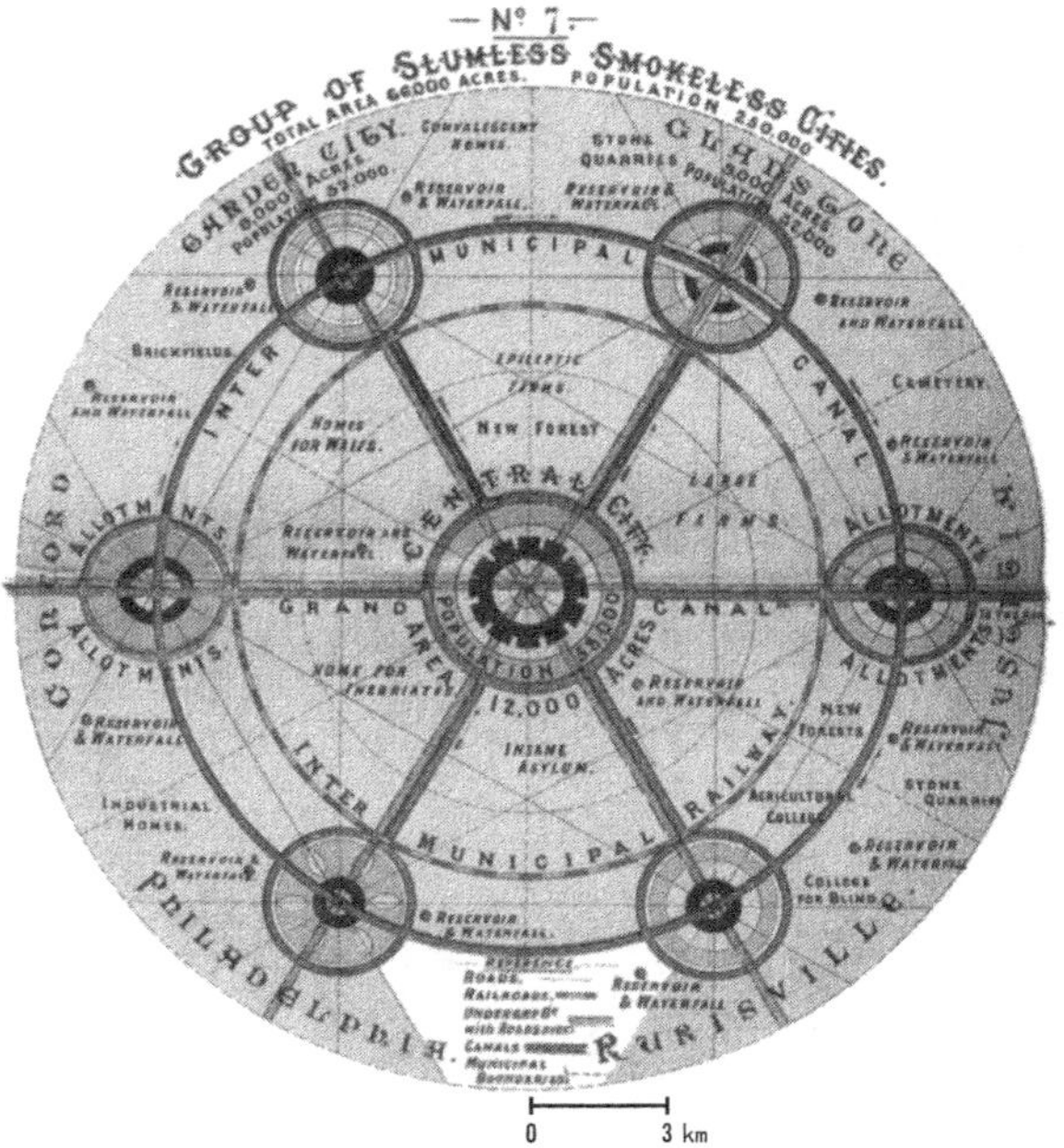

図5・15　ハワードの田園都市ネットワークのダイアグラム（社会都市）
出所：Peter Hall (1975), Urban and Regional Planning, p.50

社会改良主義者の理想都市

中世から近代に移行する時代に、欧米諸国の各地で社会改良主義者の理想都市が提案されている。これらの一部は実現しており、その後の都市計画思想の発展に大きな影響をもたらした。

理想都市論には、一八世紀後半のフランスのC・N・ルドーから一九世紀末のイギリスのE・ハワードまであるが、工場主のモデルタウン建設は一九世紀後半から二〇世紀初頭のものが多い。

こうした動きに引き続いて一九世紀のロンドンの救貧運動から発生した社会運動は、二〇世紀になるとアメリカに渡って、人口急増と貧困がもたらした人間疎外の都市において、コミュニティ再生の運動につながっていった。コミュニティセンター運動や社会単位運動が各地に起こった。その集大成がC・A・ペリーの近隣計画論である。

初期の社会改良主義者の理想都市のデザインは、先に見たバロックの都市の時代と重なるが、相互につながりはない。提案されている都市の規模、形態などは中世都市からの影響を受けている。城壁は当然ないが、城壁の都市の特徴を受け継いで、都市の境界が歴然とし、市街地とその周辺の農村、自然地帯とがはっきり区分けされ、相互に関連づけられている。建築家が絡んでいる場合は少ないので、都市デザインとしては素人のようなレベルのものもあるが、計画の内容はよく練られている。

都市施設などは当時の社会階級区分が計画に反映する場合が多い。工場が多くの都市の中心にあるが、宮殿や館はなく、神殿もない。また共同施設、コミュニティ施設に類するものが多い。コミュニティ計画の提案はあまりされてはいないが、町を単にコミュニティと表現している以上の、工場主と労働者の共同体の提案がある。

残された資料も少なく、正確な事実がわからないところも多いが、都市の運営や経営方法についても提案され、実践されている。ロバート・オーウェンのような、生まれたばかりの資本家と労働者の一体的都市運営、エベネザー・ハワードのような企業経営者による開発経営などがその例である。

提案者相互の影響もある。オーウェンとJ・S・バッキンガムの具体的都市構造提案は、ハワードの田園都市論に影響を与えた。また、ハワードの構想はアメリカのフレデリック・オルムステッドからも影響を受けている。

二〇世紀後半になると、社会改良主義者の都市計画の経験は、近代都市計画制度にも影響を与え、田園都市論や近隣計画論は、各国の大都市政策やニュータウン政策に反映された。

A　社会改良主義の都市建設

社会改良主義者のモデル・タウン

〈C・N・ルドーの理想都市ショウ〉フランスの建築家ルドー（一七三六〜一八〇六）が提案した、工業社会の到来を意識して都市の中心施設として工場を置き、新しい生産体制を取り込んだ都市、ショウ（一七七三年）は、当時としては極めて先駆的であった。

その計画案は幾何学的で、全体が円形で放射状に道路体系が組まれている。円形の中心には中央管理棟を挟んで左右に工場が置かれており、これを囲む形で住宅が配置され、各住宅は背後に広い庭を持っている。さらに、その外周には溶鉱炉、鉄砲工場、株式取引所、商業会館、大工会館、市場、教会、労働組合会館、教育会館、体育館、労働者会館、劇場、著述者会館、狩猟会館、技術者会館、芸術家会館など、将来の工業都市に必要と考えられるあらゆる種類の施設が網羅的に配置されている。

また、クラブや会館のような性格の建築がいくつも構想されているが、これらは明らかに、新しいコミュニティ意識の表れである。もっとも、このコミュニティは住宅地における居住者の生活の場としてのコミュニティではなくて、労働組合、職能団体、産業団体などを含んだコミュニティである。それは、ちょうどかつての農村社会の農業が工業と入れ替わったものに近い。

この計画は一七七三年から八五年にかけて、都市全体の半分、中央管理棟と左右の工場およびそれを囲む住居棟が建設された。今日でも一部残って、多くの観光客を集めている（**図5・1**）。

〈ロバート・オーウェンの理想工業村ニュー・ラナーク〉R・オーエン（一七七一〜一八五八）はイギリスのニュー・ラナークの綿工場の工場主で、彼は工場経営に優れた手腕を持ち、彼の工場の従業員の労働条件や賃金の改善を行ったりしたが、さらに一八一六年に農業と工業の結合した共同社会の提案を行った。

都市プランでは周囲に四〇〇〜六〇〇ヘクタールの土地を持つ正方形の敷地に、城壁のような連続した建物が周りを取り囲んでいる。この町には一二〇〇人の労働者を収容し、各人に周辺農地を一エーカー（〇・四ヘクタール）ずつ与え、失業のない自給自足的共同生活を営ませようとするものであった。居住区の中心には大きな共有地を確保し、そこに子供用宿舎、共同調理所、学校など、多くの共同施設が考えられていた。また居住区の外側に工場や作業所が配置された。ニュー・ラナークは、現在、世界遺産に登録されている。

図５・１　ルドーの理想都市ショウ
出所：ハワード・サールマン著　小沢明訳（1983）
『パリ大改造―オースマンの業績』17頁

図５・２　ロバート・オーウェンのハーモニー村予想図
出所：レオナルド・ベネーヴォロ著　佐藤敬彦・林寛治訳（1983）
『図説・都市の世界史４』28,29頁

ところで、一九世紀初頭から中期にかけてマルクスらの科学的社会主義に対して空想社会主義者と呼ばれる社会改良家が輩出するが、オーウェンはサン・シモン、フーリエとともに、そのリーダーであった。彼らは企業家の出身であったが、労働者を始めとする貧困階級の深刻な労働環境、居住環境の問題を解決するために、モデル・コミュニティを提案し、支配階級を説得してこれを実現しようとした。

オーウェンは、その後、アメリカに渡り、一八二五年にインディアナ州のハーモニーに共産社会をモデルとして「ニュー・コミュニティ」を実現しようとしたが、成功しなかった(**図5・2**)。

〈フーリエのファランステールとゴダンのファミリステール〉フーリエ(一七七二〜一八三七)は、一八〇八年に匿名で発表した論文で、個人や階級の競争に基づいて成立する社会を不道徳、不合理であるとし、人類社会の調和に到達する道は「協同」の努力であると説いた。

彼は、都市の秩序ある管理について地域区分(ゾーニング)と建築規制を考えていた。また、中途半端なコミュニティの代わりに合理的に設定された機能的な社会単位を導入し、無定形な都市の代わりに単一の建物ファランステールを提案した(**図5・3(a)**)。この建物は、千数百人の居住者からなる共産的協同組合によって運営され、組合員は資金を分担出資し、利益は貢献度に応じて分配された。

フーリエのユートピアの実現は、各地で試みられたがうまくいかなかった。ところが、フランスのギースで製鉄所を営んでいた若い企業家ゴダン（一八一七〜八八）がフーリエの理想をほぼ実現することになった。ゴダンはフーリエのファランステールの理論に彼の工場経営の経験から修正を加えて実現を図り、結局この試みがフーリエの理想の実現を成功させた唯一のプロジェクトとなった。

ギースのコミュニティはファミリステールと呼ばれる。**図5・3(b)**の左側にある主要な建物は三つの中庭型建物に分かれ、中庭にはガラスの屋根がかけられた。これらの建物は一八五九年から八〇年にかけて建てられ、保育所、幼稚園、学校、劇場、公衆浴場、共同洗濯所などを備えていた。

ゴダンは一八八〇年に協同組合を設立し、工場とファミリステールの管理を労働者に任せた。一九三九年時点でも、組合の活動は活発で工場はその規模を拡大していた。ファミリステールは一八八六年に四〇〇世帯が住み、一九世紀の社会主義者の多くの試みの中でかなり成功したものであった。

ゴダンの考え方は、フーリエの協同組合組織を基礎とし、利益は労働者の賃金、資本利子、発明者の権利、社会保障基金の四項目に従って分配されるべき、というものであった。

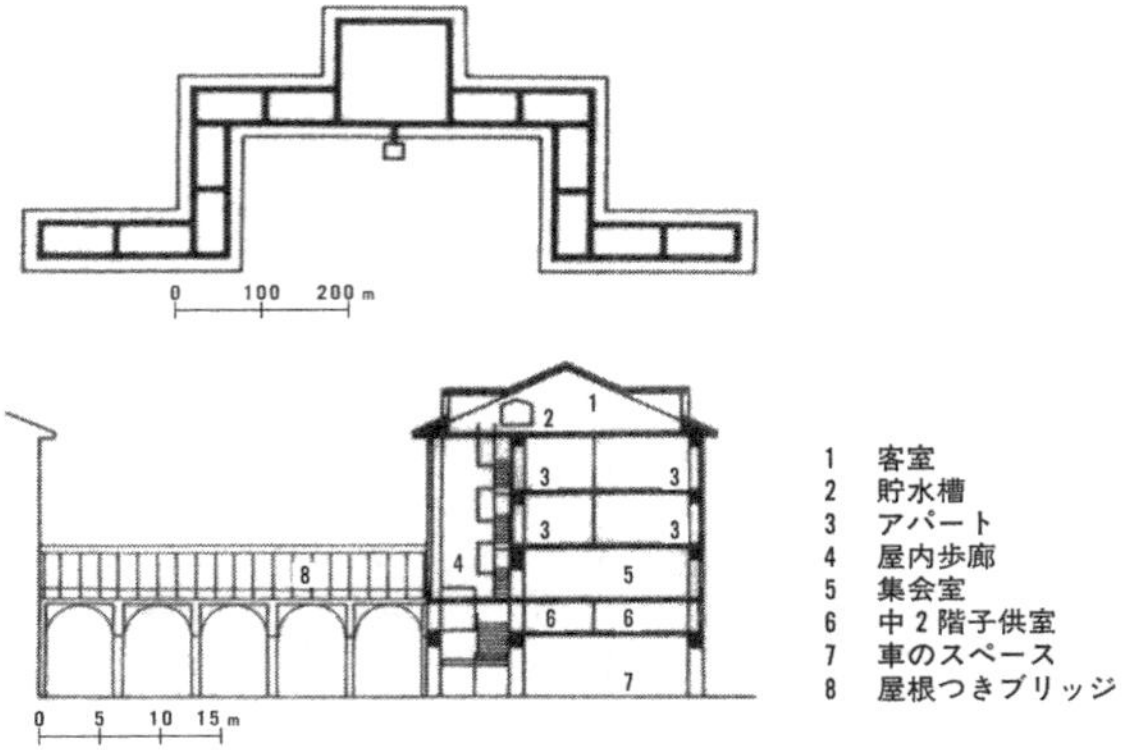

(a)ファランステール

(b)ファミリステール

図5・3　フーリエのファランステールとゴダンのファミリステール

出所：(a)日笠端（1993）『都市計画第3版』5頁

(b)レオナルド・ベネーヴォロ著　佐野敬彦・林寛治訳（1983）『図説・都市の世界史4』36頁

このプロジェクトが実際に成功した原因は、二つの重要な改革によるものとされる。第一は、生産基盤が農業でなく工業であったこと、第二は、フーリエも複雑な結果を生み出すと予測していたファランステールの共産的生活形態をゴダンは放棄したことである。つまり、ファミリステールでは、共通のアメニティの利益を保証しながら各家庭はそれぞれの住居を持ち、家族の自治を守ったのである。

ファミリステールの特徴的な建築デザインは、後にル・コルビュジエに影響を与えたといわれる。

〈J・S・バッキンガムのヴィクトリア〉 理想社会主義者として知られたバッキンガム(一七八六〜一八五五)は、「国家悪と現実救済策」と題する論文の中で、模範都市協会の設立を提案し、住民約一万人の自足的な町、ヴィクトリアの計画を示した(**図5・4**)。彼は、模範都市協会が、美、保障、健康、利便を優先し、近代建築技術や科学的進歩を積極的に導入した新しい都市の建設を行うことを提案した。

都市形態は同心の正方形が重なり合った幾何学的な形で構成され、中央広場に、時計とギャラリーがついている高さ九二メートルの電光塔を設け、これを町の焦点にしている。区域面積は一五〇ヘクタールで、放射状に設けられた八つの広い通りは、正義、統一、平和、調和、剛毅、慈善、希望、誠実と名づけられた。工場は都市の外周に配置され、内部

図5・4　バッキンガムの理想都市ヴィクトリア
出所：Spiro Kostof (1991), THE CITY SHAPED Urban Patterns and Meanings Through History, Thames and Hudson Ltd, London, p.201

は住宅と公共施設にあてられた。すべての住宅には水洗便所が備えられており、地区ごとに公衆浴場が設けられ、工場には吸煙設備を義務付けるなど、保健衛生を重視する主張が見られる。都市の周囲には四〇〇〇ヘクタールの農地がある。すべての土地は協会が所有し、建物も賃貸が原則とされている。

バッキンガムは当時の社会階級の区分を明確にプランの中に表現している。計画案の中心部に近いほど高官や富豪の住宅があり、外周部になるほど住宅の規模は小さくなり、外部には労働者の住宅や作業場を配置している。この点について、ルイス・マンフォードは「バッキンガムの設計した社会はブルジョワ社会の理想」といえるもので、彼が追求したものは、「同時代人の持つ価値観を完全に秩序正しい形で実現すること」であったとしている。(注1)

バッキンガムの提案の中の、都市を同心的な構造としてとらえ、都市の周辺を緑地で取り囲み、科学技術の成果を居住環境に取り入れ、とくに衛生については十分な措置をとる、土地の私有を認めず、経営を会社が一括して行う、などの点はE・ハワードの田園都市に影響を及ぼしたと考えられる。また、行政サイドで都市問題を解決すべく、まず衛生問題に取り組み、次いで住居法を制定し、建築物に一定の規制を加えるという考え方も示されている。

バッキンガムの提示した都市は、物的な計画内容よりもむしろその社会構造に特徴がある。理想都市ヴィクトリアでは、土地・家屋・工場・原料などはすべてこの都市の財産であって、個人の財産ではない。住民はすべて少なくとも二〇ポンドの範囲内で協会の株主となる。宗教的信仰の自由、子供の労働の禁止、酒と麻薬と煙草を慎むという徹底した規律に従おうという人を除いては、何人といえども社会の構成員になることはできない。この町は職住一体の、自給自足的な共同社会であった。

〈工場主によるモデルタウン〉社会改良主義者たちの提案の多くはあまりにも空想的であったり、経営に難点があったりして、実現できたものは少なかった。しかし、労働者の生活へ向けた関心、協同組合方式による運営、都市と農村を結合する計画への志向は社会的関心を喚起し、工場経営者たちに刺激を与えた。工場経営者の中には、自分の工場で働く労働者たちにより良い住宅と環境を与えることが望ましいと考え、ユートピアンの提案の影響を受けてモデル・コミュニティを実際に建設するものが現れた。それらの主なものを

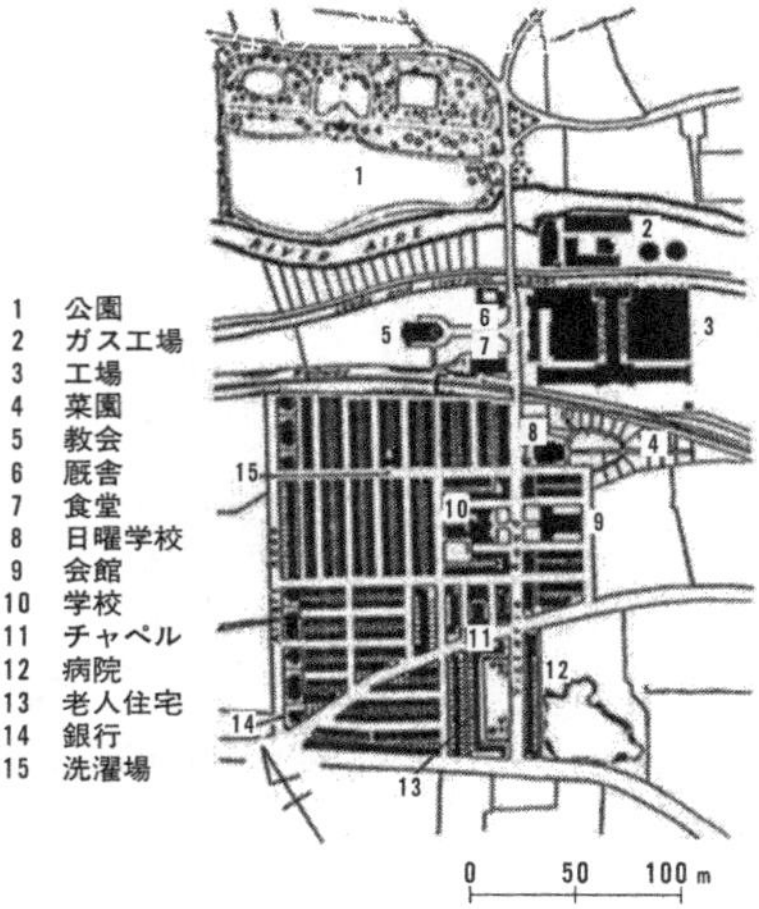

図5・5 サルテア

出所：日本都市計画学会編（1978）『都市計画図集』B-5頁

あげると次の通りである。

イギリスでは、一八四六年にアイルランドのニューリイに近いところに、製麻工場の労働者のために建設されたペスプルックや、五二年、織物工場の約二〇〇〇人の労働者のために建設されたサルテア（**図5・5**）がある。サルテアは現在世界遺産に認定されている。七九年にチョコレート製造業者キャドバリーが建設したボーンヴィル（**図5・6**）は、工場をバーミンガム市街から田舎へ移したものである。最初は会社が経営し土地は公有化されていた（後に経営も自治体に移る。そこには、約二〇〇〇戸の住宅がある）。

八六年、リバプールの近くに石鹸製造業者レバー兄弟が建設したポート・サンライトは、二二〇ヘクタールの敷地に、「低密度は健康な生活に欠くことのできない条件であ

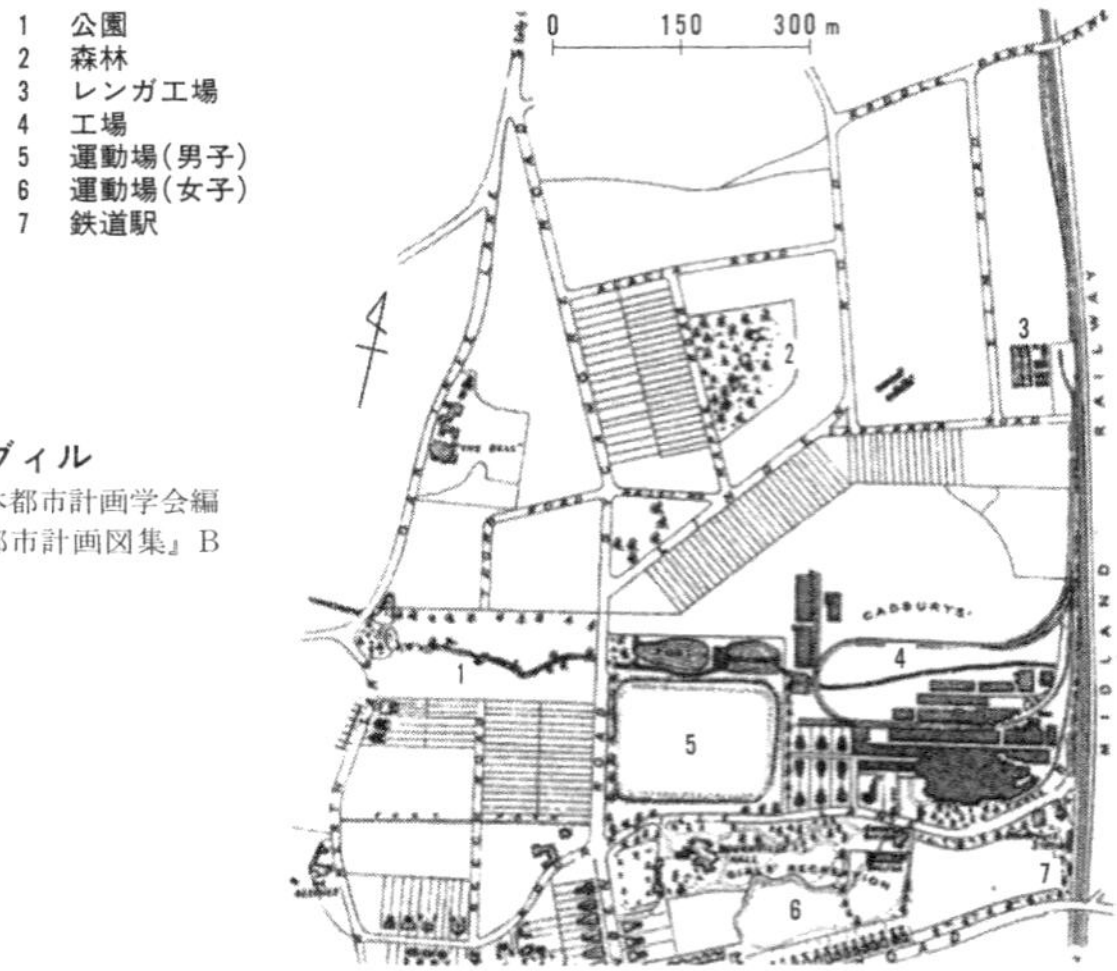

図5・6
ボーンヴィル
出所：日本都市計画学会編(1978)『都市計画図集』B-5頁

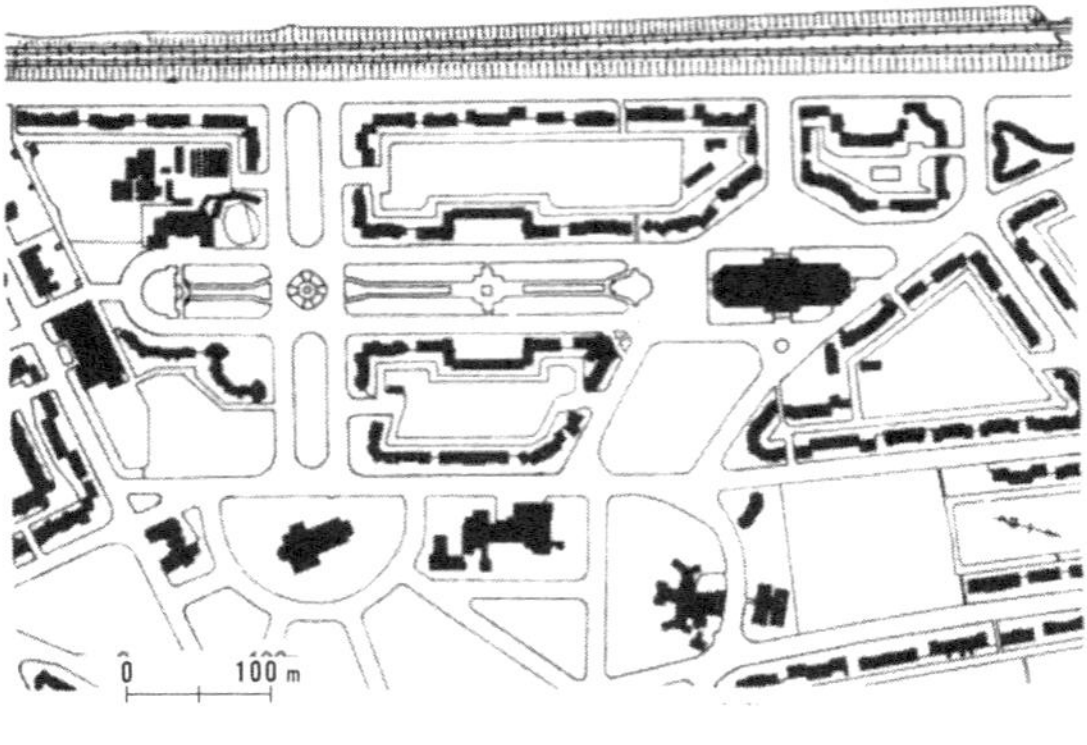

図5・7　ポート・サンライト（部分）
出所：日笠端（1993）『都市計画第3版』9頁

る」という彼らの信念を実現した（**図5・7**）。大規模な面積で計画された公共空地には、公園、運動場、屋外プール、青空劇場などがある。居住人口は一九〇〇年には二〇〇〇人だったが、〇七年には三六〇〇人と大幅に増加した。

一九〇五年、ヨークの近くに建設されたアースウィックは、ココア製造業者によるもので、設計は田園都市の設計者バリー・パーカーとレイモンド・アンウィンによる。

イギリス以外では、ドイツにエッセンのクルップ・コロニーがある。一八六五年から企業が、クルップ製鉄工場の労働者のために数個のコロニーを長年にわたって建設した。また、アメリカには、イリノイ州に八一年、プルマン寝台車製造工場と結合した町として建設されたプルマンがある。

ハワードの田園都市

エベネザー・ハワード（一八五〇〜一九二八）は、一八九八年に『明日——真の改革への平和な道』を出版して田園都市の理想を説いた。彼は都市、田園、田園都市を三つの磁石にたとえ、その利害得失を比較して、田園都市は都市と田園の両者の利点を兼ね備えるものであるとした。

ハワードの田園都市論の要点は、以下の通りである。①都市と農村の長所の結合——都市に欠くことのできない要素として農地を永久に保有し、このオープンスペースを市街地の拡張を制限するために利用すること。②土地の公有——都市の経営主体が土地をすべて所有し私有を認めず、借地の利用については規制を行うこと。③人口規模の制限——都市の人口を制限すること。④開発利益の社会還元——都市の成長によって生ずる開発利益の一部をコミュニティのために留保すること。⑤自足性——当該都市人口の大部分を維持することのできる産業を都市内に確保すること。⑥自由と協同——住民は自由結合の権利を最大限に享受しうること。

③に関しては、田園都市の計画人口は三万二〇〇〇人であるが、都市成長によってこれを超えるときは、市街地を外周に拡張しないで、別の田園都市を建設し、これらを鉄道と道路で結び都市集団を形成する。ダイアグラム（考え方などをわかりやすく図解したもの）によれば、この都市集団の人口は約二五万〜三〇万人になる。この都市ネットワーク計画はL・マンフォード（一八九五〜一九九〇）が高く評価した点である。つまり、「田園都市」はロンドンと鉄道によって結ばれ、大都市ロンドンの産業と人口の分散に寄与する（図5・8）。

また、①については、田園都市株式会社が取得する約二四〇〇ヘクタールの土地の中央部分に約四〇〇ヘクタールの都市が建設された。

ハワードの都市プランでは、市街地部分のパターンは放射・環状型で、土地利用と施設配置のパターンは中心部に公園、市役所、博物館などの公共施設、中間地帯は主として住宅、学校、教会、外周地帯には工場、倉庫、鉄道があり、その外側は大農場、賃農園、牧草地などからなる農業地帯となる。中央の公園から六本の大通りが放射状に延び、公園の周囲に公共建築物が「クリスタル・パレス」（一八五一年のロンドン万国博覧会ではじめて建てられた）と名づけられたガラスのアーケードを介して並び、その外周道路は、「五番街」と名づけられている。そこから住宅が同心円状に並び、その外側には、「グランド・アヴェニュー」という外周道路があり、その周囲には三日月形に住宅が並ぶ。その外側に、環状道路に面して工場、倉庫、農場、市場、集積場などが配置されている。(注2)

多くのユートピアンの計画が実現を見ずに終わったのに対して、ハワードは理想を自ら実現した。すなわち、一八九九年に田園都市協会を設立し、一九〇三年に田園都市株式会社を創設、ロンドンの北方五四キロに最初の田園都市レッチワースを実現した。買収した土地は一五四七ヘクタール、中央の七四五ヘクタールに市街地が建設された（**図5・9**）。計画と設計はレイモンド・アンウィンとバリー・パーカーによるもので、住宅の計画戸数七〇〇〇戸、工場や商店街、道路、広場、公園、緑地、上下水道、ガス、電気などの施設の総合的な計画がなされた。市街地は農業地帯で囲まれており、土地の公有と会社の利益の制限を定め、余剰の歳入は都市の便益にあてられた。

レッチワース建設の成功の後、一九二〇年、ハワードは第二の田園都市ウェルウィンをロンドン北方三六キロに建設した。この町は一五年後に工場数五〇を数える人口一万人の

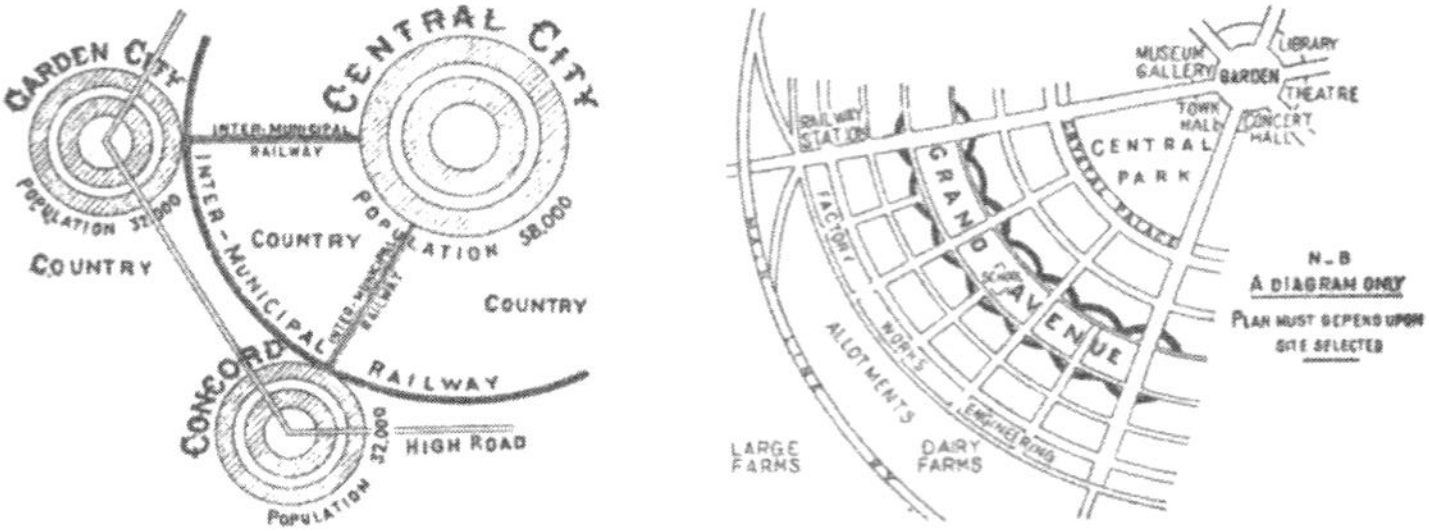

(a)中心都市と田園都市　　(b)田園都市の部分

図５・８　ハワードの田園都市ダイアグラム

出所：Frank Jackson (1987), Sir Raymond Unwin, pp.61-63

E・ハワード

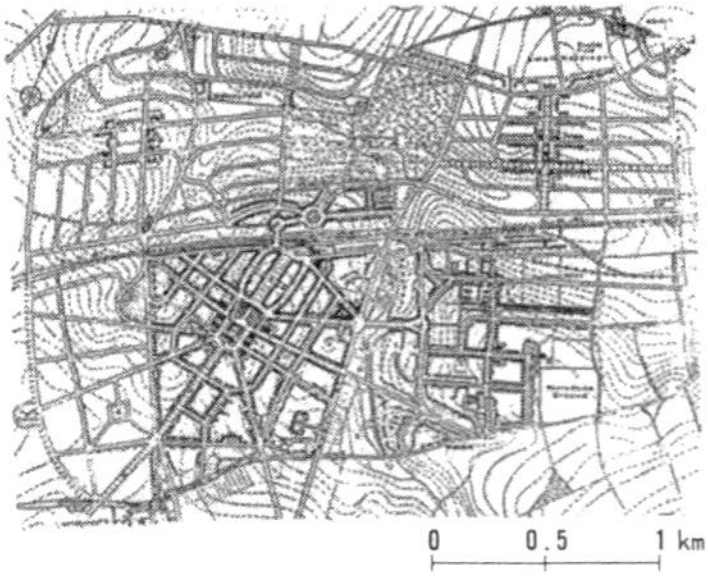

図５・９　レッチワース

出所：同上，p.60

図５・10　ウェルウィン

出所：日笠端（1993）『都市計画第３版』12頁

都市に成長した。衛星都市として絶好の立地条件にあったため、その後、ロンドンの成長につれ、戦後、政府の大都市政策で四八年からニュータウンの一つに指定され、開発公社によってさらに開発が進められた（**図5・10**）。

アンウィンによる条例住宅地の改良案

イギリスでは、一八七五年の公衆衛生法改正で自治体に衛生担当局が設置され、建築条例が義務づけられた。その内容は道路構造、建物防火、建物衛生基準、通気、換気、下水などに関する厳しい規制であり、七七年には標準条例が示された。道路幅員は車の走る道路で一一メートル以上、それ以外で七・三メートルとされた。住宅はすべて連続住宅（テラスハウス）とされ、奥行と間口の比率はだいたい四・六〜八・二倍で敷地が細長い。後庭の最小面積は一三・九平方メートル、奥行長さが三メートルとされた。

公衆衛生法に基づいてできたこの街は、「条例住宅地」(By-law housing) と呼ばれた。間口節約型の連続住宅地で画一的なパターンが強いられている。条例住宅地の狙いは衛生条件の改善に限定されていた。大都市の激しい人口増加の中で、既成市街地の縁辺部にこの画一的住宅地が広まっていった。

レイモンド・アンウィンはこれに強く反対した。「確かなことは、この規制によって我々は生活の快適さを無視してしまったことである。いつ果てるともわからない煉瓦住居

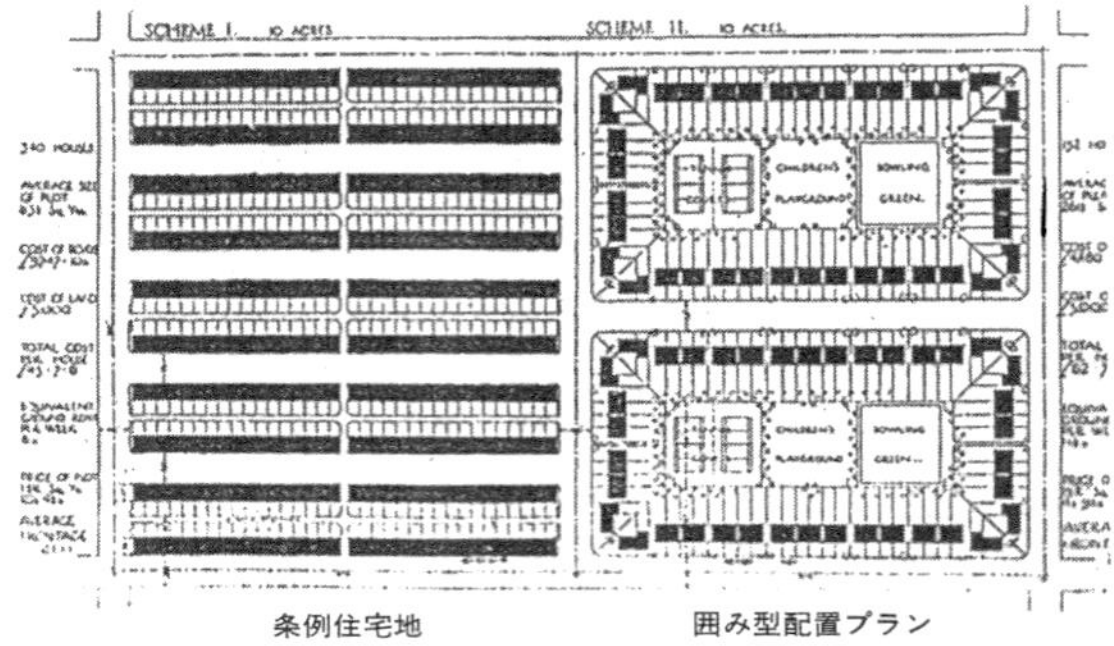

図5・11　条例住宅地を改善する方式としての囲み型配置プラン（アンウィン）
出所：Mervyn Miller (1992), Raymond Unwin : Garden Cities and Town Planning, p.129

が連なり、それが荒涼とした街路やむさ苦しい裏庭に面している。こんなものは本来は人間の住む家ではない。いかに排水設備が完備され、きれいな水が供給され、あるいは、いかに建築条例の細かな規定通りに建てられても、決して人間の家にはならない(注3)」。

アンウィンは一九世紀の都市計画が最低限の衛生条件を確保し、住宅地の基本的条件を確保したことは評価しながらも、より快適な住環境に改善する方法を、一九一二年に発表した論文「過密からは得るものなし」の中で明らかにした（**図5・11**）。

その要点は、まず、住戸密度を下げることであった。一般の条例住宅地の要件である、七四〜九九戸／ヘクタールの密度を三〇戸／ヘクタールに下げ、建物を囲み型配置にする。道路率が下がるので、街区の中央に共有地を設け、そこにはテニスコート、共同庭、老人のための芝生ボウリング場などを設ける。テラスハウスの奥行と間口の比率は約五・四倍、住戸面積は条例住宅と同じ七四・四平方メートルである。これらの提案はイギリスの中流階級から強く支持された。

アンウィンは条例住宅地をより快適な住宅地に変えることを目指して、一つのスタイルを確立することを試みた。より良い魅力的な住宅地を求めるために、アンウィンは自らヨーロッパに現存する中世都市を調査した。イギリス内ではロンドンの北東、サフォーク州カージィ村の景観を評価した。中世から引き継がれた町や村の要素で、アンウィンが設計に応用したのは以下の点である。

まず、①空間構成の不規則性を重視した。単調さは、倦怠や疲労感を呼ぶとして、住宅は相隣関係・景観を無視して単調な直線状に密接して建てられるべきではないと主張した。

次いで、②空間の視覚的構成の重要性を強調した。これは中世から引き継がれたヨーロッパ各所の町や村から得られたことである。

さらに、③社会的小集団を形成するため、街区単位で共同庭を設置し、囲み型住宅配置を提唱した。アンウィンは、地区設計は、住民のコミュニティを醸成しなければならないとして、後述するペリーの「近隣計画」（一九二九年）の一部を先取りしていたのである。(注4)

①と②はデザイン上の原則であるが、③はコミュニティの形成を意図している。最初の

田園都市、レッチワースの設計はアンウィンのデザイン基準と社会改良主義に基づいている。

田園郊外

田園都市の特徴として、マンフォードがもっとも評価したのは、住居と雇用の場を備えた自立都市であることであった。しかし、自由資本主義のもとで工場の立地などを実現することは必ずしも容易ではなく、雇用の場を供給できたものは少なかった。

むしろ、田園都市の魅力的な住環境が評価されて、田園郊外と呼ばれた町が建設された。それらの多くは、当時から成長が目立ち始めた大都市の郊外に位置し、十分なオープンスペースや公共施設は備えているが、居住者の大部分は鉄道あるいはバスによって母都市に通勤する、郊外住宅地であった。

田園都市の設計者であるアンウィンは最初の田園都市レッチワースの設計に関わっていた一九〇六年に、ロンドン市内のハムステッド田園郊外信託会社からも建築家の指名を受けた。その敷地は基本的に郊外住宅地であり、厳しい開発規制や建築規制があり、ハムステッド・ヒースという優良な緑地が敷地中央にあって、それを保全しなければならなかった。また、ハムステッド田園郊外信託会社創設者である、友人（ロンドンのイースト・エンドにつくられた救貧院トインビー・ホールの創設者バーネット）の夫人からの理想的コミュニティ建

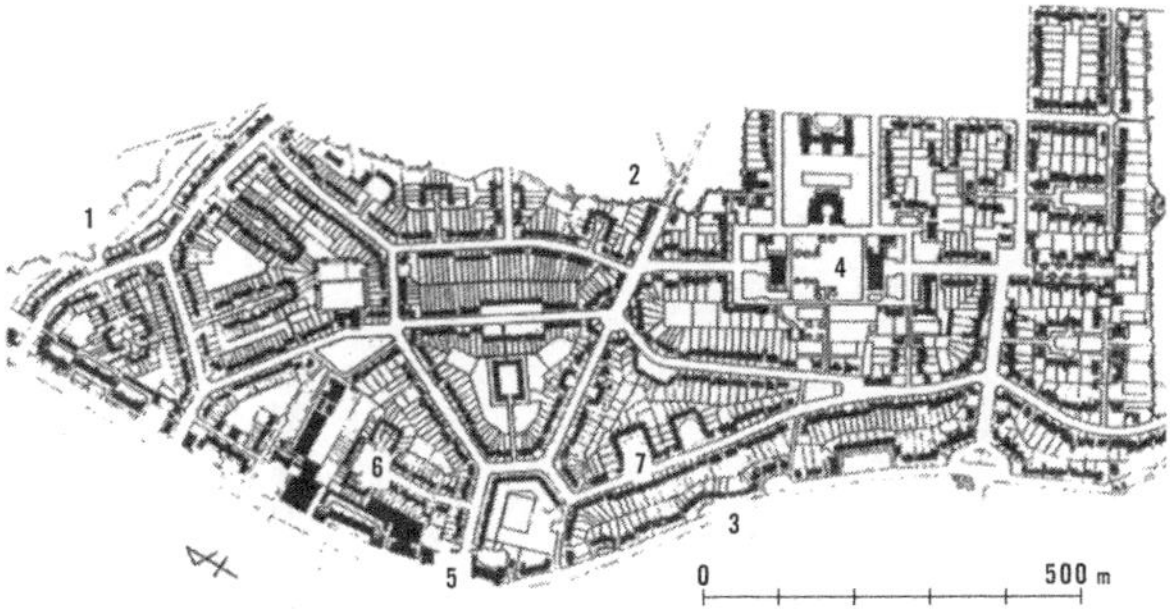

1，小川　2，樹林　3，Finchley　4，中央広場　5，ショッピング・センター
6，Asmuns広場　7，Hampstead広場

図 5・12　ハムステッド田園郊外

1907年　レイモンド・アンウィン、ベリー・ベーカー設計
出所：日笠端（1993）『都市計画第３版』13頁

設に対する厳しい注文もあった（図５・12）。

イギリスでハムステッドと並んで、田園郊外として有名な地区として、マンチェスターにウィゼンショウ地区がある。そこは市の中心部のスラムを救済する目的で、市の住宅委員会によって一九二六年に開発が着手されたものである。市は二二〇〇ヘクタールの土地を取得し四〇〇ヘクタールの農業地帯を残し、一〇〇ヘクタールの公園、四〇ヘクタールのゴルフ・コースを含む市街地として開発した。ウィゼンショウは田園都市に近似しているところから衛星田園都市とも呼ばれた。

世界各地で建設されたものも、田園都市というより田園郊外が多い。フランスでは一九二〇〜三〇年代にアンリ・セリエがパリ郊外にシテジャルダンと呼ばれる田園郊外を建設した。ドイツでも、ドレスデン郊外のヘェローにガーデンシュタット、つまり田園郊外がある。後述するが、ニューヨーク郊外でＣ・Ａ・ペリーが住んだフォレストヒルズ・ガーデンも同様である。日本でも、一九二〇〜三〇年代に、民間の鉄道会社が田園都市という名前で東京や大阪の郊外に開発したのも田園郊外であった。

田園都市論の国際的影響

イギリスにおける田園都市の成功は、世界各国に大きな影響をもたらし、田園都市に類するものが世界各地に建設された。

フランスでは、ハワードの田園都市思想のうち「都市と田園を融合させる」思想が強く受け継がれ、一九一一年にフランス田園都市組合が設立された。三〇年代頃から、フランス北部およびパリ圏を中心に「田園都市」(cité jardin) が見られるようになったが、これらは「田園郊外」であった。全体として二万五〇〇〇戸程度建設された。パリ圏での事業主は、主としてセーヌ県やセーヌ・エ・オワーズ県低賃住宅公団などで、田園都市として実現したもののほとんどは、パリ中心に近接した地域に建てられた。

アメリカでは、一九二三年に結成されたアメリカ地域計画協会が、イギリス田園都市運動のアメリカへの定着を目指し、田園都市の建設をしようとする主張をコミュニティ計画と称した。この延長に、後述するペリーの近隣計画論がある。

フレデリック・オルムステッドは田園都市の設計をアメリカで最初に手がけた。彼はランドスケープアーキテクトの草分けであり、彼が築きあげてきた都市と自然の融合を図る都市計画や景観デザインの思想や技術が、多くの田園郊外を出現させることにつながっていった。前述のハワードに田園都市の発想のきっかけを与えたのは、シカゴのオルムステッドの設計した町での生活体験といわれる。ランドスケープアーキテクトのオルムステッドと二人の息子の存在が、田園郊外というコンセプトを広く世界に知らしめたのである。

二〇世紀初頭に開発されたアメリカの郊外住宅地の代表例として、カリフォルニアの田園郊外セントフランシス・ウッドがある。日本で最初に田園都市を実現しようとした民間実業家渋沢秀雄は、冬のレッチワースを見て失望したが、オルムステッド・ジュニアの設計によるこの開発（一九一二年建設開始）に感銘を受けている。東京西郊につくられた田園調布（一九二三年）や洗足《せんぞく》（一九二二年）はこうした経緯で生まれた田園郊外であった。

一九一九年、ニューヨーク市住宅公社は、イギリスの田園都市を基にアメリカ版の田園都市を建設しようと、建築家ヘンリー・ライトとクラレンス・スタインに設計を依頼した。これがサニーサイド・ガーデンズ（一九二六年）であり、内側の園庭を取り囲んだ二階建ての田園集合住宅（ガーデン・アパートメント）方式や、三〇％以下の建蔽率《けんぺいりつ》を特徴としている。

その後、ライトとスタイン、マンフォードが関わったプロジェクトが、ニューヨークから二四キロ離れたニュージャージー州フェアローン市の、四二〇ヘクタールの「ラドバーン計画」である（図5・13、5・14）。この計画はペリーの近隣計画の公式を、アーバン・デザインによって創造的に設計したものである。クルドサック方式と呼ばれる行き止まり道路を活用することで、十数戸単位の住居群のコミュニティ形成も意図されている。

このプロジェクトにはマンフォードも関わっていたが、一九二九年の大恐慌や、その影響を受けた公社の破産などから、プロジェクト自体は全体のほぼ三分の一の完成で終わってしまった。しかし完成した町は高く評価された。アメリカ人は、平均的に一生で四〜五回転居するといわれるが、ラドバーンに定住した人々にはほとんど転居する人がいなかった。

ドイツでは第一次世界大戦後、北欧では第二次世界大戦後に展開があった。ドイツの田園都市協会は、ハワードの『明日―真の改革への平和な道』が出版された四年後の一九〇二年に設立されている。会員の多くは社会主義者だったといわれる。

ドイツ最初の田園都市ヘレラウ（一九〇九年着工）はドレスデンの北六・五キロ、ヘラー湖畔の一三〇ヘクタールの土地につくられた。ブルーノ・タウトが、この町を訪ねている。その後、一二年、同協会はベルリン近郊グリューナウに田園郊外ファンケンベルクを建設するが、タウトは、基本計画を行う建築家に指名された。

タウトは第一次大戦直後に『都市の冠』（一九一九年）という著書の中で、古代のアクロポリス神殿、中世のカテドラル、近代の王宮のように、現代都市にも「中心（冠）」が必

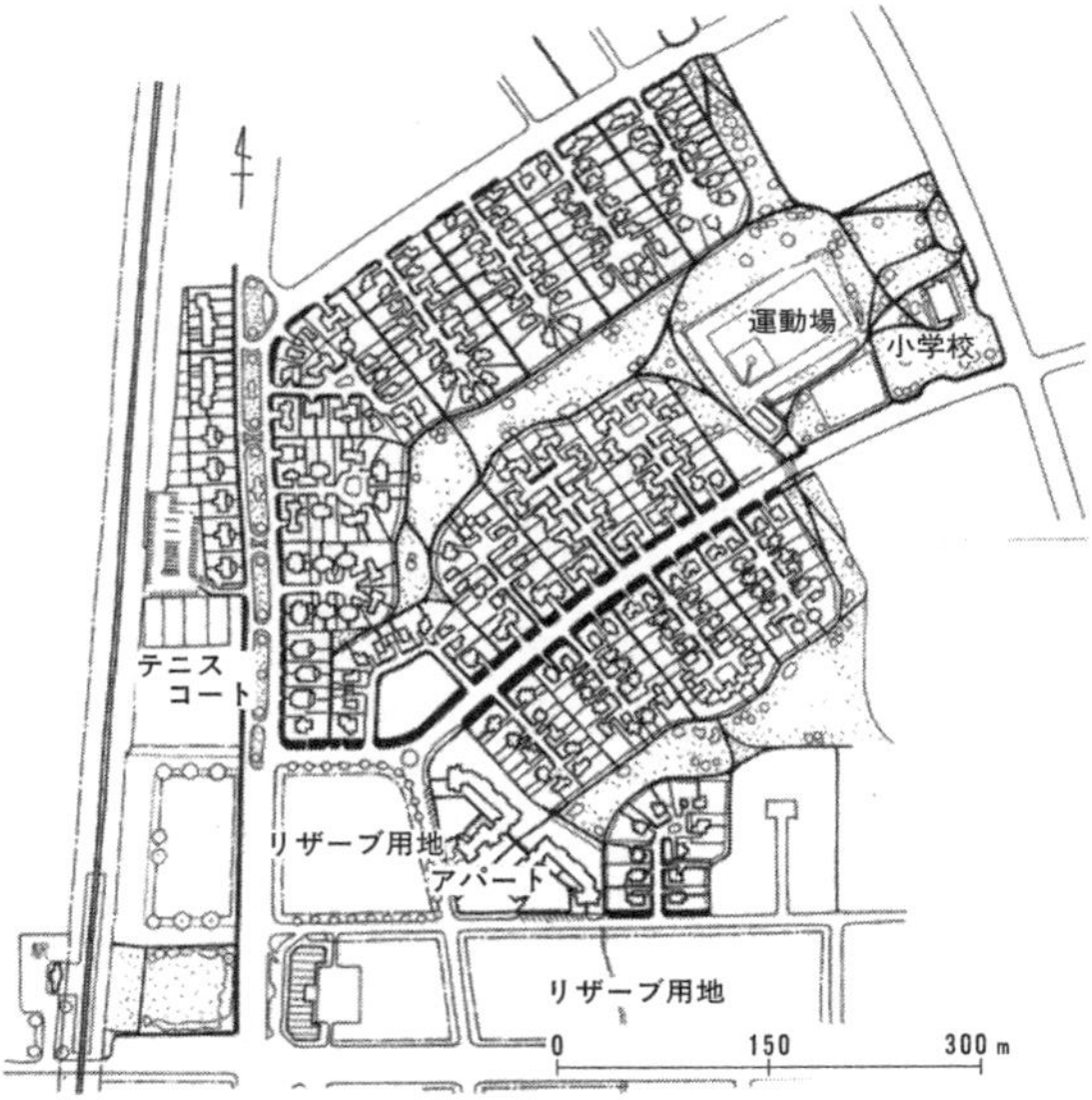

図 5・13　ラドバーン計画（部分）

実現した近隣住区プラン

出所：日本都市計画学会編（1978）『都市計画図集』B-10頁

図 5・14　住居クラスター単位

図中の行き止まり道路はクル・ド・サック方式という．

出所：日本都市計画学会編（1978）『都市計画図集』B-10頁

要であり、それはオペラ座、劇場、大小の集会場、図書館、展示場、博物館といった芸術文化施設、レストラン、カフェであるとしている。これらの冠を戴くべき都市として、彼は田園都市をとらえていた。

フィンランドのタピオラ田園都市は民間の非営利法人によって、ヘルシンキ市の郊外に建設された二六八ヘクタールの規模を持つニュータウンである。タピオラでは「都市と自然の共存」が重視されている。

田園都市の評価

都市計画論の視点からハワードの田園都市論の独創性がもっとも評価されるのは、第一に、田園都市とは自己充足的な都市であること、第二に、田園都市の土地は個人には分割されず、開発にあたった当局が保有し、管理すること、第三には、都市の規模に対して一定の制限が設けられていること、そして第四に、各田園都市を結びつけることによってより大きな全体としての「都市網」、つまり、いくつもの都市ならびに都市の諸機関の高度に組織された地域的ネットワークが生まれることである（**図5・15**（**章扉**））。ハワードはこれを社会都市と呼んでおり、都市機能の分散と結合によって地域の復権が実現できるとした。マンフォードがハワードの構想にもっとも傾倒するのはこの点である。

田園都市の自立性を支えるのは雇用の場としての工場の立地である。ハワードは企業家たちが熱意を持って田園都市に産業拠点を移してくるだろうと考えたが、そうはならなかった。ウェルウィンでも産業誘致が思うように進まなかった。本来の自立的田園都市が建設されたのは、イギリスでは第二次世界大戦後の四六年、政府が公的資金を使ってニュータウンの建設を手がけた時からである。アーバークロンビーの大ロンドン計画（第7章参照）の提案で、大都市問題の解決策の一つのメニューとして、政府は田園都市のニュータウンをつくった。

一八九八年から一九四六年までの五〇年間には、レッチワース、ウェルウィンという二つの小さなニュータウンしかなかったが、二〇世紀後半の五〇年間に、イギリスでは三〇ヵ所のニュータウンが建設された。ロンドン郊外にも一一ヵ所ある。それぞれが後背地を含めてだいたい五〇万人の人口を抱えているといわれる。

第二次大戦後、ロンドンを始めとする大都市の成長管理に対する政策手段となったニュータウンであるが、大都市成長が終わってからは、新たな建設は見られなくなった。

B　コミュニティの都市計画

近代都市とコミュニティ

　近代都市の深刻な問題の一つは、人間疎外やコミュニティの欠如がもたらす社会不安である。その解決のための社会運動に参加し、都市計画論に取り入れたのがクラレンス・A・ペリーである。また、それを理論面でも実践面でも支援したのが、マンフォードであった。彼も関わったラドバーン計画は、先述したように、大恐慌により途中で頓挫《とんざ》したが、この影響は世界に伝播した。彼は戦後の都市社会学者との近隣計画論争でも、ペリーを弁護しただけではなく、自らの信念としてコミュニティ計画を主張したのである。

「コミュニティ」という用語は、社会学者G・ヒラリーがその定義の例を集めたところ、九四通りあった。都市社会学者中村八朗は、日常用語のコミュニティは次の六つの類型に整理できるという[注5]。(a)一定範囲の場所、(b)一定範囲の場所に住む人の集まり、(c)共通の事物、つながり、相互関連性を持つ人の集まり、(d)共通のつながり自体、(e)共通の事物、つながり、相互関連性を持つ人間以外の動植物の集まり、(f)諸個人の間に期待されている望ましい一体感、相互関係である。これらのうち、(a)から(e)までは社会の経験的存在事実であるが、最後の（f）の含意は社会への期待概念である。つまり、コミュニティには、存在事実だけではなく、人間の相互関係に関する期待感があるということである。

伝統的コミュニティの成立と変容

こうした多様なコミュニティ概念の起源はどこにあるのであろうか。

アメリカの社会学者R・マッキーバー（一八八二〜一九七〇）は一九一七年に大著"COMMUNITY―Sociological Study"を著し、そこでコミュニティを次のように定義づけた。それは「一定の地域の上の共同生活」であり、「その中では、住民のほぼ全体的関心の満たされる自然発生的地理的ユニット」、つまり、「地域性」と「共同性」と呼ぶ二つの要素がもっとも密接に結びついている。

また、コミュニティを中心として社会の発展を考察し、社会集団の分析に際してコミュニティとアソシエーションとを対置した。前者の典型は原始家族社会、村落共同体、都市、部族社会、国民社会、地域社会など、後者の典型は教会、学校、労働組合、議会、国家などの集団である。前者は自主的、包括的で、さまざまな関心の入りまじった集団であり、後者は前者を母体として生まれた派生的、人為的な集団、特定の関心を目指した集団である。

古典的コミュニティ概念の背後にあるのはヨーロッパの前資本主義社会の村落共同体とされ、マッキーバー自身は一二世紀のイギリスの典型的な村落を分析に取り上げている。

中世村落の生産基盤はいうまでもなく農業が主体であり、商工業は農業を補完するものであった。農業という生産機構あるいは農奴という封建的身分のゆえに、人々は土地に密着させられていた。また、農民は村単位で共同の土地を所有し、それを共同で耕作し、その農民と土地を全体として封建領主が領有していた。さらに領主が交通の自由を制限していたので、農民は村落共同体の中で生活のすべてを完結せざるを得ず、生産と消費はまったくこの村落共同体の外に広がることはなかった。

中世村落共同体に対比して、中世都市のコミュニティは城壁の中での生活共同体、運命共同体であった。その地域性と共同性は、城壁という境界のはっきりした小規模の都市において認められた。しかし、その後都市において次第に商品経済そのものが発展、繁栄すると、それは領主にとって大いに魅力のあるものとなった。商品経済の発展とともに、領内の商工業に従事するものだけでなく、農民にも、それまでの交通の自由の制限を次第に強制できなくなり、中世都市コミュニティも崩壊していった。

要するに、商品経済は交通手段、交通網の飛躍的発達を促し、自給自足経済を維持していた村落共同体の経済的統一を崩し、共同作業や共同活動の絆を分業により弱め、なくしていく。こうして土地に密着していた労働力も、土地から分離され、商品化された。

各地に起こった都市化の波は、それまで存在してきた中世の村落と都市の共同体の経済的基盤を根本的に変化させ、時代は近代資本主義へと移行した。人間と土地との分離や労働力の商品化に伴う賃金労働という形での生産機構へと変化した資本主義社会においては、伝統的コミュニティは、完全な形態ではもはや存続を許されなくなった。

近隣コミュニティ

近隣（neighborhood）という用語は、一般的には隣り合っている住宅や世帯の集合を意味する。あるいは、住民が彼らの住宅の近くにある共通のサービスや施設を容易に分かちあえる地理的範囲という使われ方もされている。

そこには次のような特徴が見出される場合もある。「そこの住民がその存在を一体のものとして自覚し、打ち解けたフェイス・トゥ・フェイス（対面）の接触を持ち、彼ら自身のものとして自覚しているある種の社会的決まり（注6）」の存在である。

要するに、近隣は始原的には「単なる共住」であり、それを認めようと認めまいと、あるいはそれに特別な機能を与えようと与えまいと、基本的形態として存在する社会的事実そのものである。近隣関係、つまり、人々が隣人であることは、基本的に共通の起源や目的によってではなく、空間的に近接して居住するという事実で結合する人々によって生まれる。この関係には何ら強制的要素はない。人間が集合して永続的な家庭を営んでいるところならどこにでも存在するものである。

同じ場所の共有はおそらくもっとも始原的な社会の絆であり、長期にわたる居住、不動産の所有によってより強固なものになる。また、空間的に近接するということが、危急の時、火事、災害、葬儀や祭典の場合などに協調する行動をとり、時に、友情や職業上の結びつきを生成する可能性がある。(注7) 近隣はコミュニティという、「社会的にその共通のニーズや目的を達成するために意識的に一体となって働く人間集団」に転換しうる可能性を持っているのである。

C・A・ペリーの「近隣計画論」の背景には、その時代およびそれ以前に遡るさまざまな関連する運動や考え方が影響している。ここでは簡単にペリーに直接的な影響を与えたと見られるものについて整理してみよう。

ペリーが近隣に着眼するうえで科学的伏線となったのが、社会学者C・H・クーリーの理論であった。クーリーの指摘は、親密なお互いに顔をつきあわせる間柄の地域社会という基本的な集団の中に、ドイツの社会学者たちが利益社会（ゲゼルシャフト）に対するものとして共同社会（ゲマインシャフト）と呼んだものがあり、そこには自発的で本能的で、主として「与えられた」関係が存在する。大都市の生活がどんなに分化し方向づけられてきても、やはり、依然として、その活動の核心には村落に見られるのと同じ人間の相互関係が残っている。

ペリーは、クーリーらがその研究の中で、近隣あるいは地区コミュニティが家族を超えた、社会的価値のある最初の集団（第一次集団）として、若い世代の性格の成長と安定に重要な役割を果たしているという点に着眼する。クーリーによれば、

「私のいう第一次集団とは、身近な対面接触の交際と協同に特徴づけられる集団を意味する。それはいくつかの意味で第一次的であるが、その中でもとくにそれが個人の社会的性質（Social nature）と理想を形成する点において基本的という点である。身近な交際の結果、心理的に共通の個人が融和し、それ故、少なくともいろいろな意味で、個人それ自身が共同生活や集団を求めるようになる（注8）」

こうした人間性の回復に関する関心は、いくつかの社会運動に発展した。その最初は、「セツルメント運動」であった。この運動は「社会の貧困化に起因するもの」ではあったが、その狙いとするところは、産業革命後の大都市への急激な人口集中がもたらした人心の社会的荒廃に対して、望ましい人間の社会関係をつくり出そうとするものであった。

セツルメント運動は一九世紀後半にイギリスのロンドンから起きたものであるが、運動の最初の推進者である聖職者バーネットは、はじめてイースト・エンドに隣保事業館トインビー・ホールを建設した。この狙いは共同の建物と集会所を用意して、近隣の住民が遊びや教育、社交の目的で集まるようにして、人々の社会的接触を復活させようとするものであった。

図５・16　フォレストヒルズ・ガーデン

出所：Mel Scott (1969), American City Planning Since 1890, p.91

セツルメント運動はアメリカへも伝えられ、それがヒントになって、一九一〇年代に「コミュニティセンター運動」が生まれる。これは、主として、小学校などの校舎の一部を利用して地域住民の公民館のような機能の施設をつくり、人間性回復に寄与させようとした運動で、ペリー自身も参画していた。さらに、もう一つ、ペリーに刺激を与えたのは、当時、「モデル・コミュニティ」と呼ばれた良好な住宅地であった。

ペリーはニューヨーク郊外にあったフォレストヒルズ・ガーデン（**図５・16**）に、一〇年にわたって居住し、そこでの体験に大きな影響を受けた。このモデル・コミュニティはイギリスの田園都市運動の影響で建設された田園郊外である。フォレストヒルズ・ガーデンの設計者の一人はオルムステッドであった。当時、マンハッタンで「テネメント」と呼ばれた、悲惨な過密住宅の民営賃貸住宅が、大きな社会問題になっていた。フォレストヒルズは、それとは別世界のような良好な住環境であり、そこでの生活体験はペリーの近隣住区の発想に大きな影響を与えた。

ペリーの近隣計画論

ペリーは一般の家庭がその住宅地として望ましいと考える条件として、小学校、運動場、小売商店などの施設が利用しやすいこと、その場が土地柄に適して開発され、交通事故の危険が少ないということをあげて、ダイアグラムとともに次の六条件にまとめている（図5・17）。

①近隣住区の規模は一般に小学校一つを必要とする人口が適当であるが、その区域面積は人口密度によって変化すること、②住区の境界は、周囲を幹線街路などで明確に囲み、通過交通は住区内を通り抜けないようにすること、③住区内には、住民の生活の要求に適合する小公園、およびレクリエーション用地が空地として計画され、うまく配置されること、④住区内の公共施設については、その誘致圏が住区の大きさと概ね一致する学校その他の公共施設を住区の中心に配置すること、⑤地区店舗については、その人口に適した一つ以上の店舗地区を住区の周囲、特に交差点や隣接する住区の同様な店舗地区の近くに配置すること、⑥住区内の内部街路系統については、循環を容易にし、かつ通過交通によっ

て利用されにくいようにする。

これらの六原則の根拠と考え方について、ペリーはさまざまの調査結果や専門家の意見などを根拠にしている。
①について、ペリーは近隣住区の規模を規定する要因として、世帯のサービス圏、小学校の支持人口、人口密度の三つをあげている。
世帯のサービス圏についてはさらに、イ・児童の通学距離、ロ・遊び場への到達距離、ハ・買物距離の三つをあげ、イについては、小学校児童には八〇〇メートル以上の距離を強いるべきではないとした。ロについてはニューヨーク市の遊び場を対象にした調査から四〇〇メートル以内、ハについては一般的に近隣のマーケット、薬屋への距離限界は八〇〇メートルであるとした。

小学校の支持人口については、まず小学校そのものの適正施設規模、次いで実際に建設された学校の規模のデータ、さらに小学校就学対象の児童発生率について分析している。人口密度と規模の関係については、各種のデータを参照して、四八〇〇人の人口に対し約一〇〇〇戸の住宅、必要な土地面積六一・二ヘクタールとしている。
②について、近隣住区の境界を都市内幹線街路とする理由として、ペリーは住宅地街路の安全性と居住者の心理的一体感の醸成をあげている。ペリーは当時のマンハッタンにおける子供の交通事故データを引用し、住宅地を車の危険から守ることを強調し、住宅地内

部への徹底した通過交通排除を提案する。このためには内部街路は車に不便をきたすようにつくるべきとする。もう一つは、住民の一体感の醸成に重要な意味があるとしている。幹線街路という形態で近隣に明確な境界を与えることで、住民や一般の人々がコミュニティの限界を目で見ることができ、はっきりした区域として意識することができるという。

③については、小公園、遊び場とレクリエーション・スペースの量は一つの近隣住区のニーズを満たすこと、その配置は住居の近くに遊びのための十分な場の確保をすること、さらに、それらの利用を通じて居住者がお互いを早く知ることができる空地の社会機能や住宅地の景観にも貢献することが近隣住区の空地の条件である。

ペリーは空地の適正な量を定めるために一つの実例、ロバート・ホイッテンがクィーンズ区に計画した六四ヘクタール人口六〇〇〇人の計画を参照している（**図5・18**）。ホイッテンは、一〇・六%の面積が小公園、遊び場、その他の空地であり、その面積の四分の三は格子割街路配置をとらなかったことによる街路面積の減少分で賄《まかな》えるとしている。

④について、ペリーは、小学校、公共図書館分館、コミュニティハウス、パーティやクラブ、室内娯楽活動のための別個の共同建物を集合させ、それらを近隣住区のコミュニティセンターと呼ぶ。教会は近隣の境界と教区の範囲が一致するときにはコミュニティセンターへ置き、教区が広いときは近隣住区境界の交通接点へ置けばよいとする。

⑤の店舗を住区周辺に配置すべき理由として、住区は非常にコンパクトなのでその内部

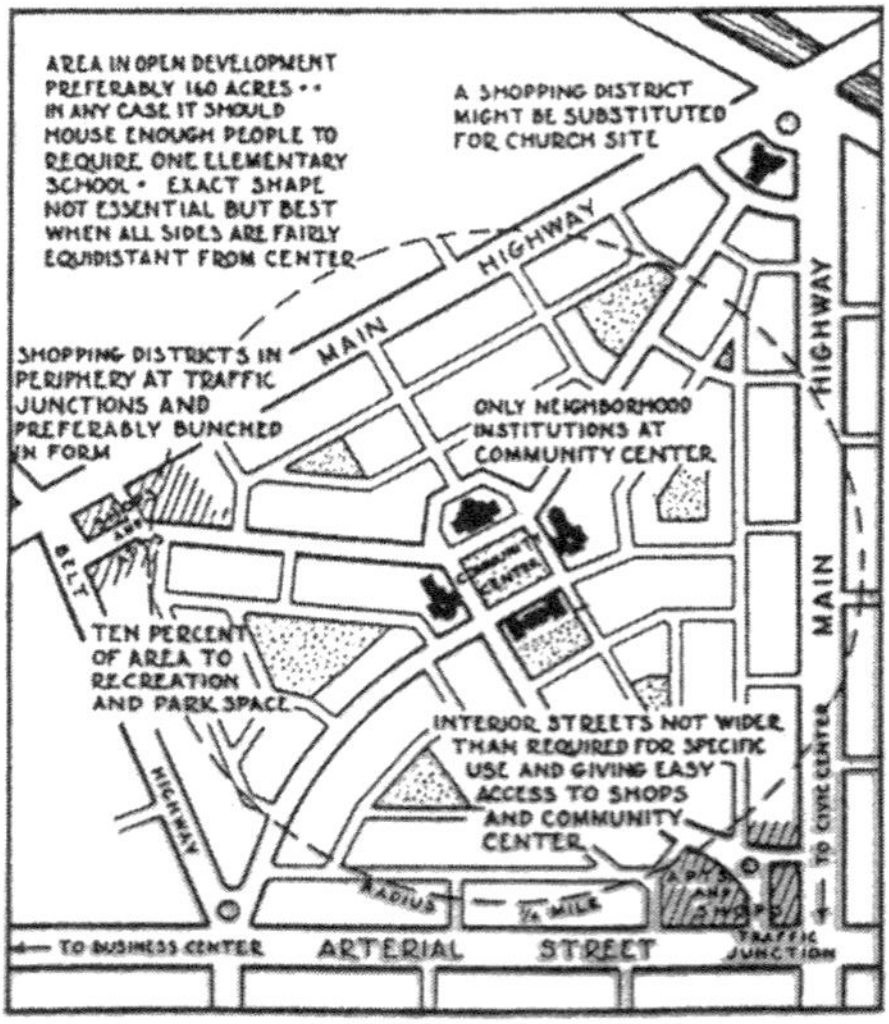

図５・17　ペリーの近隣住区モデル

中央の円は半径400メートル

出所：日笠端（1993）『都市計画第３版』20頁

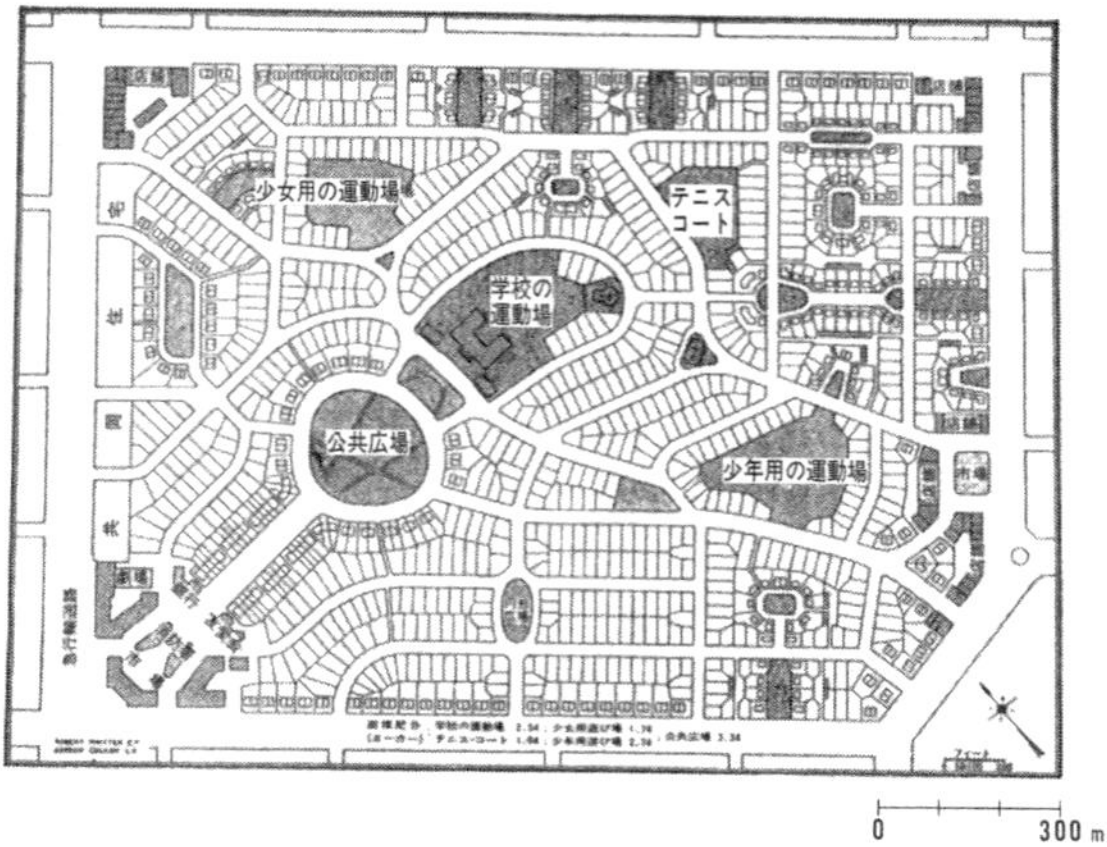

図５・18　ロバート・ホイッテンの近隣住区プラン

出所：C・A・ペリー著　倉田和四生訳（1975）『近隣住区論』121頁

に商店が集まっていれば住環境に影響を及ぼすことを挙げ、四つの近隣住区の住民の規模に見合う商店街であれば、より選択性の高い買物の機会を楽しめるはずとする。このために橋や地下道が必要であるがその建設維持費は商店が負担すべきとする。

⑥の近隣住区の街路網は、通過交通が入りにくく、しかも内部のサーキュレーションを容易にするようにすべきとする。内部街路はその住区内の住民の目的だけに合致すべきであり、このような街路網は訪問者やデパート配達人には迷路のように思われても、これは交番や近隣住区の入口や商店地区に案内図を置くことによって解決できるという。

車からの安全の問題に対し、ペリーは通過交通の排除のみに限定し、歩車道分離に関しては触れていない。その後、ラドバーン計画（図5・13参照）ではじめて完全な歩車分離が提案された。

ペリーはこうした内部街路は、都市の混雑から住環境を守るだけでなく、広い幹線道路の境界と特別な街路パターンが地区の個性を浮き立たせ、住民の一体感の意識に結びつくとしたのである。

近隣計画の評価

ペリーの近隣計画論の評価については、住環境の計画・設計と、計画的につくられた住環境での社会改良の、二つの面がある。つまり、第一は近代都市計画の計画技術としての評価であり、第二は、都市住民のコミュニティ形成への効果である。

住環境の安全性、利便性と快適性の基本的な考え方として、物的計画の技術的な基準を示したのはペリーがはじめてである。

日常生活の安全は特に学童の通学の安全に向けられ、学童が幹線道路を横断しないで済むように、小学校を住区の中心に配置し、通過交通を住区の外に排除し、住区内は必要最小限のサービス街路に止めている。当時のアメリカでは、都市内の車の激増による交通事故の多発や、車が住宅地の環境を損なうことが大きな社会問題になっていた。

住環境の利便性と快適性については、住民の日常生活に必要なコミュニティ施設を整備し、オープンスペースや遊び場の最低面積基準を全敷地の約一〇%として、それらを分散配置した。小学校、共同施設その他のコミュニティ施設をコミュニティセンターとして地区の中央に配置し、教会や商業施設については、その広い利用圏を考えて道路の交差点などに配置する。特に店舗地区は買物の選択性を高め、店舗の経営条件を確保するため隣住区の店舗地区に合わせた位置に配置する。そして、小学校への通学や日常の買物のための距離は四〇〇メートル以内に収まるように規模と密度を計画している。

また、近隣住区の考え方は小学校の通学圏を重視し、この単位は各種の公共施設の配置や幹線街路の計画で調整できるとした。この考えは日常生活圏に対応した〝計画単位〟として住宅地の計画、設計論に大きな役割を果たした。但《ただし》日笠端は、近隣コミュニティを「居住者の日常生活上の社会的要求と物的要求を住宅地の計画技術と施設を通じて充《み》たそうとする都市計画の計画単位」と定義し、コミュニティ計画は、コミュニティによる空間的組織化の技術として発展したと評価している。

ペリーの近隣計画の考え方は、一九三〇年代から四〇年代にかけて、急速に、世界に広がっていく。特にイギリスでは、田園都市の計画技術面を補完するものとして、厚生省が「住居の設計」(四四年)によっていち早くこの理論を半ば公式的な見解として採用した。そして、政府は、四六年、戦後のニュータウン計画の基礎となる理論として近隣単位の考え方を位置づけた。アメリカでは、公衆保健協会が近隣計画を住環境計画に採用することを強く推奨した。

一方、第二の都市住民のコミュニティ形成への効果については、ペリーは近隣単位の物的施設やその構成が住民のコミュニティ感情や社会的一体感の醸成にかなり有効に機能するはずだという期待を持っていた。

ペリーは、小学校を居住者のコミュニティの核として位置づけ、それを住区の中心に据え、校庭を住民にも開放し、近隣公園やそのほかのコミュニティ施設の利用を通じて居住者間の交流が促されるとした。また、繰り返すが、住区の周囲を幹線道路で取り囲むことによって、そこに居住する人々に一体感を与えるはずだとした。

このような考え方の施設計画で住民のコミュニティ醸成に十分かどうかは、当初から議論があり、たとえば技術的な面では、コミュニティの単位として近隣住区の人口規模が大きすぎるのではないかといった批判があった。

いずれにせよ、ペリーの近隣住区論のコミュニティ計画の側面を巡って、戦後に近隣計画論争が起きている。

近隣計画論争

ペリーが近隣計画論を構成する上で論拠とした社会的事実の認識と社会的目標に対する疑問や反証が、一九四〇年代後半から五〇年代にかけて社会学者から提出されている。とくに、R・B・アイザックスが四九年に発表した論文「近隣単位公式批判」はその代表的なものである。(注9)これらの批判的議論を受けて立ったのはマンフォードであった(近隣単位と近隣住区という用語は同義である)。

近隣計画論争の主な争点を列挙してみると、第一は、都市居住者の生活行動からみた場合の「近隣の自己充足性」である。これは、ペリーの提示した近隣の空間的形態が都市居住地を構成する一つのユニットとして極めて自己完結型組織であることに対するものである。

第二は、ペリーが提案する近隣住区に持ち込んだ「近隣の社会機能」のあり方に対する疑問である。

第三は、近隣単位原則に基づく住宅地の構成は、直接間接にさまざまな副作用をもたらしているとするものである。とりわけ、アメリカにおいては人種差別、階層分離の道具として使われるという。

「近隣の自己充足性」について、社会学者R・B・アイザックス、R・デューイらは、実態として都市の近隣は崩壊・消滅しつつあり、現代の都市生活者は、一定の地理的範囲にとらわれない広範な生活行動を展開し、過去の田舎、村の近隣と違って、住宅地にただ居住するだけであるとする。居住の場所によって形成されるコミュニティの生活を復活しようとする都市プランナーは、人々の時勢の要望に逆行するものであるとする。

しかし、ペリーは近隣住区の自足性の程度を論じてはいない。また、近隣住区内の居住者の日常生活は、その範囲内に閉塞すべきであるとも説いていない。彼はむしろ標準家族の日常生活の行動トリップを近隣内と近隣外に区分して、目的別に積み上げている。そして、都心へのアクセシビリティ（利便性）を確保するために、近隣住区を包囲する幹線道路の必要性を強調しているのである。

「近隣の社会機能」については、P・H・マン、S・リーマー、E・A・ロスらの主張は、①地縁性を介して人々が自ら接触するようになり、そこに自然な第一次集団的特徴が見出されるようになるのは、子供、主婦、老人など日常生活でのモビリティの低い人々に限定されること、②近隣における社会関係を規範的に持ち込もうとしても、果たして人々はそれを望んでいるかどうか明らかではないこと、③都市居住者は、常に緊張している状態から解放されるような居住環境を求めているのであって、④近所づきあいは不当な押しつけとされる傾向にある、というものである。

ペリーは、④のように、ここまで強く自らの提案を押しつけて、②や③の意見に対する強い社会的作用をもたらすとまで予測し、主張しているのではない。ペリー自身が長期間居住したフォレストヒルズ・ガーデンをあげ、居住者が共同のレクリエーション施設を使うことによって、互いによく知り合うようになり、友人関係が生まれたように、近隣住区の特徴を具備した開発は、フェイス・トゥ・フェイスの社会関係を生み出す可能性があるといっているのである。

「社会的統制の影響」について、S・リーマーは、近隣単位は、本来的には田舎町の住宅に結びついたインフォーマルな社会統制の手段を、大都市生活に適用させようとするものと批判する。組織化された近隣、コミュニティなどが、望ましくない階級を排除している。このような計画的境界設定による差別は、民主主義を進めるより、分離を助長するとして、近隣単位が反民主主義手段として使われることを警戒する（C・バウアー、アイザックス）。逆に、階層的な社会分離や差別の問題を解消するために、近隣単位をどの程度、階層的に混合して社会的均衡を達成すべきか、という議論も行われている。

ペリーが計画論で示した内容は原則論であって、それをそのまま実際の計画に転写するような杓子定規な適用をすれば、実情にそぐわない点が出てくるのは当然だろう。このような計画技術的な問題については、実際には、クラレンス・スタインの複数の近隣住区の集合形態の提案、T・アダムスの近隣住区の複数案をつくって比較検討した研究、G・フェーダーの日常生活圏の段階構成を踏まえた計画単位論、イギリスのフック・ニュータウンで試みられたオープン・コミュニティ構成を始め、その後多様な提案が示され、現実に応用されている。ペリーはこうした住環境や都市の計画設計に対する大きなきっかけをつくり出したともいえる。

また、近隣住区方式は、大ロンドン計画を始め、各国の都市計画案に取り入れられたばかりでなく、イギリスのニュータウンのように実施された例が非常に多い。この場合には、いずれも近隣住区の原則は守りながら、それぞれの国や地域の実情に合うように調整されて、さまざまな技術的工夫が加えられている。

ペリーとマンフォードの近隣計画推進派とそれに批判的な都市社会学者の論争は幅広い領域にまたがっているようにも見えるが、論点を絞れば、近代都市での人間集団のコミュニティ形成をめぐる、規範主義と存在事実を主張する立場の論争である。つまり、現実に社会的に問題を起こしている都市に対して積極的にそれを改良しようと主張するのか、あるいは、現実の社会の現象をあるがままに認識して、それに逆らうような規範を否定するのかという論争でもある。

巨大化し、過密化する現代都市を見ると、個人主体に高度に情報化され、逆に人々は対面接触の交流から疎外されている。資本主義の発達でますます市場原理主義の経済に組み入れられていく都市住民にとって、都市生活に必要な交流や規範の重要性は何ら変わっていない。むしろ、より高まっているようにも考えられ、コミュニティへの期待や規範は姿を変えて浮上している。

社会改良と現代都市

産業革命後の混乱の都市で、社会改良主義者たちが目指したのは、急速に展開した工業化がもたらし、さらに、もたらすと予想された悲惨な都市社会での人間性回復、あるいは来るべき民主的社会の理想都市であった。次章で取り上げる、都市の公衆衛生問題の解決よりも、都市の人間集団の精神面の再構築であった。それを自ら実践した人々が多くの実績を残した。

イギリスのハワードもそうした人物の一人であるが、その提案は来るべき近代都市のあり方についての広い視野に立つものであり、田園と都市の両者の長所を組み合わせることで、中世にない理想都市を近代社会に実現しようとした。同時に、来るべき工業社会の都市化に対応して都市ネットワークの展開を提案、自ら理想的な都市建設とその運営を実践したのである。

アメリカのペリーの近隣住区の発想は、当時の多くの思想家や運動家が志向していたことを統合したものであったが、マンフォードは、近隣住区モデルの原型はすでに中世都市ヴェネツィアにあったという。近隣住区モデルを古代、中世の城壁都市にたとえれば、その規模は近隣住区の方が中世都市の数千人以下の人口規模よりも少し大きいにしても、徒歩圏のサイズであり、外周道路が城壁のように町を囲み、町の中心に重要な施設が集められているという点では共通している。そこに中世の城壁都市にあったような、住民の共同体意識が期待されたのである。

都市の人間集団を、一つの画一的な行動モデルや意識モデルにはめ込むことはできないにしても、巨大都市に大量に居住する人々を分節化した町に生活させることによって、近隣社会における人々の交流とコミュニティが人間性回復の一つのきっかけになる可能性が提案された。近隣住区は、ルネッサンスの都市デザインで扱われたようなスケールであるが、デザインよりも一つの社会的単位として機能するよう構想された。

田園都市や近隣計画は、二〇世紀後半の先進国では、政府の大都市政策のなかでニュータウン政策に取り上げられ、都市開発のガイドラインとして発展した。そこでは、共同社会への期待よりも良好な住環境の質確保が中心であった。近代都市計画の特徴として、近隣住区を〝公式〟として基準化し、規格化したことが、画一的住環境の大量生産に堕してしまったことも否定できない。

かくて、田園都市と近隣計画の融合は良好な住環境をつくり出したが、近代都市での市民のコミュニティ形成は物的環境づくりだけからでは難しいことを、戦後の近隣計画論争が示唆《しさ》した。ニュータウン計画などで実践された近隣住区の形成は、単に、コミュニティ醸成を演出する舞台を用意しただけかもしれない。確かにコミュニティが醸成されるかどうかはそこの住民自身にかかっているのである。

しかし、ペリーが引用した、コミュニティについてのクーリーの思想や、マッキーバーの伝統的コミュニティ論に基づくコミュニティ意識の醸成は、少なくとも当時の人々にとっては、単なる御仕着せにすぎなかったとはいえない。

現代社会ではコミュニティに関する社会規範を積極的に議論することが少なくなった。先進国の人々は貧困から解放されて物質的に豊かになり、自由で多様なライフスタイルが展開され、交通やインターネットの発達で地理的縛りからも解放された。とくに、インターネットにより、個人と個人の無限の結びつきが可能になった。一方で家族、近隣、地域の人間関係が希薄化し、家族関係も変質している。現代は、かつてのクーリーの心配がより増幅している時代ともいえる。

巨大化する現代都市社会の人々の人間性を回復するためには、一九世紀末から二〇世紀のコミュニティ計画の経験を忘れてはならないであろう。

現代都市は、たとえば東京を見ればわかるように、区分所有の巨大なタワーマンションや密集住宅地を大量に抱え、災害の危険性も高い。リスクの大きい巨大都市の、日常の維持運営に住民のコミュニティ活動が期待されるが、かつての伝統的コミュニティに代わる居住地のガバナンスとコミュニティの融合が切実に求められているように考えられる。

注

1 L・マンフォード著　関裕三郎訳（1971）『ユートピアの系譜』新泉社　120～121頁
2 相田武文・土屋和男（1996）『都市デザインの系譜』94頁
3 Raymond Unwin (1909), Town Planning In Practice, p.4
4 西山康雄（1992）『アンウィンの住宅地計画を読む―成熟社会の住環境を求めて』
5 中村八朗（1973）『都市コミュニティの社会学』有斐閣　28頁
6 Charles Abrams (1971), The Language of Cities, A Glossary of Terms, pp.202-203
7 Lewis Mumford (1954), The Neighborhood and the Neighborhood Unit, Town Planning Review, vol. 24,No.4
8 C.H.Cooley (1912), Social Organization, New York, Charles Scribners Son
9 Reginald B. Isaacs (1949), Attack on the Neighborhood Unit Formula, Land Economics, vol.25

第6章　近代都市計画制度の都市

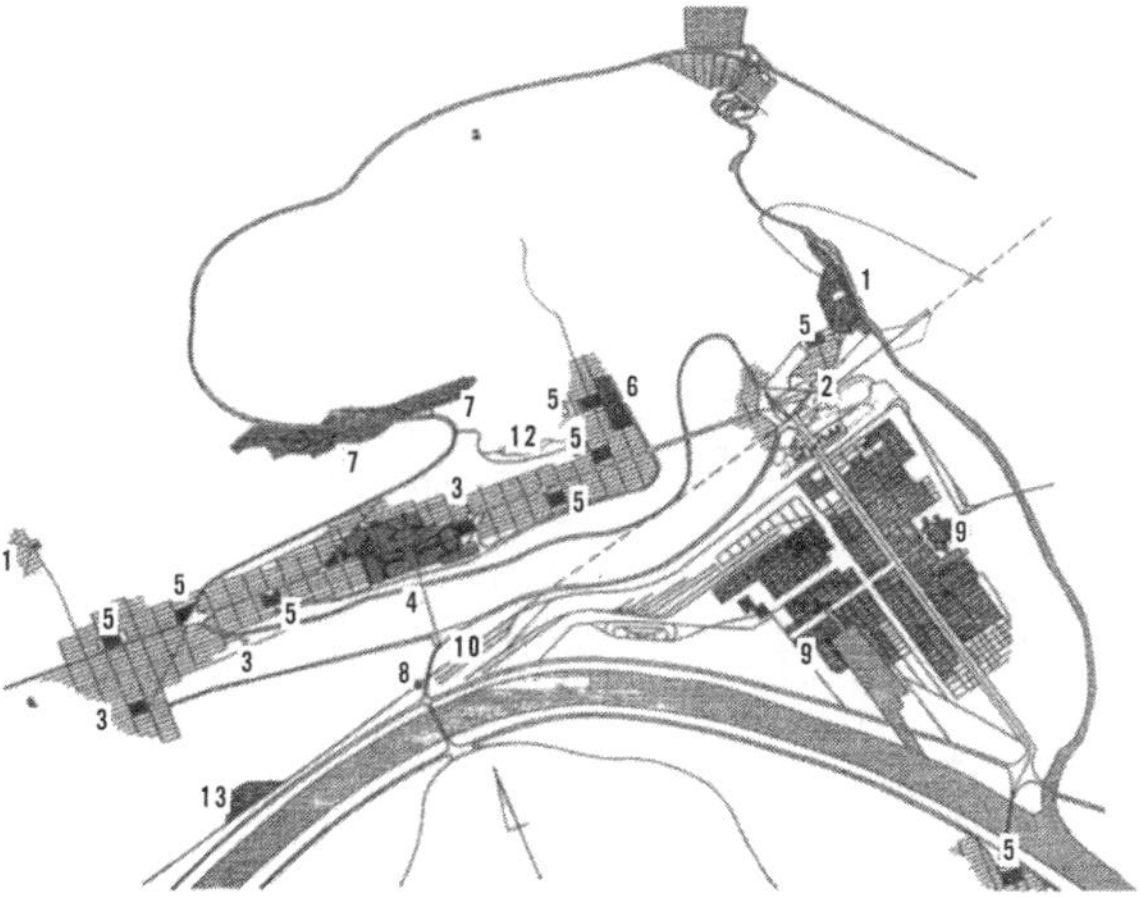

T・ガルニエ

1 旧市街
2 主要駅
3 住居地域
4 市の中心
5 小・中学校
6 専門学校
7 保健・衛生地区
8 市駅
9 工場地区
10工場駅
11墓地
12古城のある公園
13家畜市場・と畜場

図6・18　ガルニエの工業都市像

出所：吉田鋼市著（1993）『トニー・ガルニエ』54頁

近代革命と都市計画制度

近代という時代（一九～二〇世紀前半）は、いうまでもなく、産業革命と政治体制革命を契機とする二大潮流が絡み合った社会の構造的変化から生まれたものである。社会の近代化への胎動は中世都市の中にすでにあったといわれるが、二つの革命の直接的きっかけは、イギリスとフランスで起き、とくに、後者は民衆が先導した。

一八世紀後半から一九世紀前半にかけて、イギリスで起きた産業革命は、大きな都市変革をもたらした。それまでの手工業は、機械化された生産手段を装備した工場による大量生産へ転換した。雇用された大量の工場労働者とその家族によって都市人口は急増、住宅需要が急拡大し、市街地も拡張した。

大量生産によって得られた物質的豊かさ、経済の発達で人口そのものも急増した。たとえば、イギリス（イングランド、ウェールズ、スコットランド）の人口は、一八〇一年の一〇五〇万人から、一八五一年二一〇〇万人、一九〇一年三七〇〇万人で一九世紀に三・五倍になった（一五〇年後の一九五一年には四・七倍の約四九〇〇万人になっている）。また、ロンドンの人口は一八〇一年の八七万人から一〇〇年後の一九〇〇年には六五〇万人で約七・五倍になったと推定されている。

交通の発達も、産業革命がもたらした都市変革の大きな要因である。馬車から鉄道、帆船から蒸気船へと交通革命に発展していった。それら全体が都市構造を大きく変化させ、都市の拡大を可能とさせた。

他方、一八世紀末に勃発したフランス革命を契機とするさまざまな政治体制革命は、人権宣言以降、自由主義、民主主義、とりわけ三権（立法、司法、行政）分立原則と議会制民主主義の体制を生み、また、経済社会体制において資本主義、自由放任主義（レッセフェール）、社会主義、共産主義といったイデオロギーや思想の異なる体制が共存していくこととなったのである。旧来の皇帝や王に代わって、民主主義制度のもとで選挙で選ばれた公共団体の長が新たな権力者となり、法の執行を委ねられた行政組織が市民社会を支え、ときには支配する構図ができていく。

近代と一部重なるバロックの都市の時代に、すでに、社会のなかで絶対王政復古が起き、一九世紀後半から二〇世紀前半において、各国が殖民地を奪い合い、覇権国家帝国主義の時代となり、都市建設の領域では、ギリシャ、ローマ時代以来の殖民都市建設が世界中に展開された。

とくに、産業革命のリーダー、イギリスの一九世紀後半は、ヴィクトリア女王が世界に君臨した繁栄の時代であった。帝国主義を推し進めて、インド、エジプト、スーダン、ビルマ、カナダ、オーストラリアなどに殖民地を確保し、そこから得られた富によってロンドンなどにヴィクトリアン・スタイルの優れた景観の街を形成した。ところが、産業革命の結果、貴族階級の没落と工場労働者の農村から都市への大移動によって、それらが破壊され、景観の価値が損なわれるという問題に直面した。さらに、農村から流入した人々が溢れ返った都市では、貧困や差別の問題が起こった。それと同時に、中世都市に見られたコミュニティは崩壊、消失した。

都市の急激な成長と変化がもたらした深刻な問題は、第一に、過密、不衛生といった、都市居住の公衆衛生問題であり、第二に、都市における人々の深刻な住宅不足と住宅難、第三に、市街地拡張による乱開発、土地投機、スプロールなどであった。これらは後の都市研究者によって「産業都市問題」と定義された。

時代は自由主義の風潮の強い資本主義社会となって、財産権の保護と公共の福祉とのバランスを考慮した新たな社会的ルールが構築され始めた。そうした背景のもとで、先進国は、産業都市問題の解決策として近代都市計画制度をつくり、独特の近代都市が大量に生まれた。それはルネッサンスやバロックの都市とは違い、近代合理主義、技術信奉主義のもとで、法律上のルールや基準で規格化、標準化され、さらには工業技術でも規格化された味気のない建物と町である。

産業都市問題の発生と対応

工業の急速な発展がもたらした都市問題を最初に経験したのは、産業革命の発祥国イギリスである。軽工業から次第に重工業へ移っていくが、工場から排出される煤煙《ばいえん》、騒音、産業廃棄物などによる公害は中世都市の構造を残した都市内にたちまち深刻な住環境の悪化を起こした（図6・1）。

農村における囲い込みにより、また、新たな職を求めて農村から都市への人口流入が激しくなり、低賃金で働く未熟練工場労働者が都市に集中した。一九世紀に入って、マンチエスター、バーミンガム、リバプールなどの都市は工業都市として急成長し、これと並んで首都ロンドンと、その市街地も巨大化していった（図6・2）。

当然、こうした人口急増が住居と町の両方の「過密問題」を起こした。図6・3に見る労働者住居は、間口三メートル、奥行四・二メートル、床面積一二・六平方メートルに九人が住んでいた。こうした住居を抱えた都市は猛烈な速度で郊外にも広がっていった。

マルクスやエンゲルスは、ロンドンの労働者の悲惨な住宅事情に早くから着眼していた。その状況はエンゲルスの『住宅問題』に記されており、他の都市の惨状もエンゲルスの『イギリスにおける労働者階級の状態』に詳しく描写されている。

イギリスでのこうした問題の発生は、一八世紀後半からであったが、他の欧州諸国、アメリカ、日本でも順次遅れて起きていった。

ドイツにおいて産業革命の影響が現れ始めたのは一八五〇年以降、特に、人口の都市集中が激しくなったのはプロシャによるドイツ統一（一八七一年）後であった。当時は経済活

図6・1　19世紀イギリスの工業都市
出所：ルイス・マンフォード著　生田勉訳（1969）『歴史の都市　明日の都市』39頁

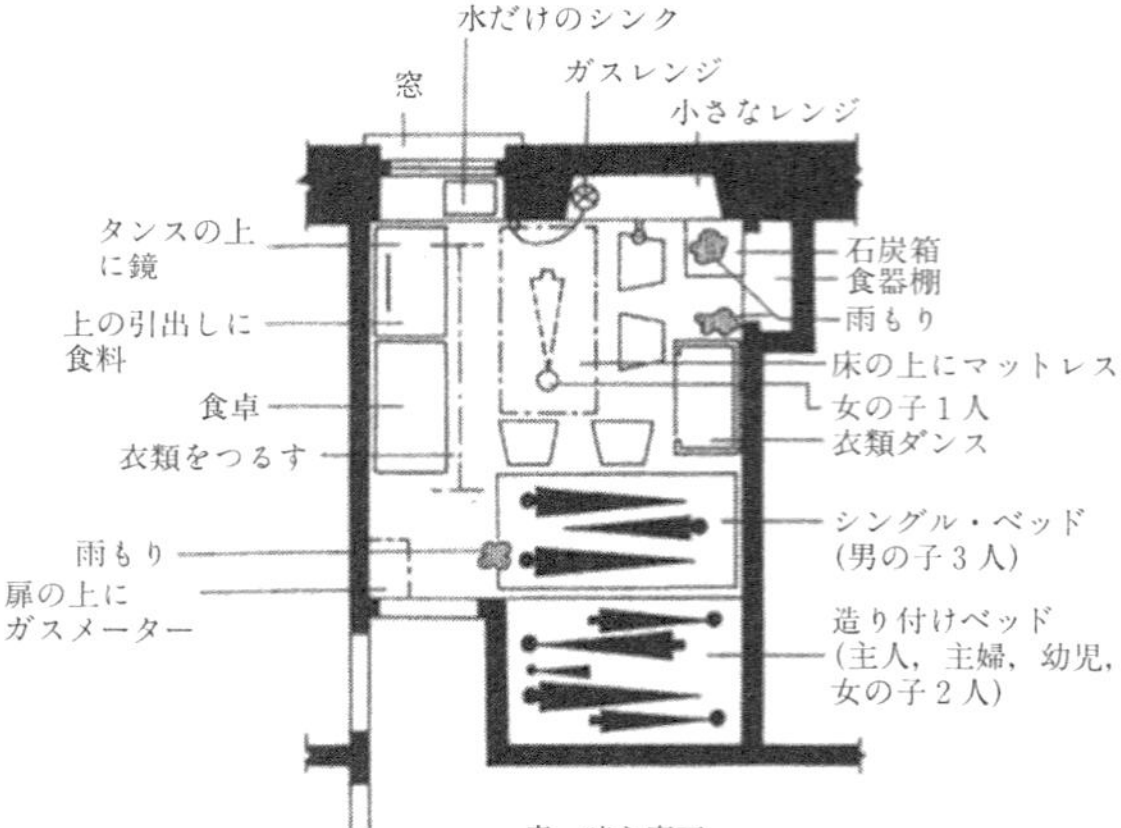

図6・3　グラスゴーの過密住宅の例（RIBA誌　1948年）
出所：日笠端（1993）『都市計画第3版』31頁

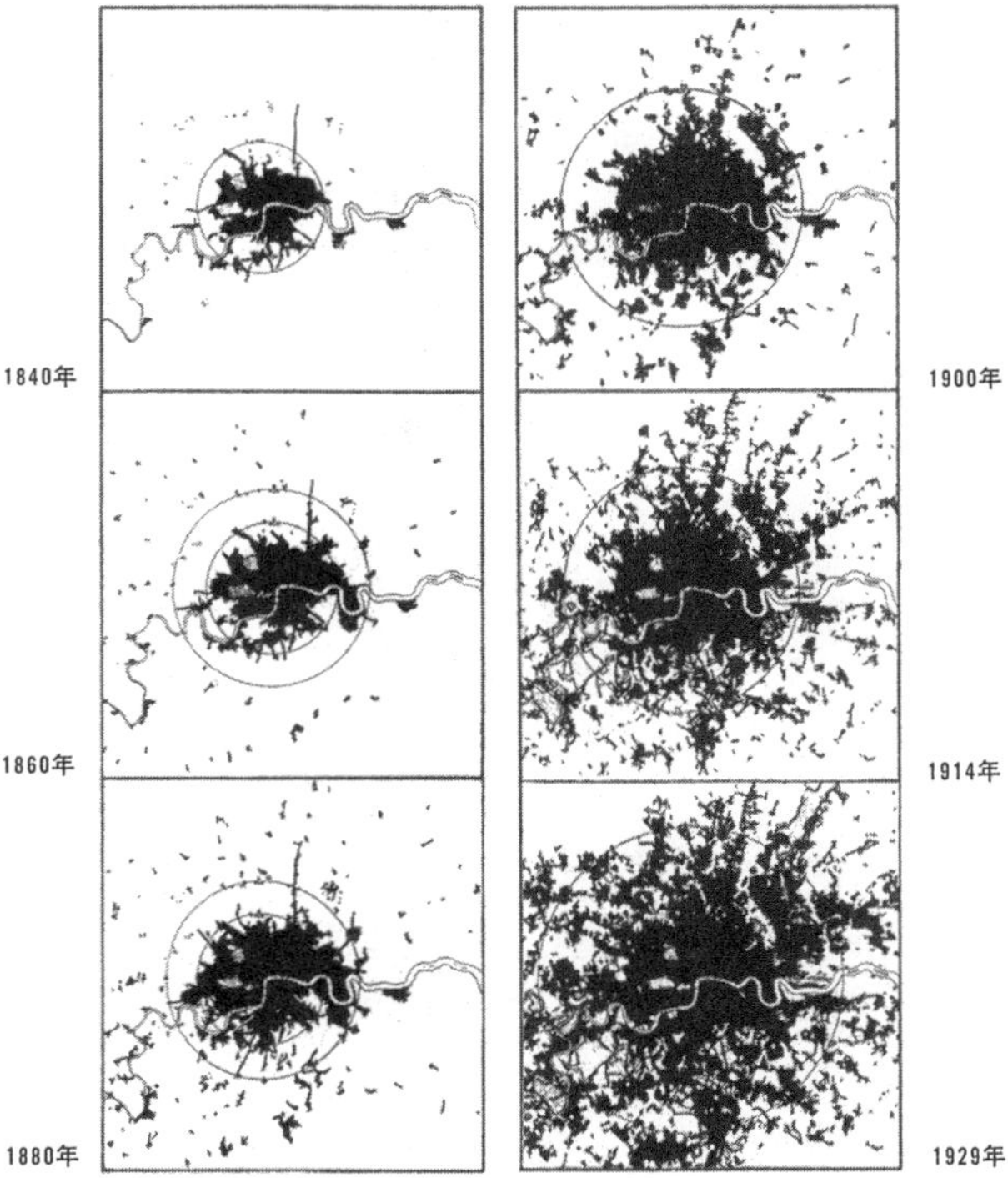

図6・2　19〜20世紀のロンドン市街地拡張

1900年のロンドンの人口は650万人

出所：E.Saarinen（1965）,The City:Its Growth, Its Dacay, Its Future, pp.202-203

動の自由思想、レッセフェールを反映した所有権の絶対的保護主義が根強く、土地を自由に利用し利益を追求することが許されていた。その結果、工場はどこにでも建てられ、公害は放置され、住宅の増加によって都市内は過密化し、公衆衛生や道路整備が問題となった。

フランスにおいては、産業革命による影響で都市への人口集中が顕著になるのは、一八四〇年以降である。パリとその近郊の人口は一八〇一年から五一年（一三〇万人）で二倍、五一年から七六年でさらに二倍となった。パリを始め、大都市および工業都市における公衆衛生問題、住宅不足と住宅難が深刻となり、イギリスの場合と同様の状況を経験することとなっていった。

アメリカでは産業革命は一九世紀の後半に起き、ヨーロッパなどから職と自由を求めて移民が急増した。さらに一八七〇年頃から、農村地域の若者が都市の工場や事務所に職を求めて流入して、特に東海岸の港湾都市や中部の工業都市に人口が集中した。当時、人口増のもっとも激しかったのはシカゴで、次いで、ニューヨーク、ブルックリン、フィラデルフィアなどであった。土地の投機や乱開発が横行し、各地の自治体は「敷地分割規制」(subdivision control）を強制的に行うようになった。

日本の産業革命は欧米諸国からだいぶ遅れ、一九世紀末から二〇世紀初頭の日清戦争（一八九四〜九五年）の時代に軽工業が盛んになり、日露戦争（一九〇四〜〇五年）により重工業が発達した頃がその時期といわれる。徳川幕府の長年の鎖国によって欧米諸国の近代化から隔離されていたために、明治維新後、政府は文明開化・富国強兵・殖産興業を旗印として近代国家の建設を急いだ。その手段として、わが国は欧米の文物を積極的に取り入れ、欧米の近代化に追いつこうとした。

ところで、増田四郎は日本の近代化はそれ自体、世界史的に特筆すべき事件としたうえで、欧米のように産業革命や市民革命を経験することによって都市への人口集中や工業化の問題解決といった近代化が始まったのではなかったことを重視する。その結果、いろいろな制度や技術をただ雑然と欧米諸国から取り入れただけであって、その各々の思想の由来する根源について突き詰めて理解するという努力がおそろしく足りなかったのではないか。その受け入れたもののなかには少なからぬ部分、困難と疑問、あるいは矛盾を生ぜしめた、と言う。(注1)

このことは欧米の都市計画制度の導入に関しても、ほぼ同様と考えられることが多い。たとえば、欧米では都市計画は地方自治体の仕事として早くから位置づけられたが、わが国はそうではなかった。政府は国家の都市計画によって、国家権力の象徴となるような帝都東京を欧米列強の首都計画を模倣してつくろうとした。福沢諭吉は一八七七(明治一〇)年の『分権論』の中で、中央集権の脆弱《ぜいじゃく》性を支えるためにも地方自治の重要性を主張したが、明治政府はそれを受け入れず、都市計画も中央集権国家の仕事として根づき、地方分権への移行は二〇世紀末まで待たねばならなかった。

公衆衛生法と建築条例、住居法

イギリスでは一八三〇年から三二年にかけてコレラが都市に蔓延《まんえん》し、多くの死者を出した。**図6・4**は、一八五四年九月の、ロンドンのピカデリーサーカスに近いソホー地区でのコレラによる死者の分布を示したものである。ジョン・スノウ医師が記録していたもので、大通り沿いの井戸の汚染によって感染した。この図はその後、イギリスの成長する都市の居住者に対して、水道施設の重要性を強く示唆した。

シャフツベリー卿アンソニー・アシュレイ・クーパー（一八〇一〜八五）らの、労働者階級の社会的条件を改善すべきであるという主張を受け、三九年には都市の衛生状態に関する全国調査が行われ、四八年に「公衆衛生法」がはじめて制定された。この法律は有害物の除去と疾病の予防を内容とするものであったが、過密居住、排水の不完全、汚水溜、便所など不衛生な住宅の確認が含まれていた。五一年には、最初の「住居法」「労働者階級宿舎法」（シャフツベリー法）が制定され、労働者住宅の建設または購入資金の貸付制度を市および県に認めた。

さらに六八年には、「トレンズ法」と呼ばれる改正住居法（職人・労働者住居法）が成立、七五年、「クロス法」と呼ばれる改正住居法（労働者住居改善法）により、住宅の保全が所有者の義務とされ、義務を果たせない場合には公共団体の責任とされた。また、この法により個々の住居だけではなく地区全体がスラムの場合にはそれを収用して改良する「スラムクリアランス」がはじめて可能になった。

一九世紀後半の制度的動きの背後で、イギリス都市計画の真のイニシアティブを握っていたのはオクタヴィア・ヒル[注2]（一八三八〜一九一二）といわれる。彼女は、教育・住宅・緑地保全の仕事を、数十年終始一貫して自己資金によって行った。クロス法の成立に大きく貢献したほか、八四年のトインビー・ホール（救貧院）の創設にも関係し、九五年には自然保護運動を展開するべくナショナル・トラストを創設した。

イギリスでの住居法の誕生の動きは、その後、ドイツ、フランス、アメリカの各国に広がり、それぞれの独自性を内在させて住居法を成立させていった。

七五年、イギリスでは公衆衛生法が改正され、市町村は建築条例によって住環境の質の確保を図れることになった。九四年にはロンドン建築法が定められ、道路の幅員、壁面線、建物周囲の空地、建物の高さなどの規制が行われた。次いで各市で公衆衛生法に基づく建築条例が設けられるようになった。このようにして住居法によって住宅の質の低下が阻止され、公衆衛生法に基づく建築条例によって道路の確保や住宅の配列が確保されるようになった。

しかし、この建築条例は自治体によって極めて機械的に適用され、いわゆる「バイロ

■井戸
・コレラによる死者

図6・4　ロンドン　ソホー地区でのコレラによる死者（1854年9月）

出所：Peter Hall (1975), Urban and Regional Planning, p.27

図6・5　公衆衛生法の建築条例による条例住宅地

19世紀末ロンドン　右の写真は裏庭

左の図の道路幅員は11メートル

出所：日笠端（1993）『都市計画第3版』32頁

ー・ハウジング（By-law housing）」と呼ばれる条例住宅地により、殺風景で無味乾燥な市街地が広大に形成された（**図6・5**）。一六六六年のロンドンの大火後、大都市では木造建築は禁止されていたので、これらの労働者住宅は二階建煉瓦造の連続住宅がほとんどであり、ブロック内にわずかな裏庭がとられているだけで、家並は道路の両側に一〇〇メートル以上も延々と続き、樹木などの緑はまったくなかった。

こうした条例住宅地は新たな過密市街地であるとして、前章で先述のように、レイモンド・アンウィンらによって厳しく批判された。アンウィンは「過密からは得るものなし」というセンセーショナルな論文の中で、条例住宅地の密度を落とし、都市デザインを加えた囲み型の配置を提案した（図5・11参照）。しかし、当時のアンウィンは、田園都市の設計者として大きな社会的影響力を持ってはいたが、建築条例を変えるまでには至らなかった。時代は下って、一九六九年の住居法ではじめて条例住宅地を総合的に環境改善するプログラムが政府によって用意された。

ドイツでは、建築線（建造物の突出を禁止するための図上の敷地に引かれた線）が古くから建築規制の道具として使われていたが、一八六八年にはバーデンにはじめて「建築線法」が公布された。建築の取り締りは各州の警察の権限で、建物の安全基準や防火のための規定を定め、主に道路を確保するために部分的に建築線を指定していた。七五年に制定された、プロシャの「街路線および建築線法」は集落内の道路や建築線の決定権を市町村に与え、市町村議会と警察の合意を必要とするようになった。これによって、市街化に先立って道路や広場を整備することが可能になったが、敷地内の建物の規制は危険の防止に限定されていた。いずれにせよドイツでは、建築線制度が秩序ある市街地の拡張に、大きな役割を果たすようになったといえる。

日本の大都市でも、明治時代からスラム問題が社会問題となっていた。最初のスラムクリアランスは、一八八一年（明治一四年）の神田橋本町である。当該地区は木賃宿や棟割長屋の密集地区で、大火をきっかけに東京府がスラムクリアランスを実施した。第一次世界大戦後はさらに問題が大きくなり、一九二三年の関東大震災後、政府は二七〇万円を出資し、同潤会が深川区猿江町の不良住宅地区の改良に着手し、五年後に完成した。(注3) それを契機に、二七年に「不良住宅地区改良法」が制定され、東京、大阪、名古屋など六都市で事業が行われ、改良住宅が建設された。

アメリカでは、ニューヨーク市はその歴史も古く、また移民の中心地であったためにスラムの居住状態が社会に与える影響に対しては早い時期から関心を寄せ、一八〇〇年には、州議会が市当局に対して、スラム地区の土地収用権を与えスラムクリアランスを実施した。

一八九二年、連邦政府が人口二〇万人以上の都市のスラム調査を行った。また政府では共同住宅への監査・実態調査および取り締り規定の整備も行い、これをもとにして一九〇一年に共同住宅の基準を内容とした共同住宅法を施行した。

二九年、ウォール街の株価暴落を機に世界的規模で広がった大恐慌は、極めて深刻な状況を呈した。フランクリン・ルーズベルト大統領は、ケインズ主義の一連の連邦経済政策であるニューディール政策の一環として、住宅建設と市町村のスラムクリアランス実施を強力に後押しした。三七年の「合衆国住居法」では、連邦レベルで最初のスラムクリアランス制度と低所得者階層への低家賃住宅の供給が立法化された。同時に、合衆国住宅庁が設けられ、スラムクリアランスと公営住宅の建設を行う地方公共団体に連邦補助金の交付と融資を行った。この制度では、スラムクリアランスにより除却した戸数分の公営住宅を供給することが補助金の交付の条件であった。

しかし、この政策はスラムクリアランスが次々と新たなスラムを生むという、思わぬ結果を招く。低所得階層が不況の影響で職を得られず、真新しい再開発住宅に入ってもそれをスラムに引き戻してしまったのである。このことは除却だけではスラム問題の根本的解決にはならず、スラム居住者そのものに対する社会的政策がないかぎりその解消にならないという教訓を残し、戦後の都市再開発方式を大きく方向転換させることになる。

第一次大戦以前においては、国家は市民社会の内部にあまり介入しないという自由主義が主流となっていたが、ニューディール政策では公共の福祉、国家の利益の観点から所有権の自由の制限が強化され、連邦最高裁もそうした傾向の判例を出すようになった。二六年の「ユークリッド判決」（ゾーニング制の合憲判決）はこうした方向への重要な伏線をなしていた。

土地政策

フランスでは産業革命の影響が出始める以前からパリの大改造が進められており、そのためにさまざまな近代的制度がつくられた。ナポレオン一世の第一帝政の時代、一八〇七年に壁面線、開発制限の法律が制定された。壁面線の規制（建物の壁面を揃えるために指定する）は建物を改築するときのみ有効で、既存不適格は適用を免れた。二二年、パリでコレラが流行し、都市改造が推し進められ、三一年に公共事業省が設置された。

三三年に最初の鉄道建設がなされ、鉄道用地確保のために四一年土地収用法が制定された。五二年、土地収用法改正により、「超過収用制度」が取り入れられた。この制度改正の直接的動機は二二年にパリ中心部で起きた不動産投機であった。投機により不動産価格が場所によっては数百倍になったのである。超過収用制度によって、道路建設では道路になる部分だけでなく、背後の関連する土地区画全体を収用できるようになり、オースマンのパリ改造の強力な武器になった（ところで、この超過収用という手法は、日本では第二次大戦後の高度経済成長期初頭の一九六一年に市街地改造法に取り入れられた。新橋駅前や熱海の駅前の再開発事業はこれによるものである。元の地権者の権利は再開発ビルの床として還元譲渡された）。

一八五四年には、半官半民のフランス不動産銀行が設立され、官民の資金が都市開発に投入された。一九世紀末のパリ改造では、新しい資本主義体制の下で都市開発が経済的プロジェクトとして実施されていったのである。

イギリスでは一八四〇年に土地所有権保護法が制定されたが、四一〜四五年に土地収用制度も導入された。

一九世紀後半、ドイツの多くの都市では、人口集中による都市問題として、賃貸兵舎(Mietskaserne)と呼ばれた過密で公衆衛生上、問題の多い民営賃貸住宅の建設が大きな社会問題となった。また、市街地の急拡大と、土地投機や地価の高騰が問題となった。そのため市街地拡張に対しては、市街地周辺の空地を先行的に取得する政策が取られた。これがドイツの土地公有化政策の始まりである。一九〇〇年当時、フランクフルトでは全市域の五二・七%、ハノーバーでは三七・三%、ライプチッヒでは三三・二%の土地を市が保有していたといわれる。これらの都市では不動産局や土地測量局も設置され、積極的な土地政策が展開された。

当時、有力な都市計画学者バウマイスターは、一八七六年公刊の『都市拡張』という自著の中で、市街地拡張を自由放任にするのではなく、公的介入をして、単に道路、敷地の整備としてではなく、社会的、経済的政策と関連をとりながら計画的に整備すべきことを主張した。ドイツでは市街地拡張の対策にもっとも注力がなされ、建築線による成果をあ

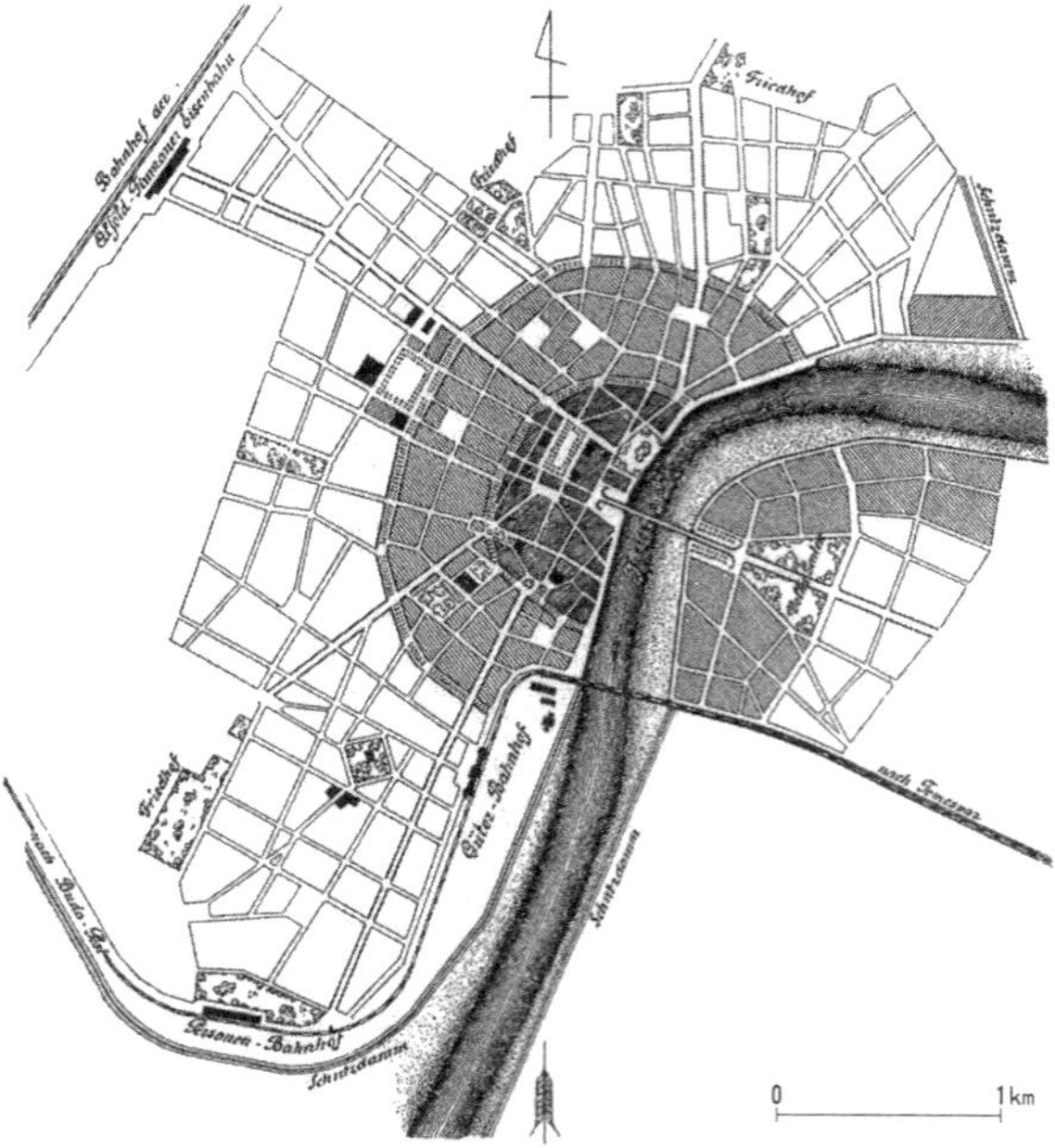

図6・6　ドイツ都市拡張プラン（スツェゲディン）
現在はハンガリーの都市．濃い灰色部分が旧市街地、その外側が拡張市街地．
出所：Joseph Stübben (1890), DER STÄDTEBAU, p.260

げていた。**図6・6**の例に見るように、城壁の都市の時代の城壁を囲むように、外側の農地に格子割の街が展開され、道路、広場、公園などが整備された。これに対して、イギリスは市街地拡張に対して開発規制が重視された。その手法として、後述する住居および都市計画等に関する法律、つまり最初の都市計画法といわれる一九〇九年法は「タウン・プランニング・スキーム」の制度を導入した。

　その後、人口五万人以上の七〇のドイツの都市で、一九二六年からヒットラー台頭までに二四〇〇ヘクタールの市有地が貸し付けられた。同様の政策はオーストリア、スイス、オランダ、スウェーデン、デンマークなどでも採用された。

フランクフルト市長を二二年間務め、都市拡張の著しい同市の総合的な都市政策を実施したフランツ・アディケス(一八四六〜一九一五)は、一九〇二年、「土地区画整理法」をプロシア議会に二回提出し、二度目にフランクフルトに限定した制度として制定が認められた。これは「アディケス法」と呼ばれた最初の土地区画整理法である。この制度はその後、一八年のプロシア住居法に統合され、プロシア全土で適用になった。

土地区画整理事業は、市当局が民間所有の土地を市の計画に適合させて土地の区画形質を整理して再配置し、併せて道路、公園その他の公共施設を整備する。この開発によって地価が上昇するので、公共施設用地費や事業費を民間所有土地の減歩《げんぶ》(土地区画整理の際に公共用地などに土地をとられること)によって賄うというものである。市はこの事業のなかで、街路、公園、広場その他の公共用地と区画整理後に売却して事業費を生み出すための保留地として土地の四割までを所有者から減歩することができた。この制度は耕地整理の考え方を都市開発に導入したもので、わが国でもこれを学んで一九一九年の「都市計画法」に土地区画整理が取り入れられた。

しかしドイツと日本の土地区画整理には大きな違いがある。建築線を伝統的に建築規制の手段として持つドイツでは、土地区画整理も建物などの上物も含めた事業として実施さ

土地区画整理創設者　フランツ・アディケス
(1846-1915)
出所：Stadt Frankfurt a.M.,200
Jahre Stadtvermessung
Frankfurt, 1988

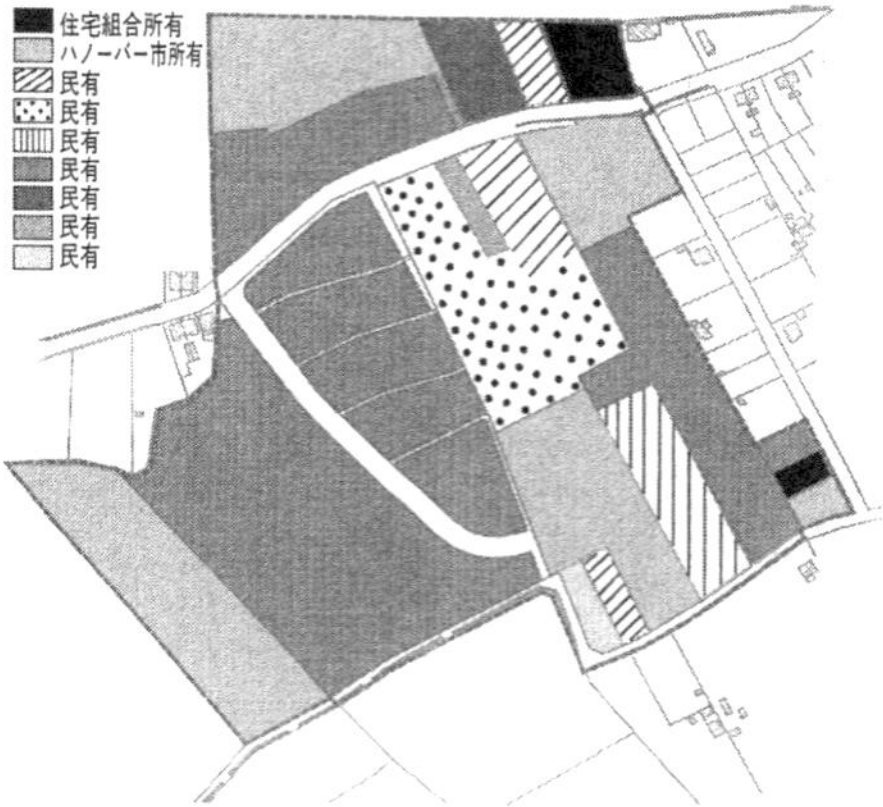

(a)区画整理前の土地所有区分

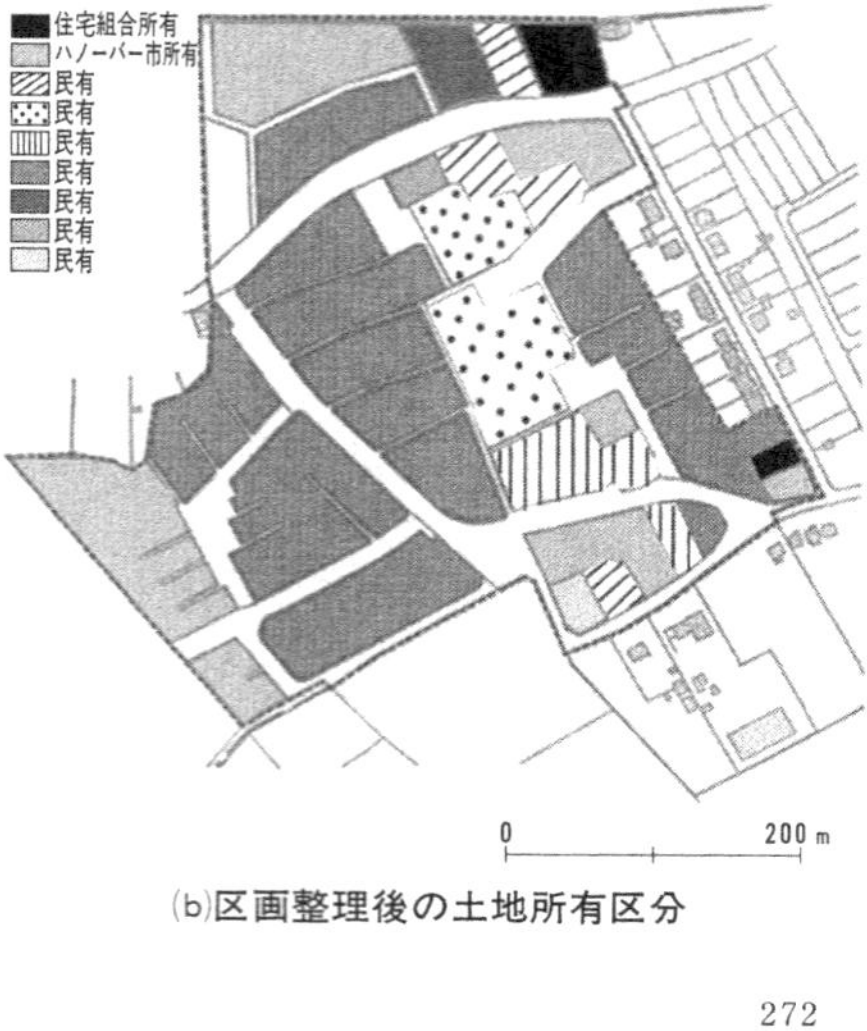

(b)区画整理後の土地所有区分

図6・7　土地区画整理(ドイツ)
ハノーバー市郊外　ダーフェンシュタット地区
出所：日本建築センター編集委員会編（1980）『西ドイツの都市計画制度と運用―地区詳細計画を中心として』81-83頁

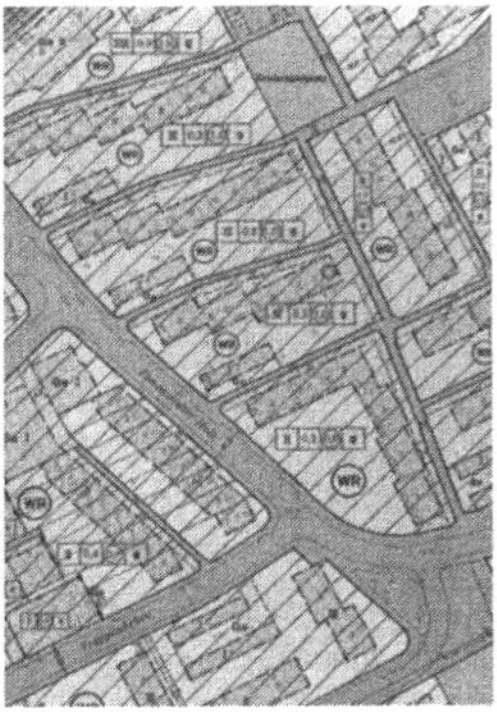

ドイツの制度では土地区画整理事業はBプラン（「地区詳細計画」）の実現手段と位置づけられており、土地の区画形質の変更だけでなく、Bプランによって建築計画も規定される.

(c)区画整理区域に指定されたBプラン
（左図は部分拡大図）

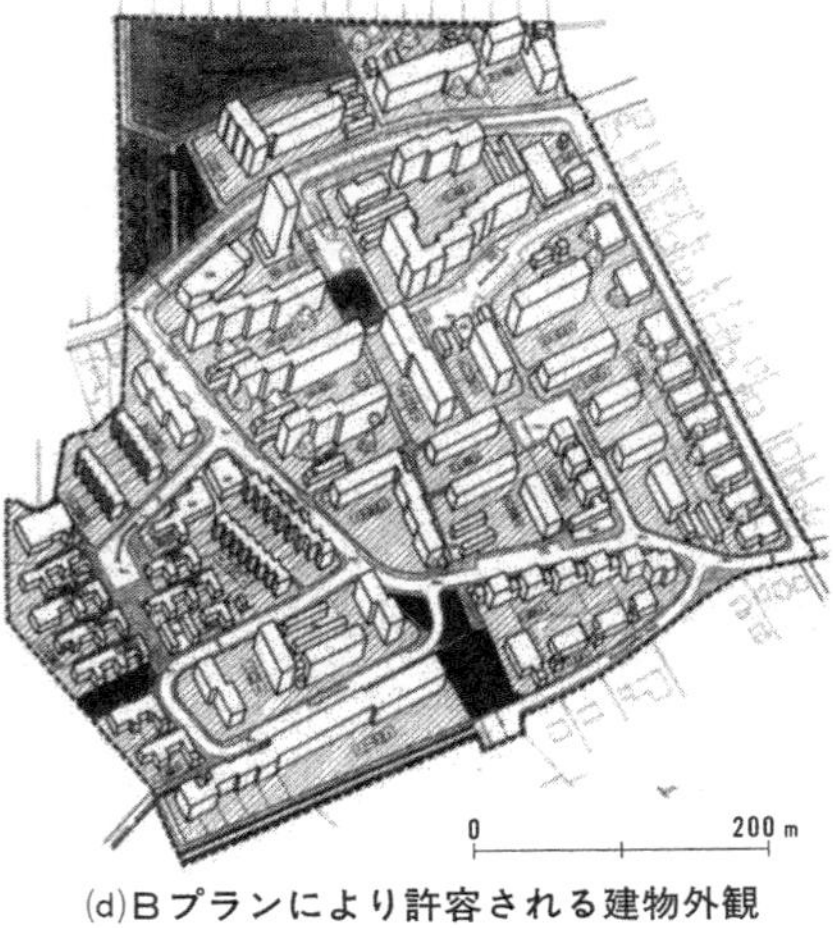

右図は(c)のBプランの内容の規制（上限）で建った状況の予想図.

(d)Bプランにより許容される建物外観

(a)区画整理前

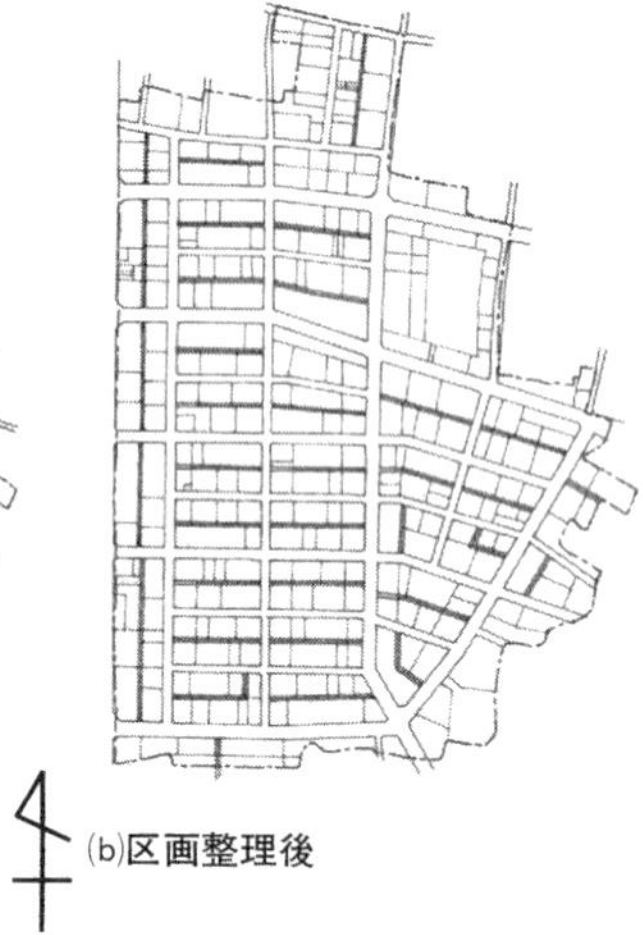

(b)区画整理後

(c)昭和50年頃の市街地状況

図 6・8　建築線区画整理（日本）
東京都荒川区日暮里地区の建築線土地区画整理
出所：東大日笠研究室編（1979）『住宅市街地の計画的制御の方策に関する研究（II）』252-254頁

東西に長い街区は敷地の背割り線の位置に建築線によって路地が設けられている。西側の南北に長い街区は南北に路地が設けられた．このような格子状街割は前5世紀のオリュントス（図2・13）と変わらない．

点線の部分は戦災などにより焼失した路地．戦前の警視庁の建築線公告図が残っていれば建築基準法に引き継がれた．

れる。そのため町の完成度が高い。ドイツと比べると、日本の土地区画整理は土地と上物を分離した土地だけの事業であり、都市づくりとしては簡便であるが、建築が無秩序に建つ場合が多く、また地主の意向で建物が長期間建たない場合もある。さらに日本は、国の方針で区画整理標準を定めて、格子割街区になるのが通例であるが、ドイツの区画整理は、建築線が用いられていたので、格子状街割になるわけではない。**図6・7**はドイツのハノーバー市街地縁辺部のダーフェンシュタット地区の区画整理であるが、都市デザインに基づいたプランになっている。一方、日本の区画整理地区の街区割は、たとえば、**図6・8**の東京都荒川区日暮里地区の建築線土地区画整理（建築線指定は一九二五年）のように、国の設計基準によって格子割になる。

その後、日本の土地区画整理事業は、関東大震災で被災した東京下町に大々的に適用された。また、第二次大戦後の戦災復興で全国の主要都市中心部で使われた。さらに、戦後の高度成長期の急激な市街地拡張の時代にも郊外地区で積極的に使われた。わが国では、都市計画の母といわれているが、区画整理の生まれたドイツでは、都市計画の母は建築規制といわれる。日本型の土地区画整理は二〇世紀末頃から、土地だけの事業の簡便性が功を奏し、市街化圧力の高い開発途上国の都市でも広く活用されるようになっている。

欧米先進国での都市計画法の成立

先進国で近代都市計画制度がどのように誕生したかを次に見ていきたい。

〈イギリス〉産業革命により最初に深刻な都市問題が発生したなかで、E・ハワードやP・ゲデスらの活動の影響もあって、都市計画に対する関心が高まり、一九〇九年「住居および都市計画等に関する法律」が制定された。公衆衛生法から発展した住居法と都市計画は相互に不可分の関係において運用された。こうした経緯からイギリス都市計画は「衛生都市計画」とも呼ばれてきた。

当時のイギリスでは、交通機関の発達などによって都市郊外の市街化が急速に進展していた。都市計画の内容は、これから新たに開発される見込みの土地に対する開発規制の計画が中心であった。**図6・9**は一九〇九年法により定められた都市計画図（タウン・プランニング・スキーム）で道路や遊び場の配置のほか、戸数密度により地区の居住者の定員が定められている。

一九〇九年法では、都市計画のキー・コンセプト（鍵概念）として、「アメニティ」という概念が取り入れられた（アメニティの語源はラテン語のアモエニタス〈amoenitas 快適、喜ばしいという意味〉、アマーレ〈amare 愛するという意味〉である）。一九〇九年法でのアメニティは、①公衆衛生、②快適で美しい生活環境、③歴史的価値と優れた芸術、デザインの保存、の

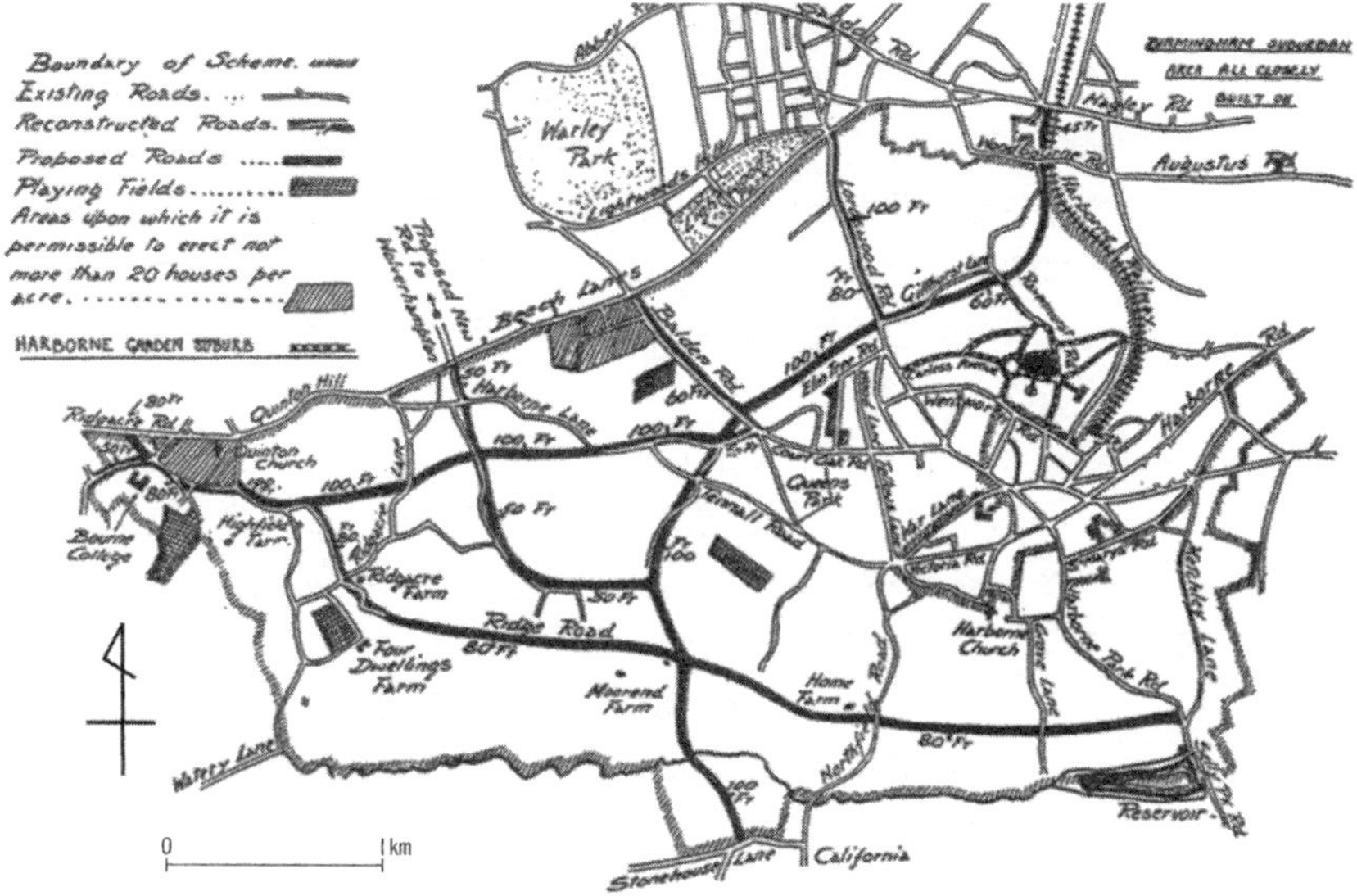

図6・9　イギリス1909年法　タウン・プランニング・スキーム

1909年法に基づくタウンプランニングスキームの最初の例（バーミンガム市郊外）．道路、空地（遊び場）、許容住宅密度（定員）などが定められた開発規制図であった．

出所：日端康雄（1988）『ミクロの都市計画と土地利用』48頁

三つの相を持つ複合的概念である。つまり、一つのキーワードで、衛生条件から美観、景観、さらに文化的価値の保存を統合的に含意しているのである。

一九〇九年法は、二〇世紀初頭の市民社会の自由主義を尊ぶ時代背景のもとで、都市計画の公共性をアメニティという概念に込め、都市計画の制限について従来の警察規制ではなく行政主体の自由裁量権を幅広く認めた画期的制度であった。アメニティは、当時のイギリスの都市計画の公共性そのものの表現である。

一九年の、〇九年法改正で、すべての市と人口二万以上の町に都市計画制度の実施が義務づけられた。同法は公共による住宅供給を増加させるために、国庫補助の原則を確立し、公営住宅の供給と地方庁による家賃補助を可能にしたのである。またこれらの住宅基準として、一エーカーあたり一二戸（三〇戸／ヘクタール）以下の密度と台所、浴室、庭つきの三寝室住宅が採用された。

二五年、都市計画法と住居法は分離、独立した法律となり、三二年には地方計画の概念を取り入れて「都市・田園計画法」となった。この都市計画は一種のゾーニング計画で、市街地およびその予定地を住居地域、工業地域など特定の用途に区分し、建物の数やその周囲の空地などを制限するものであった。しかし、都市計画学者のカリングワースによれば、この都市計画は現実の開発の動向を受け入れ、認めたに過ぎず、ゾーニングは必要以上に広く決められていたという。イギリス全土について合計すると三七年に三億五〇〇〇万人の人口を収容する住居地域が指定されていたといわれ、その運用は極めて緩いものであった。

その後、「産業分散」「補償と開発負担金」「農村地域の土地利用」など政府の一連の報告書、土地使用の統制に関する政府白書、アーバークロンビーの大ロンドン計画の答申など、戦時中にもかかわらず、組織的な研究の努力が着実に続けられた。その成果により、四五年工業分散法、四六年ニュータウン法、土地取得法が相次いで立法化された。また、第二次世界大戦中から、ロンドンの戦後の再建を目指して準備が整えられ、四七年に都市・田園計画法が改正された。

この法律は、それ以前の制度から見れば革命的ともいえる内容である。私有財産である土地の財産権の絶対性を否定し、すべての土地利用は公私を問わず詳細な計画に基づいて公正に決めるというものである。これは「開発権の国有化」といわれた。つまり、先のアメニティ概念を内包しつつ、開発権、換言すれば土地利用権を公有化し、旺盛な都市化に対して、「計画なくして開発なし」という理念のもとで、プランニング・コントロール(計画規制)という概念を明確にしたのである。

また、ストラクチュアプランとローカルプランによる二層の計画システムとして、広域の地域と、その部分としての都市、地区のレベルで都市計画を行うこととされた。戦前の土地所有権に内在した強い「建築自由」を、公共の利益のために「建築不自由」に置きかえたのである。資本主義体制の下で許容される最大限の社会主義的な土地制度への改革を含む計画制度であった。

〈ドイツ（西ドイツ）〉ドイツはすでに先述のアディケス法を始め都市計画の実践的制度をつくっていたが、都市建設のための統一法が必要視され、第一次世界大戦後の一九二六年、二九年にプロシア都市建設法案、三一年に帝国都市建設法案が議会に提案された。しかし、いずれも廃案になり、その後、第二次大戦後の復興期に復興建築法が公布されたが、五〇年に統一的な法案が国会にかけられ、一〇年の審議を経て、六〇年に連邦建設法が成立した。

この法律によると、市町村は憲法の保障する自治行政権の発動として都市計画を決定する。都市計画は上位計画の目的に適合する義務があり、計画は上級官庁の認可を必要とする。都市計画は「土地利用計画」（Fプラン）と「地区詳細計画」（Bプラン）からなり、前者は全市域を対象とし、後者に指針を与える。後者は地区ごとに住民参加のもとで決定され、厳格な法的拘束力を持つ。Bプランの図面は用途、建築密度、建築で蔽《おお》える敷地の範囲、地区交通用地、その他が地図として正確に表示される。スケールは一般的に一〇〇〇分の一または五〇〇分の一である（**図6・7(c)**）。

これらの計画を可能にするための補償条項や民間の開発に対する許容条件、計画の実現のための制度などが法律に規定されており、はじめて全国的に統一ある都市計画が可能になった。また、この制度によって、イギリスと同様、ドイツでも実質的に「建築自由」が否定されることになった。七一年にニュータウンの開発や都市の再開発を推進するため、都市建設促進法、七六年には住宅近代化促進法が制定され、住宅近代化措置を含む改善型再開発が促進された。

〈フランス〉フランスは一八世紀末のフランス革命とは裏腹に、〝専制君主〟のバロックの都市計画を先導した国であるが、同時に、土地収用や土地投機対策、不動産ビジネス等に対応するさまざまな制度がつくられた。フランスでは土地所有権については、所有権の絶対性とその自由な利用を古代ローマから引き継ぎ、フランス革命後のナポレオン法典にもこれが法制化されている。

パリ大改造の時期には都市計画という用語、「ウルバニズム」は存在しなかったが、一八、一九世紀の経験を反映して、一九一二年に都市計画法(コルヌデ法)が議会に上程され、一九一九年に制定された。この制度はイギリスのE・ハワードの田園都市の影響を受けている。この法律では、長年認められてきた所有権の絶対性とその自由な行使が都市計画の公共性によって制限され、「都市整備・美化・発展計画」の作成が人口一万人以上の市町村に義務付けられた。すべての建設行為は市町村長の許可が必要となった。

図 6・10　法規制で出来た町（マンハッタン）
ニューヨーク市1916年ゾーニング規制で生まれた斜線建築.
1932年のレキシントン通りと42番街
出所：Mel Scott (1969), American City Planning Since 1890, p.159

四三年都市計画法にゾーニング制が導入され、五八年の一連の制度改革で、都市基本計画と都市詳細計画が都市計画の内容になった。都市詳細計画は必要に応じて特定の区域に対して策定される。この制度の構成はドイツの六〇年連邦建設法のそれと共通性がある。

〈アメリカ〉一九〇三年にボストンで建築物の高さ規制がはじめて行われるようになり、〇九年には、ロサンゼルスで業務地域を七つの産業地域に分けて指定し、残りの地域を住居地域とした。この地域ではパブリック・ニューサンス（不法生活妨害）排除の観点から洗濯業を制限した。

一六年、ニューヨーク市に最初の総合的なゾーニング規制条例が施行された。**図6・10**は最初の建築規制で生まれた景観である。現在の日本の街と同じように斜線制限に沿って階段状の壁面外観の建物が生まれている。その後、ニューヨーク都市計画委員会は高層建築の周囲に光と空気を取り込むため斜線ビルとならないよう、地表で壁面をセット・バックする方式に変えた。

アメリカでは、都市計画は州と市町村固有の仕事で、一般に州の授権法が市町村の都市計画法（ゾーニング法）である。連邦政府が制定する都市計画法という法律はない。アメリカの都市計画制度の特徴は、民間主導型の都市計画であることと、公共施設の先行的かつ積極的な整備をすることである。

各州および市町村に共通する制度は、①ゾーニング制、②敷地分割規制、③計画単位開発規制で、これら以外に、④法的拘束力のないマスタープランの制度がある。

①はゾーンごとになされる建築規制であり、敷地単位に用途、容積率、建蔽率、前庭、後庭、側庭、敷地規模、斜線制限などが規制される。用途地域は日本のそれと比べて種類が多く、一般に二〇以上の区分がある。

②で開発の基盤整備をするが、アメリカ大陸はヨーロッパなどと違って古くからの都市はなく、すべて新開地である。土地を開発しようとする者はあらかじめ市の敷地分割規制の計画基準に沿った敷地割、宅地造成、道路、公園緑地、上下水道に関する計画を提出し、許可を受けて開発する。一般には格子状の街割である。

③は二〇世紀半ばに普及した①の例外的制度で、一団地の開発においては設計による良質性を得るため、①と②の基準を外して、おおまかな規制をしておいて、デザインの質に

ついて公共団体と開発企業が協議して許可される仕組みである。

④は都市全体のガイドプランの役割を果たすもので、五〇年代から連邦政府の住居法補助金（たとえば、スラムクリアランスなど）の付帯条件として生まれ、州と市町村独自に行われるようになった。

日本での都市計画法の成立

一八八八（明治二一）年、日本ではフランスのパリ改造をモデルにしたといわれる東京市区改正条例が公布された。東京府知事芳川顕正《あきまさ》が意見書で「道路、橋梁《きょうりょう》、河川は本なり、水道、家屋、下水は末なり」と述べたように、都市計画の重点は都市の公共施設整備で、都市計画事業は道路、橋梁、河川、鉄道、公園などに限られた。市区改正は財政上、極度に縮小され、皇居周辺に集約された。

一九一四（大正三）年に始まった第一次世界大戦により、日本の経済は急速に発展した。これに伴って都市の様相も大きく変化し始めた。このような情勢のもとに政府は国の政策として都市問題解決に取り組み、一九年に都市計画法と市街地建築物法を制定した。これらの法の制定に努力したのは、内田祥三《よしかず》、笠原敏郎、北村徳太郎らであり、当時のイギリス、プロシャ、アメリカの制度から多くを学んで取り入れた。

都市計画法によって、都市計画区域、地域地区（住居、工業・商業地域、工業特別地区、防火地区、美観・風致・風紀地区)、都市計画制限、都市施設(道路、公園、下水道など)、耕地整理法の準用による土地区画整理事業、都市計画審議会などの制度が導入された。市町村の区域の一部を都市計画の対象とする都市計画区域という制度は日本独特で、欧米諸国では一般に、自治体の区域のすべてが計画対象である。

市街地建築物法は、建築物の配置・構造の基準による建築規制を導入した。また、建築線制度の運用によって道路用地の確保や小規模の区画整理も可能であった。この法律は一九二〇年にまず六大都市に適用され、二六年には六大都市以外にも適用されるようになった。

二三年に起きた関東大震災は、東京中心部に一〇万四〇〇〇人の死者と四六万五〇〇〇戸の住宅の滅失という大被害をもたらした。内務大臣後藤新平は帝都復興の議を提出し、帝都復興審議会ならびに執行機関としての帝都復興院を設置し、自ら復興院総裁となって池田宏、佐野利器《としかた》らと復興事業にあたった。また、特別都市計画法が公布され、帝都復興計画が実施された。その計画区域は東京の都心および下町を含む地域で、一一〇〇万坪にも及ぶ規模の土地区画整理を行い、幹線街路、河川・運河、公園、上下水道などを敷設するものであった。

この経験とその後の第二次大戦後の戦災復興および高度成長期の郊外地の土地区画整理事業の経験は、その後のわが国の都市計画の運用に事業中心主義の偏重をもたらし、土地利用規制などはあまり重視されなかった。

先進国各国の都市計画法制度の成立は、いずれも二〇世紀初頭に同時的に行われている。その中には、公衆衛生や市街地拡張に対する建築規制、開発規制、ゾーニング制が取り入れられている。

これらの制度は二〇世紀後半から欧米諸国では大きく変化する。

戦前のヨーロッパのゾーニング制は、安全・衛生面について市街地の最低限の環境水準を確保しようとするもので、こうしたゾーニング規制の性格は、自由主義を尊重する市民社会の中で一九世紀の欧米社会の悲惨な住居および住環境を公衆衛生や安全面に限って防止することにあり、厳しい警察規制によって実施されてきたのである。

しかし、住環境や市街地の条件は、安全、衛生面から、次第に快適性、能率性の確保や、景観や街並みなど、高度な質的な面の整備が求められるようになった。そうすると、それまでのゾーニング制の作用では不十分となり、ヨーロッパ諸国は、ゾーニング制に代わる手法を導入し、一方アメリカではゾーニング制そのものが内容的に大きく変化することになったのである。

アメリカのゾーニング制の発展

ゾーニング制の導入に尽力したニューヨークの弁護士E・M・バゼットは「ゾーニング制は地域ごとに建物の高さ、容積、用途、土地利用、人口密度の規制を警察権力のもとで行うもの」としたが、ゾーニング制は私権、財産権への不当な侵害として反対も多く、法廷においてしばしば争われた。

一九二六年、連邦最高裁ははじめてゾーニング制の合憲性を確認する判決を下した。これは、第一次世界大戦後の好況で発展しつつあった五大湖周辺の一角にあるクリーブランド市郊外のユークリッド村において、不動産企業がゾーニング規制により地価上昇の恩恵を得られず、不当な損害を受けているとして村に対し訴訟を起こしたものである。自治体側に勝訴をもたらしたこの判決は、「ユークリッド判決」と呼ばれ、アメリカ都市計画史において極めて重要な事件であった。

これにより、アメリカのゾーニング制は、それまでの行政の自由裁量権のない規制から、一定の行政の自由裁量権を認める規制に変わることになる。従来のゾーニング制の最低限の規制から積極的な最適の規制が可能になり、都市計画の公共性に対する財産権への拘束を大幅に認めることになった。

ゾーニング制の目的は都市環境の質を守ることにあるとしても、それは結果的には自己の所有する不動産価値を守り、日常生活の不快を排除する手段として有効に働くので、とくに中産階級に受け入れられた。ゾーニング制の排他性の効用が、人種問題を抱える階層性の強いアメリカ社会に定着していった。

ユークリッド判決の効果は、遅れて六〇年代から顕著になってきた。ゾーニングを弾力化してさまざまの都市問題、特に都市の経済開発などに対応するようになったのである。連邦政策に頼らないで、民間活力を活用し、州、市町村のゾーニングの例外的、弾力的運用を通じて、公開空地の確保やアーケードの整備など、一定の公共利益を民間が負担することを条件に、主として容積率の上乗せを認める手法（シカゴでは五〇年代からプラザ・ボーナスと称してこのような手法が使われていた）や、上空の開発権の隣接地への移転を認める開発権移転制度（都心部にある教会などの歴史的建造物を保存するためにその敷地の未使用の容積率を開発権として認定して売買等を認める制度、**図6・11**）、鉄道操車場、駅や高速道路上の空中権の利用、特別地区制度、企業誘導助成地区（エンタープライズ・ゾーン）制度など、さまざまの手法が登場した。これらは「インセンティブ・ゾーニング」と呼ばれた。

六七年から七〇年代前半にニューヨーク・マンハッタンを中心に、インセンティブ・ゾーニングを使って都市デザインを実現し、ミッドタウンゾーニングなど、独特の都市政策が展開された。ニューヨーク市の都市デザイナー、ジョナサン・バーネットがその実現に貢献した。

ニューヨーク市のインセンティブ・ゾーニング方式は、ビルの斜線制限を緩和し、高さもどんどん高くするようにしたので、ビルの足回りに対する指導も変化した。もともと、

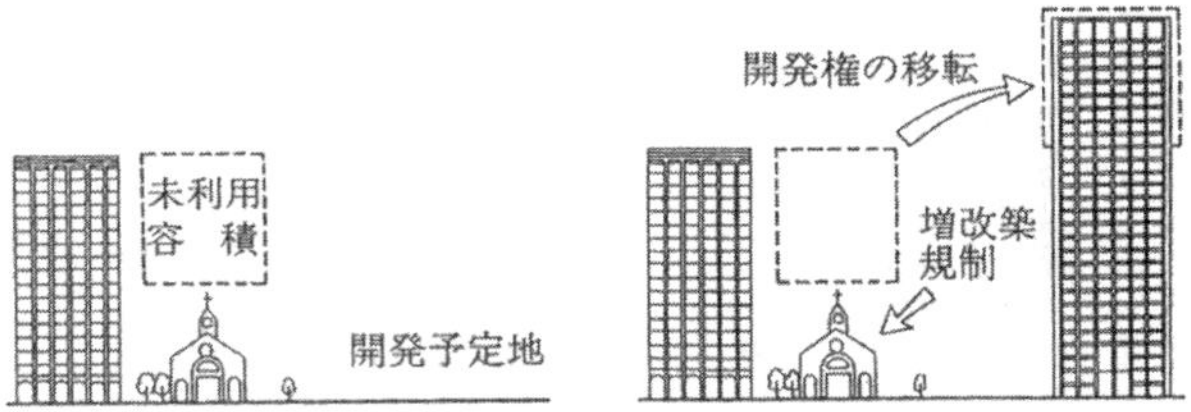

図 6・11　ゾーニングの弾力化の例——開発権移転
(TDR:Transfer of Development Right)
出所：日端康雄・木村光宏 (1992)『アメリカの都市再開発』30頁

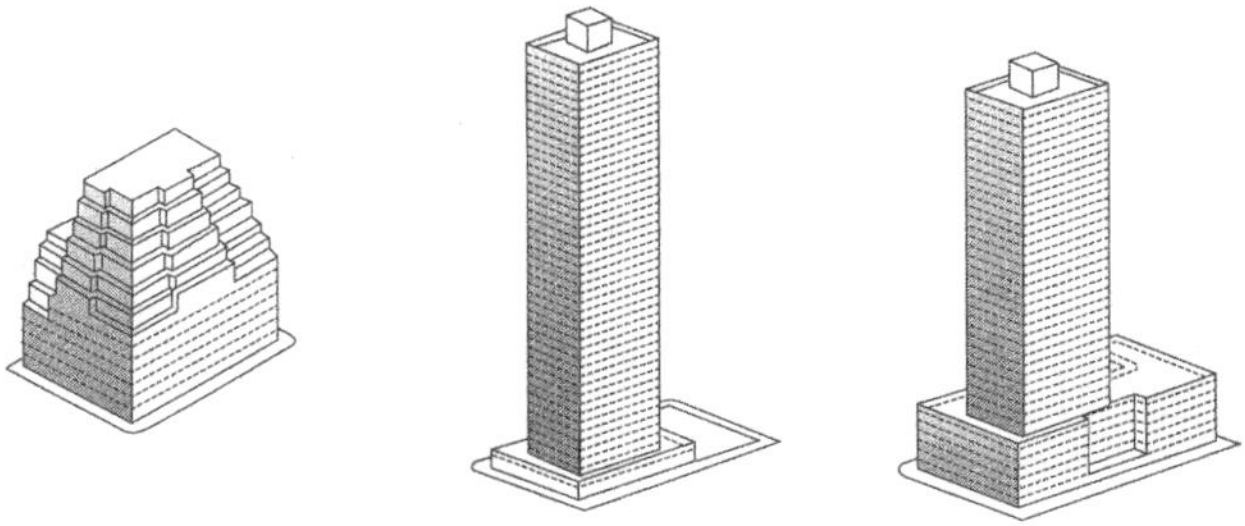

(a)ウエディングケーキ型　斜線ビル型（1916年）

(b)タワー・インザパーク型　空地型（1961年）

(c)タワー・オンザベース型　基壇型（1999年）

図 6・12　ゾーニング規制がつくる高層建築
出所：日端康雄編著 (2002)『建築空間の容積移転とその活用』141，163頁

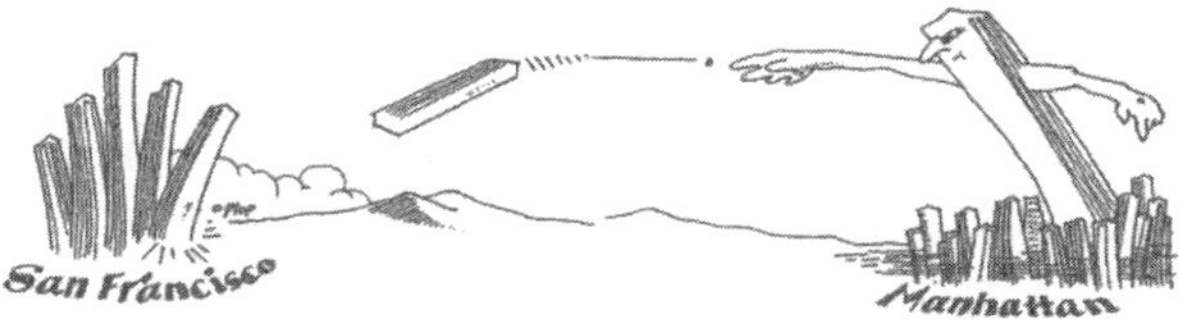

Cartoon by Louis Dunn from The Ultimate High Rise (Brugmann et al. 1971)

図 6・13　サンフランシスコの超高層ビル景観論争
出所：(財) 日本建築センター (1986)『アメリカにおける
超・高層住宅居住に関する視察調査報告書』89頁

ニューヨークでは、一六年に、ビルの外形は斜線制限により、**図6・12**(a)にあるような、ウエディングケーキ型と呼ばれる形状になっていた。そこで、六一年の市条例で、当初は**図6・12**(b)のように、敷地の一部を緑地や公園にするように求めたが、年月が過ぎるうちにその維持管理が難しくなったり、駐車場に転用されたりした。また、街路からの景観が良くなく、街並みが形成されないため、九九年、市は条例を変更して、**図6・12**(c)のように、足回りに中層程度の建物を建てる方向に転換した。

ところで、インセンティブ・ゾーニングは全米各都市に超高層ビルを林立させる新たなきっかけとなったが、都市によっては強い反対運動も起きた。たとえば、サンフランシスコでは七〇年前後に超高層ビル(USスチールビル)をめぐって市民の大きな論争があり、超高層建築をダウンタウンに封じ込める規制がなされた。超高層建築による〝マンハッタン化〟はアメリカの都市のどこでもが望んでいることではないのである(**図6・13**)。

ゾーニング制の比較――アメリカと日本

日米は同じゾーニング制をとっているが、先述のように、アメリカの場合にはユークリッド判決以後、ヨーロッパ型の警察権ゾーニング制から離脱して独自の発展を遂げているので、現在ではヨーロッパモデルを参考にした日本の制度とはだいぶ異なっている。とくに、規制そのものの法的性格が日本の警察規制とアメリカのポリス・パワーでは大きな差がある。前者は、安全、衛生条件確保の最低基準を確保する、自由裁量を許容しない羈束《きそく》的規制であり、後者は一般的公共福祉の確保のための裁量的規制である。

ゾーニングの一般的な規制の作用が合理的に働くには、対象となる市街地の物的状況が一つの重要な条件である。この点で、日本やヨーロッパの市街地状況とアメリカのそれは著しく異なっている。

アメリカのゾーニング制が非常に多くの規制要素を取り入れ、それらが一定の合理的効果を発揮できるのは、全米の都市に例外なく、格子状街割で幾何学的形状の街路と敷地割が実現されているからである。

図6・14は日米の二つの市街地、戦前にスプロールで市街化した東京都世田谷区経堂《きょうどう》付近と、典型的格子割の市街地、ロサンゼルスの一角について、それぞれの市街地の用途地域やゾーニングの地域指定の比較をしてみたものである。もとより日米の指定された規制内容には大きな開きがあるが、市街地の道路配置と道路率、街区割、道路幅員などの相違が歴然としてわかる。

ロサンゼルスの市街地は、緯度、経度にそって直線状の道路と方形街区でできており、これによって、ゾーニング規制の仕様書型の細かな基準による規制で十分、一定の秩序ある空間形成ができるのである。

一方、世田谷の市街地では、道路も敷地割も無秩序で、仕様書型の規制は個々の敷地に

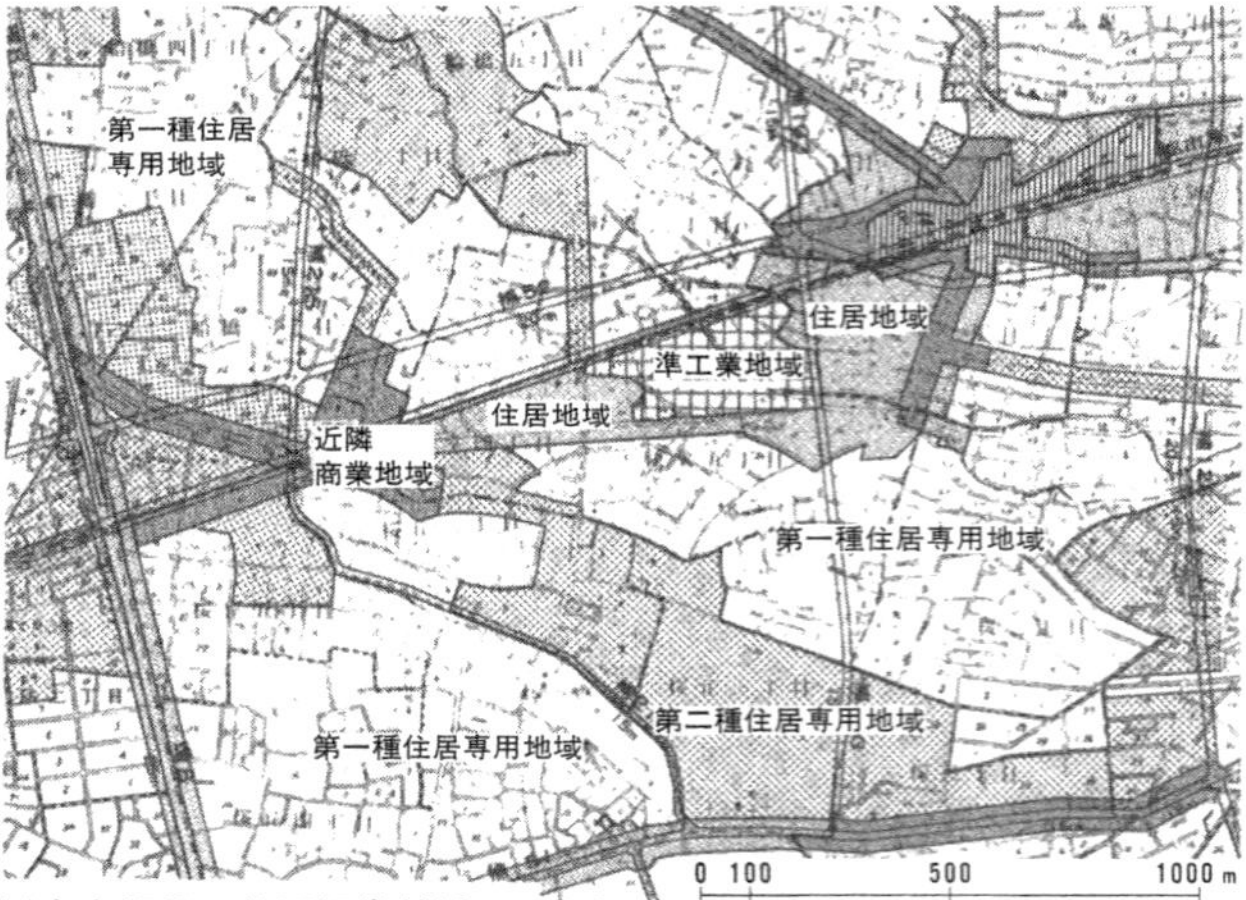

(a)東京都世田谷区経堂付近

(b)ロサンゼルス市街の一角

図6・14　日本とアメリカのゾーニング・マップの比較

出所：日端康雄（1988）『ミクロの都市計画と土地利用』32頁

適用してみないとどのような制限が形になってくるのかは想像できない。敷地形状に縛られるので、どのような建物が建築法規上、許容されるのかは、事前にはまったくわからない。このことにより、規制の結果がさらに無秩序な街並みの形成につながる場合も起こりうる。わが国の都市のように、その大半の市街地がアメリカの都市のような幾何学的形状の都市基盤を持たない場合には、ゾーニングによる敷地単位の規制は必ずしも合理的に作用しない場合が発生するのである。

日本の地区計画とドイツのBプラン

わが国は、戦前から、都市計画制度の創設や改正に関して、ドイツとの縁が深かった。一九一九年の都市計画法や市街地建築物法制定以来、ドイツの都市計画制度の動向に政府の都市計画関係者の関心が持たれてきた。六〇年のドイツの都市計画統一法である連邦建設法の成立についても立法段階から日本でも研究された。ドイツでの制定と同時に、その中核となるBプラン制度の内容を参考に、日本の特定街区制度が生まれたといわれる。しかし、この制度の内容は、都市計画規制の容積率緩和と緩い詳細規制（有効空地率や壁面後退、斜線制限の緩和など）が重ねられ、むしろ、当時、アメリカで動きのあったインセンティブ・ゾーニングの性格が強い。

八〇年に創設された地区計画制度も、ドイツの連邦建設法の運用を日独の専門家が集まって詳細に研究し、学界と審議会が協力して幅広い検討をして導入された。この制度創設がなされた背景には、六八年の都市計画法改正で線引き制度（市街化区域と市街化調整区域）が導入されたが、その後の一〇年間で、市街化区域内のスプロール問題や都市基盤整備の遅れに対する対応が求められていたことがあった。とくに、当時「ミニ開発」といわれた、合法的でいて劣悪な零細開発が大都市で蔓延した。それを規制し、良好な開発に誘導するには、ドイツのBプラン制度が参考になるのではないかという期待が強かったのである。

しかし、その結果、創設されたわが国の地区計画制度は、ドイツのBプラン制度とはまったく異なるものである。もとより、根底に、土地に対する建築自由（日本）と建築不自由（ドイツ）の違いがあるが、都市計画制度としてみると、第一に、地区計画はゾーニング制の中で特別な規制強化を図る区域制度である。この意味では、建築基準法の建築協定制度を都市計画制度にしたものという解釈もされている。

第二に、地区計画の規制は建築基準法に基づく、ゾーニングの一般的規制で、それを上回る規制については関係地権者の合意が必要であること。また、規制も届け出勧告制という、強制力のないものである。

第三に、建築線制度がないため、Bプラン特有の敷地内において建築してはならない区域は定められず、建築敷地以外の地区交通用地・駐車場などは決めても、担保することが難しい。

第四に、計画の策定主体は市町村であるが、用途地域制などにかかる場合には都道府県の同意を必要としているため、市町村独自に決められないことが多い。

Bプランは、地区単位で具体的な市街地像が住民参加のもとに描かれ、それに即した具体的空間規制を図面にわかりやすく指定して実現する手段である。地域制のような一般的基準や仕様書的指示によるのではなく、**図6・15(b)**にあるように、最低限、用途、密度、敷地面の建築で蔽える範囲、地区交通用地の指定されたプランによって規制される。土地にどのような空間制御がなされるかが規制図面ではっきり目に見えるのである。また、それを実現するための規制だけでなく、誘導や事業手法が制度として備わっている。たとえば、土地整理という手法がBプランの実現手段として位置づけられているが、これは日本の土地区画整理事業よりかなり弾力的で使いやすい手法である。

図6・15は、日独の制度の違いを計画規制の図面が物語っている。

地区の設計草案と地区詳細計画の対応の関係を見ると、図(a)の地区設計構想に示された住宅地の配置、形態、密度が図(b)のBプランによってほぼ完全に実現できるところまで表現できているのである。

しかし、日本の「地区計画」の場合は相当幅のある対応となる。図(c)は地区の整備構想図であるが、大枠の土地利用区分が示されているに過ぎず、建物配置はない。図(d)の地区

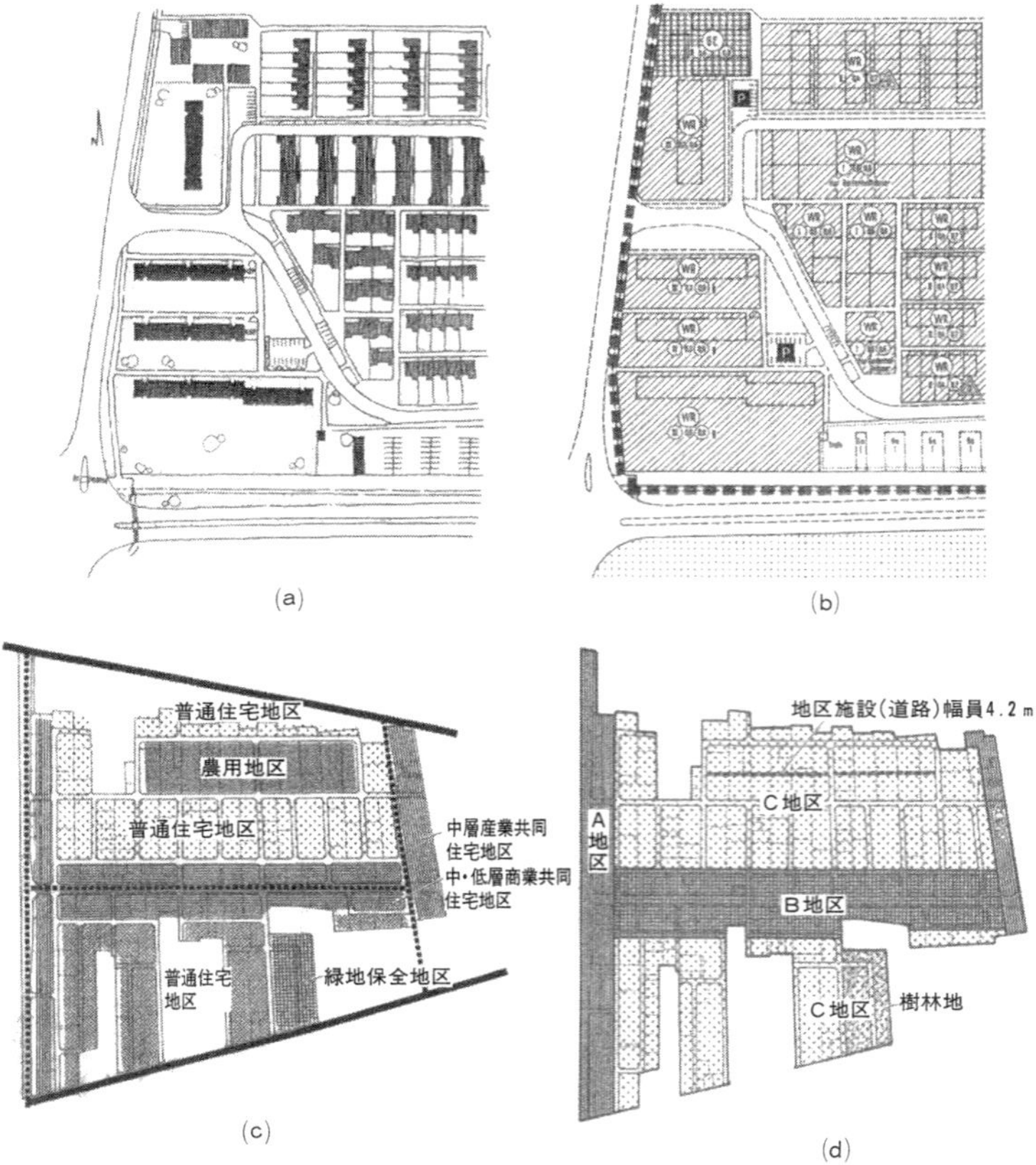

図6・15　ドイツの地区詳細計画（Bプラン）と日本の地区計画

上がドイツのBプランで、(b)がBプラン、(a)はその地区設計草案.
下が日本の地区計画で、(d)が地区計画図、(c)はその土地利用構想案.
(c)(d)は埼玉県ふじみ野市鶴ケ岡地区の地区計画.
出所：(a)はW.Muler (1977) Stadtebau.B.G.Teubner Stuttgart, p.143,144
日端康雄 (1988)『ミクロの都市計画と土地利用』65頁

計画図では構想で示された各々の区域の土地利用規制、樹林地、地区施設が示されている。ここでの土地利用規制は、すべてに一五〇平方メートルの最小敷地規模規制、垣・柵の構造制限がかかるほか、用途と高さ、壁面の位置制限の異なる組み合わせがA〜C地区の区分になっている（埼玉県ふじみ野市鶴ケ岡地区）。規制の基準は建築基準法によるのである。

いずれにしても、地区の青写真である設計草案とコントロールのプランである地区詳細計画図の対応関係が詳細計画という都市計画システムの重要なポイントであるが、日本の地区計画はゾーニング規制の補完的なプランにしか過ぎない。

Bプランの策定には、著しく手がかかる場合もあり、ゾーニング制のように大面積を効率よく規制するという手法ではない。一〇年以上かかる例も珍しくない。それでも戦後、こうした手法の採用に踏み切ったのは、ドイツだけでなく、ヨーロッパの都市が一般に、市街地の歴史性や用途・形態の複合という特徴を有し、市街地の物理的変化が非常に少なく、安定した状態を有しているからである。市街地の多くの部分は現状をそのまま建築限界として認める規制で蔽い、Bプランは開発や変化が生ずる地区に選択的に向けられる。この手法は、市街地が安定的に推移する場合に実効性が高いのである。

ところで、日本の地区計画制度は、八〇年の創設後、九〇年代に入ってデフレ経済への構造対策として大都市中心部の開発誘導政策がとられ、その手法として、新たに数多くの緩和型地区計画制度が生まれた。これらはゾーニング規制（容積率など）の緩和に見合う公共的貢献を開発主体側に求めるもので、アメリカのインセンティブ・ゾーニングの性格である。

スラムクリアランスから都市更新へ

一九世紀の公衆衛生法は建築的土地利用規制に発展する一方、過密、不衛生、老朽化などが集中した地区は強制的に除却してしまう外科的手法を生み出した。スラムクリアランスの制度は一九世紀のイギリスのクロス法から始まるが、アメリカにおいても早くからこの政策を展開して独自の発展を遂げ、二〇世紀後半には世界をリードするようになっていった。

戦後、一九四九年の連邦住居法は、スラムクリアランス用地を民間企業に払い下げ、その用地の開発企画と事業経営を企業の力に委ねるという方法をとった。このスラムの除却を公共団体が行い、跡地を民間企業に払い下げる方式は、会計用語をもじって通称〝ライトダウン（償却・評価切り下げ）方式〟と呼ばれた。スラムクリアランスを公衆衛生事業に終わらせるのではなく、都市の土地利用政策、再開発に転換したのである。これは社会的改良事業と国民経済の活性化という、戦前には別個の体系で扱われていた政策を両立させようとする仕組みでもあった。

図6・16　アメリカの戦後住宅地再開発地区の例
シカゴ、レイク・メドウズ団地
出所：日本都市センター編（1963）『世界の都市再開発』69頁

　ところが、この四九年法事業は、計画立案に長期間を要し、土地の買収、収用、除却、スラム居住者の地区外移転に多額の費用がかかり、連邦政府にとって大きな財政負担となった。また、再開発後の住宅は、従前そこにいた低所得階層のニーズに応えるものとならず、連邦による黒人や少数民族の追い出し事業として批判され、さまざまな矛盾が明らかになった。M・アンダーソンはこの事業を、〝連邦ブルドーザー〟(federal bulldozer)と批判し、「この政策は直ちにやめるべきだ」と主張し、政府もそうせざるを得なくなった。

　図6・16はシカゴでこの制度によりできた巨大住宅団地であるが、敷地を緑地や広場に開放して住居を高層住棟に詰め込んだコルビュジエ・スタイルの典型的景観である。

　五四年住居法は、従来のスクラップ・アンド・ビルド型の再開発から、その目的と手段の関係を

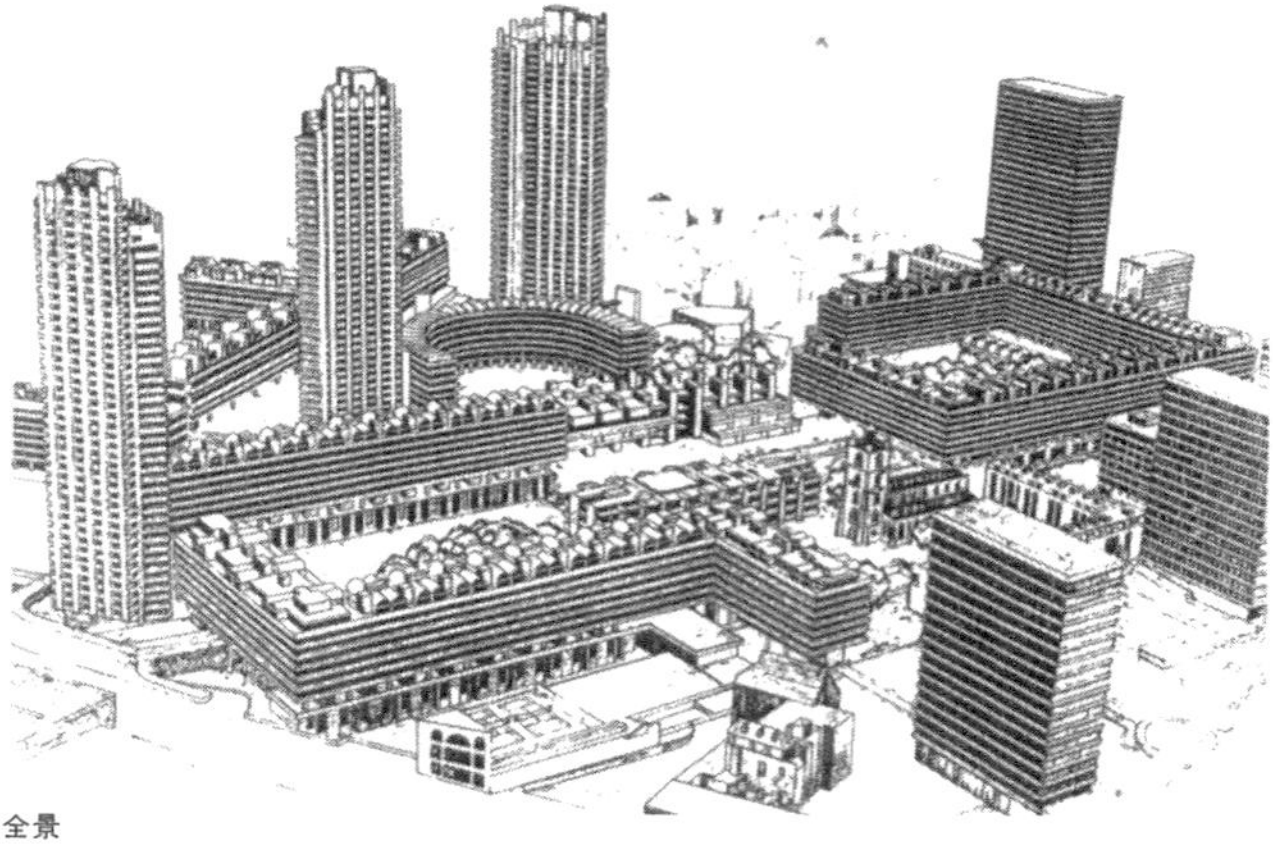

全景

教会横の歩行者デッキ

保存された城壁（Roman Wall）

水辺のカフェテラス

水辺のイベント広場

図 6・17　総合開発地区の例　バービカン地区（ロンドン シティ）

総合開発地区制度で再開発された．設計はフレデリック・ギバード．

出所：木村光宏・日端康雄（1984）『ヨーロッパの都市再開発』39頁

拡大再構成したアーバンリニューアル（都市更新）の概念を導入し、既成市街地全体の蘇生、体質改善を図る一つの政策体系とした。これによって、再開発の手法も地区再開発、地区修復、地区保全の三つの手法に拡大され、再開発の対象地域がスラムからブライト（荒廃地区）へ拡大した。スラムのような決定的に悪い状態に移行する前に手を打つ、予防的再開発という考え方が持ち込まれたのである。

他方、ヨーロッパでは、イギリスで四七年都市・田園計画法により、総合開発地区制度が創設された。これによる再開発は数十ヘクタールから数百ヘクタールの、かなり広い区域について、総合的な地区計画を立て、計画の一般的目的のために強制収用権をも用いうるとしたものである。広大な区域を地区計画に基づいて段階的にスクラップ・アンド・ビルドしていく方式である。このような仕組みは、先述した「開発権の国有化」を始めとする、四七年法の土地制度改革によって可能になった。ロンドンのシティにあるバービカン地区はその一例である（**図6・17**）。このプロジェクトはイギリスで戦後活躍した建築家F・ギバードによるもので、再開発による複合開発の例としては実に良くデザインされている。

各国のこのような再開発の政策目的と手段の拡大は、究極的には地区を単位にした総合的な市街地整備方式に発展していった。

市街地の改善と歴史的地区の保全

フランスでは、一九五八年都市再開発基本法に基づくスラムクリアランスが、アメリカの戦後の再開発手法を後追いするように、イタリー地区など、パリ市街に超高層建築物を突出させた。しかし、その景観はパリ市民だけでなく、国民全体から悪評を買った。この頃から、ヨーロッパは、戦後のアメリカのスクラップ・アンド・ビルド型再開発の高層開発路線から離脱していく。

六二年、アンドレ・マルロー文化相は、パリの歴史的環境を守りつつ再開発を推し進めるため、「不動産修復と保全地区に関する法律」(いわゆる不動産修復法)を制定した。これは通称「マルロー法」といわれ、これにより、保全地区、不動産修復地区の指定が行われ、歴史的街並みを破壊しない再開発手法が適用される。この不動産修復事業がより一般化されて、七七年の通達による「住環境整備プログラム事業」(OPAH)が制度化された。これは一般的な住環境への改善型再開発を可能にする手法である。

イギリスでも、六七年「シヴィック・アメニティ法」が制定され、歴史的地区の保全が行われるようになり、チェスター、チチェスター、ヨークなどの歴史都市が指定された。この規定は、その後七一年都市・田園計画法に組み入れられた。

五四年のアメリカの住居法での地区修復、保全事業はスラムへの転落を防止するという意図があったが、イギリスの六九年住居法は、個々の住居改善の政府の投資を補強する意味で、総合改善地区（GIA）指定により住宅の環境改善を行うというもので、アメリカの修復、保全とは性格の異なるものであった。

地区改善制度の確立によって、いわゆるクリアランス方式を適用するような劣悪市街地から、それほど決定的に劣悪な状態に移行していない地域にまで、広く再開発政策の範囲が広げられた。

ドイツには、七一年の都市建設促進法まで、連邦レベルにおいて特定の再開発法制度がなく、市町村が先述したBプラン（地区詳細計画）と土地整理の手法などを活用して独自に行っていた。対象は衛生上、安全上問題のある局地的な劣悪環境であり、その手法はスラムクリアランスであった。七一年法は、再開発の対象をより広範囲に広げ、社会計画なども合わせて、市町村が再開発事業を実施し、連邦政府がそれを幅広く支援することとなった。

しかし、七三年のオイルショック後、従来のスクラップ・アンド・ビルド型再開発が非常に高価につくことから、重い財政負担を必要としない、より経済的な都市再開発政策への志向が高まった。七六年住宅近代化促進法が制定され、住宅の単体修復と地区の環境改善が可能となった。また、七六年連邦建設法の改正により、Bプランに建築の修復命令や取り壊し命令、植樹命令などの環境改善手法が加えられた。これは基本的には、イギリスの総合改善地区の枠組みと共通する。

ドイツでは、地区保全についての記念物保護制度がある。イギリスと同様に、歴史的地区を主対象とするものであるが、一般的な地区保全においても用いられ、都市計画の一般制度であるBプランに組み込まれている。

近代都市計画の理論と技術の発達

一九世紀末から二〇世紀はじめにかけて、近代都市計画の制度設計に影響を与えた多くの人物が登場するが、とくに一般に影響力のあった都市論の提唱者として、第一にあげられるのは、前章でみたハワードであろう。

第二にあげられるのは、一九一七年のトニー・ガルニエ(一八六九〜一九四八)の工業都市モデルである。このフランス人建築家の提案する工業都市は人口三万五〇〇〇人で、ほぼハワードの田園都市の規模とほぼ同じである。当時の都市の最適規模であろう。通常の市街地と工場地帯を緑地帯で分離した明快な都市構造で、それぞれ拡張可能である。工場地帯は鉄道と水運の便を確保し、市街地は東西に長い線形構造をとっている。ガルニエの工業都市モデルは、都市への工業の侵入を明確な都市構造と土地利用区分で対処している。工場と住居や商業などの市街地を分離する工住分離原則はゾーニングに取り入れられ、職住分離の近代都市モデルとなった(**図6・18**(**章扉**))。

第三は、三四年の「輝ける都市」など、一連のル・コルビュジエの立体都市モデルである（図6・19）。ハワードなどの小都市論と反対の大都市論である。超高層建築によって土地を緑地などのオープンスペースに開放することで、ヨーロッパ中世都市の過密市街地や近代の大都市スラムのような密集劣悪市街地に代わる、太陽と緑、清涼な大気の得られる理想市街地モデルだった。二二年公表の人口三〇〇万人の理想都市案では、六〇階建てのオフィスや住居ビルが林立し、人口密度三〇〇〇人／ヘクタール、建蔽率五％であった。この考え方はハワードの考え方とも共通し、立体的田園都市という見方もできる。

第四は、アメリカの建築家F・L・ライトが三五年に工芸美術博覧会で提案した「ブロードド・エーカー・シティ」である。これは農地や自然との共生を図る人口密度四〇人／ヘクタールの低密度の広大な自動車依存型都市で、アメリカの郊外都市のモデルになった（図6・20）。

この提案では、一家族あたり一エーカー以上の敷地が配分され、鉄道と幹線道路にそって工場、研究所、農場、商業地、住宅などを線上に配置する。またそこに展開される民主主義の共同社会、「ユーソニア」はアメリカ版の田園都市でもあった。

ところで、これらの都市像と、それに連なる近代都市計画の理論や実践に対して、六〇年にアメリカの都市社会学者、J・ジェイコブスが鋭い批判を投げかけた。（注4）都市を丹念に調査して科学的に分析し、理論化して実際の都市設計に当てはめていくという、P・ゲデス以来の近代都市計画そのものの方法論にも彼女は、批判的であった。

図6・19　ル・コルビュジエの超高層理想都市
出所：山田昭夫（1967）「市街地住宅：都市再開発と住宅建設との谷間」『フジスチールデザイン44』 24頁

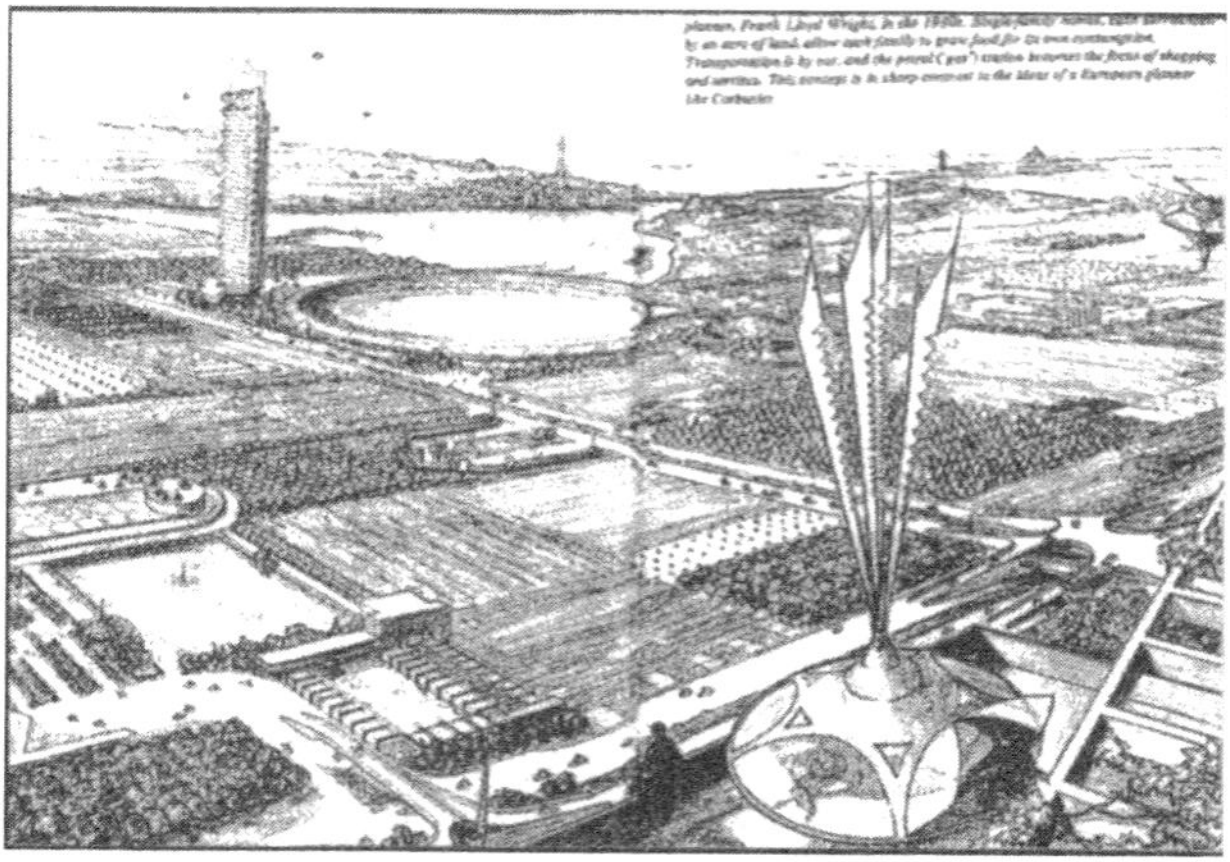

図6・20　ライトのブロード・エーカー・シティ
出所：Peter Hall (1975), Urban and Regional Planning, p.68

とくに、ゾーニング制によって機能中心に空間を再編し、その結果、あらゆる空間が均質化してしまうことや、再開発によって巨大な街区やビルができ、人間的スケールが失われることを批判した。近隣住区論に対しても、それが一つのモデルであるにもかかわらず、規格化され一般化されて、世界のどこでも同じ考え方の住環境がつくられてしまうことに、本来、都市に求められるべき資質である多様性をなくしていると批判し、画一化を進めてしまう近代都市計画制度の方法や仕組みそのものを強く批難した。近代都市のあり方に対する根源的な問いかけであるが、これへの答えはまだ見えているとはいえない。

ところで、二〇世紀に入ると都市計画の専門性が育ち始め、都市計画の理論と技術が体系化されていった。大学に都市計画の講座が生まれ、都市計画専門家の組織が相次いで誕生した。

イギリスでは、一九〇九年にリヴァプール大学に都市デザインの講座が新設された。その最初の卒業生の一人が、のちに大ロンドン計画を設計したP・アーバークロンビーであった。一四年には、ロンドン大学にも都市計画講座が新設されて、同年、イギリスの王立都市計画学会が設立された。

一方、アメリカでも〇九年、ハーヴァード大学に都市計画の講座が新設され、二九年学部・学科となった。一七年には、アメリカ都市計画学会が設立され、三八年には地域計画の領域まで拡大され、その後、アメリカ計画家協会に改組された。

二〇世紀の前半の都市計画家の仕事は、プランを実際につくり、プランを実施する法律制度などを整備し、それを実行することであった。それに対応して、都市計画教育では必要なデザイン技法と都市計画制度の知識が教えられた。

五〇年頃から、一九世紀末からの社会改良主義の都市計画は次第に影をひそめ、システム理論を取り入れた計画技術に重点が置かれるようになっていった。

科学的都市計画の発想は先程触れたP・ゲデスに始まる。彼は、都市計画における継続的調査の必要性を訴え、計画の目標、予測、点検、評価などの一連の循環的プロセスを都市計画の根本に据えようとした。これはシステム論的都市計画のはしりであり、各国の都市計画制度にもこのプロセスは、反映している。

W・アイザードの立地理論や、活動と土地利用の交通システム論、N・ウィナーのサイバネティックスなどの科学的成果が、人口爆発、高度消費社会、工業技術の発展などによって、大都市化が進む都市計画の重要な理論となった。とくに、政府部門に交通、防災、環境管理、危機管理などの課題への対応が求められるようになった。

巨大な都市全体をコントロールするには、専門的な調査データやシミュレーションが必要である。そこでは、さまざまな科学技術とシステム科学を活用して管理するようになった。また、全体の都市計画に必要な膨大な調査データや複雑な仕組みを市民に理解してもらうために、都市の骨格的要素やその構造をとらえ、ダイアグラムのようなわかりやすい図で表現されるようになった。

　都市空間の造形デザインから離れて、システム科学を応用した都市計画へ重点が移った。都市計画はコントロールとモニタリングの継続的プロセスになったのである。その結果、次第に市民の関心からかけ離れたところで都市計画が動いていくようになった。また、都市システムは自然界のシステムのように、一元的で決定論的なものではなく、多元的で確率論的なものなので、システム・アプローチの限界も見え始めた。

　七〇年代になると、都市計画の現場では、開発や、道路などの都市施設の計画を巡って政治的対立が頻発するようになった。また、地域の問題は地域で決めるというような、都市計画の意思決定に関する政治的、組織的アプローチが多様化していった。そしてもはや市民の感覚でとらえられない都市計画から、人々は市民参加のまちづくりや造形的な都市デザインに関心が移っていくようになっていった。

　市場主義の工業社会のもとで巨大化し広域化した近代都市は、都市全体を一体的にコントロールする領域と、建築的な街区レベルの都市デザインを考える領域と、市民が参加し共同的に決めていくまちづくりの領域が分化してきた。これは現在の先進各国の都市計画制度そのものに反映している。

多様性の都市へ

自由主義経済の市民社会の近代都市は、またたく間に深刻な公衆衛生問題をかかえ、その解決のために、近代都市計画制度は最低限の安全、衛生基準に基づいて、規格性の高い住居や街区を大量に造り出した。また、そうした政策は、次第に政府の経済政策の有力な手段にもなっていった。

その結果、中世ルネッサンスの都市計画にあったような芸術性は姿を消し、没個性的で〝味気のない〟街があちこちに生まれた。イギリスの市街地の三割以上は条例住宅地、アメリカの市街地のすべては格子割の単調な街である。日本の戦後高度成長期以後に形成された都市はスプロール市街地が大部分で、一部が区画整理型の格子割市街地である。アメリカや日本の都心部の高層建築群は容積制と敷地単位の建築規制によって、斜線制限や形態規制の決定的な影響を受け、デザイン的にはおよそ不可解な形態をしているものも多い。

これらは、公衆衛生上の要件のみを考慮した開発であったり、事前に明確になっている敷地単位の、建築規制ルールの公平な適用を優先することによって生まれた町である。技術的なルールが法治主義のもとで安易に適用されて生み出された都市である。こうした都市空間のあり方への反省から、欧米先進国はより質の高い都市空間の形成を目指す方向に変化しはじめた。

一九五〇年代からヨーロッパ各国は、都市の複合用途や多様性を保持しうる土地利用規制手法に移行した。また、スラムクリアランス跡地を単に規格化された近代建築群で埋めるのでなく、その場所性を評価して、歴史、文化を保全、再生し、景観の質を創造することも行われるようになった。

六〇年代以降のアメリカでは、インセンティブ・ゾーニングの導入によって、ゾーニング制の機械的画一的規制が大きく弾力化され、さまざまな社会的経済的目的と同調した空間制御が可能になった。一つひとつの地区が目標とする街の姿に合わせて規制方法を工夫するようになっている。

地区、街区レベルの都市計画は、人間の五感で評価できるような総合的な都市デザインを目指すようになりつつある。古代、中世からの都市空間の経験から学べることはここにあるように思われる。

歴史のある都市には過去の文明が積層された空間がある。世界の大都市の多くは古代、中世、近代、さらに現代文明の四層が積み重なっている。近代と現代の都市の積層部分には、人間的感覚から見て貧しい空間もあるが、こうした都市の歴史的積み重ねは多様性の重要な要素の一つである。

近代都市計画の画一性、規格性を超えて、さまざまの角度から真に多様性のある都市をつくり出すことが、これからの都市計画の課題である。

注

1　増田四郎（1968）『都市』序文

2　オクタヴィア・ヒルは一九世紀後半のイギリスで活躍した社会改良主義者、思想家。ハワードの田園都市の実現に貢献。また、都市緑地の確保や保全の運動家でもあった。

3　石田頼房（1987）『日本近代都市計画史研究』柏書房　70～126頁

4　J・ジェコブス著　黒川紀章訳（1977）『アメリカ大都市の死と生』11～35頁

第７章　メトロポリスとメガロポリス

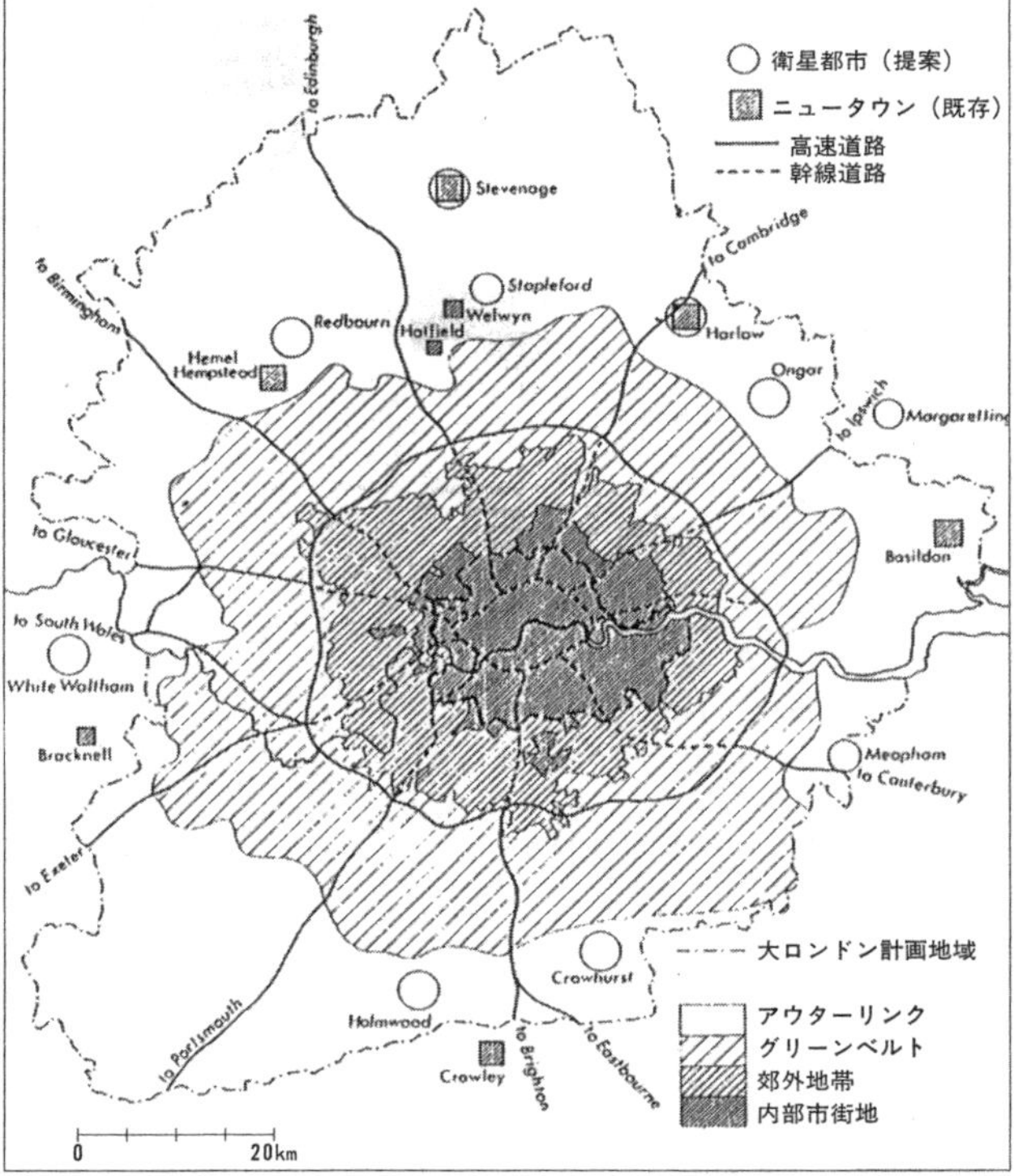

図７・６　同心円構造の大ロンドン計画（アーバークロンビー）
出所：Peter Hall (1975), Urban and Regional Planning, p.99

都市爆発の時代

　生物の個体数の増加を予測するときに、よく用いられる成長曲線というカーブがある。タスマニア島のヒツジの数や培養液の中で増殖するゾウリムシの数の経年変化で実証されている信頼性の高い推定曲線であるが、一九三六年にアメリカの生物学者レイモンド・パールは、この曲線を人類の人口規模の予測に当てはめ、地球の人口は二一〇〇年に極大値二六億四五五〇万人に達し、それ以降は安定すると推定した。しかし、一九五五年に人口は二七億人を突破した。半世紀後の二〇〇五年には六四億を大きく上回っている。

　こうした生物個体数の増殖限界条件である食料の限界を、人類は農業革命と定住、集団生活、余剰食料の保存によって乗り越えてしまった。そして、さらに都市という食料生産に従事しない人間集団の定住形態を確保し、分業の発達が同一の環境に生存できる人間の個体数を増大させるという、成長曲線と無縁の生物集団に人類は転化してしまった。人口は、一九世紀からの近代社会に入って以後、現在も幾何級数的増加曲線上にある。(注1)

　時代は下って、一九六〇年前後に、ギリシャの建築家・都市計画家のC・A・ドクシアディスは二一世紀の終わりには地球人口が二〇〇億から五〇〇億人に達すると予測した。農村人口が減少を続けて、人口の都市化率が上がり、とりわけ一〇〇万人以上の大都市の人口収容率が高くなるとしたが、この予測はその後の半世紀の世界の人口推移に大方当てはまっているように見える。

世界人口の推測値については、これまで国連が頻繁に公表してきたが、その内容はその都度かなり変化しており、人口予測の難しさを示唆している。最近の国連の人口予測では急増を続けるアジア、アフリカ、成長を持続するアメリカ、横ばいのヨーロッパとなっている。日本だけが人口減少社会に急激に転ずる。欧米諸国は移民などで人口減少を食い止めようとしている。(注2)

人口の都市化の加速度的現象は、二〇世紀、とくに一九五〇年代以降が著しい。都市化人口比率の上昇は、先進国ではほぼ八〇%台で頭打ちとなり、都市地域の拡大は今後、先進国以外の国々で進む。

ところで、都市化のメカニズムとは何であろうか。前近代においては、一般的な都市はそれ自体大きくなるというメカニズムはなかった。交通の要衝で交易の中心となる、一部の都市において、自由商業の発達が都市を大きくした。前近代において、ローマや江戸のような都市は、例外的に大規模であったが、大都市化した一部の都市は政治、軍事、宗教施設などが集中した「中心性」の要因が効いていたようである。

近代に入って、都市への急速な工業立地集積による雇用機会の急増が、農村から都市へ人口の大移動を起こさせた。つまり、工業化と都市化が強く相関し、工業の発展が都市化を進展させてきたのである。戦前の欧米都市、戦後の高度経済成長期の日本の都市がこうした例である。そして、人口集積地への社会移動と雇用・便益の集中がいわゆる〝集積の利益〟のさらなる拡大をもたらし、都市を巨大化させていくのである。資本主義のもとでは巨大都市は経済活動の場として成長を続ける構図が見えてくる。たとえば、二〇〇七年の日本の三大都市圏（首都圏・中京圏・近畿圏）の居住人口は全人口の半数を上回った。

巨大都市の形成

メトロポリスやメガロポリスは、都市規模のランクを意図した用語であるが、これらに明確な基準があるわけではない。都市人口も、通常は、行政区域単位の人口で見るが、都市圏になると行政区域とは一義的には対応しないことのほうが多い。ここでは、一つの目安として、メトロポリスを一〇〇〇万人程度の大都市、都市圏としてメトロポリタン・エリアを三〇〇〇万〜五〇〇〇万人、スーパーメトロポリタン・エリアを一〇〇〇万〜二五〇〇万人、メガロポリスを二五〇〇万〜六〇〇〇万人程度の巨帯都市としておきたい。

一九〇〇年当時、一〇〇万人を超える規模の都市は数えるほどしかなかった。それらが戦後急増し、国連推計（八二年）では、一〇〇万人以上の都市数は、六〇年に一一四、八〇年に二二二、二〇〇〇年に四〇八となる。

一九世紀後半（一八七五年）の世界の都市の人口規模ランク上位三都市は、ロンドン（四二四万人）、パリ（二二五万人）、ニューヨーク（一九〇万人）で東京は七八万人であったが、二〇世紀末（一九九〇年）には、東京（二三三七万人）、メキシコ・シティ（二〇二五万人）、サンパウロ（一八七七万人）で、開発途上国の大都市が急成長している。ニューヨーク（一七九七万人）、ロンドン（一〇四〇万人）、パリ（八六八万人）もそれぞれ成長が著しいが、それをはるかに超える巨大都市化が開発途上国で起きている。**図7・1**は六〇年と八九年の世界の一〇〇万人以上の都市の立地を見たものであるが、この三〇年間で大幅にその数が増え、とくに、オーストラリアや南米、アフリカに新しい巨大都市が誕生している。また、九〇年代に、国連がメガシティという呼び名で巨大都市をグルーピングしたが（国連資料〈一九九五年〉によれば八〇〇万人以上）、九四年で二二都市存在した。それが二〇二五年には三三都市になるという。

こうした巨大都市圏の成長ぶりを見てくると、その成立条件とは何であろうか。今日の世界の巨大都市の中には前近代からの長い歴史を有する大都市も多い。しかしながら、都市はどこまでも巨大化するわけではない。それらの共通する条件を整理すると、地理的立地条件として、以下の四つがあげられる。①臨海、河口、巨大河川沿いにあること、要するに、大量の水が近くで得られること。また、②平坦で広大な土地があること。③下水道や人口に見合う火葬場や墓地がとれること。④運輸・交通の便が確保できること。運河が前近代の大都市を支える運輸・交通の施設であったが、近代になると鉄道、道路がそれに代わった。

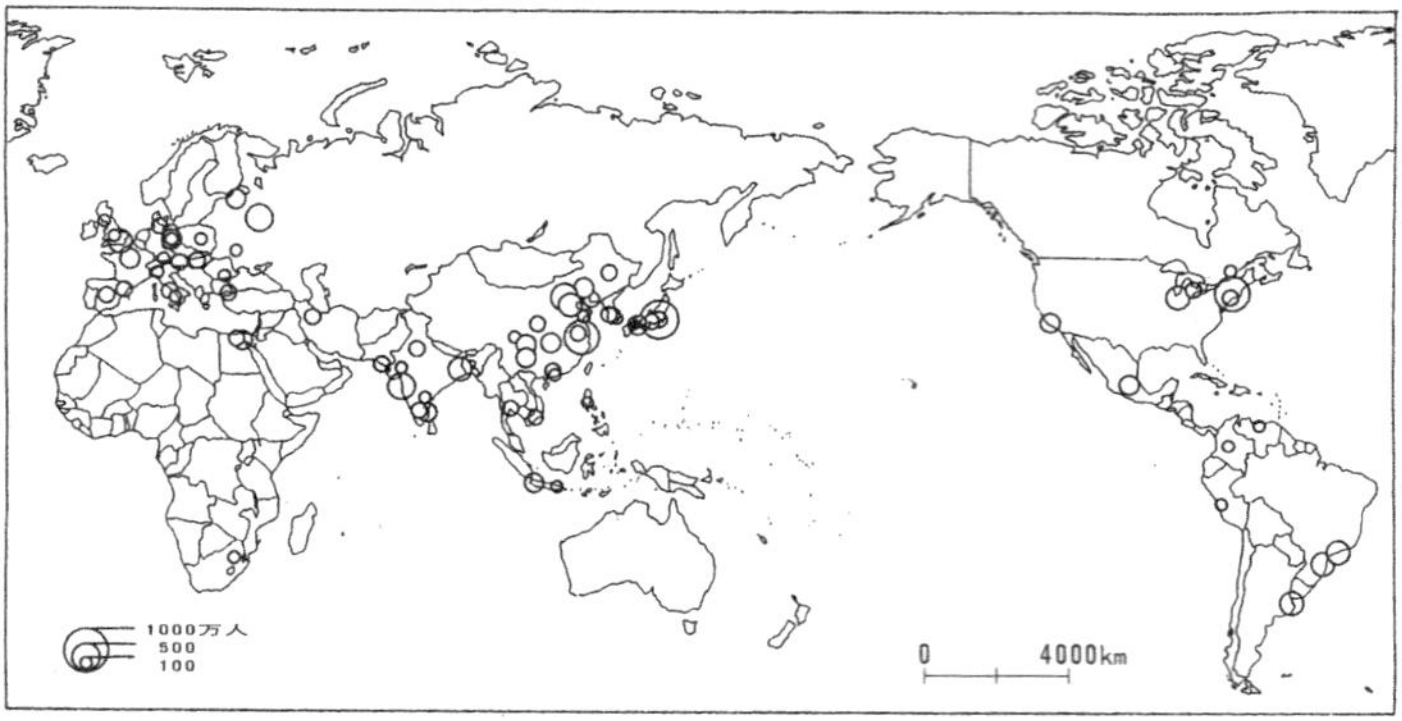

(a)1960年

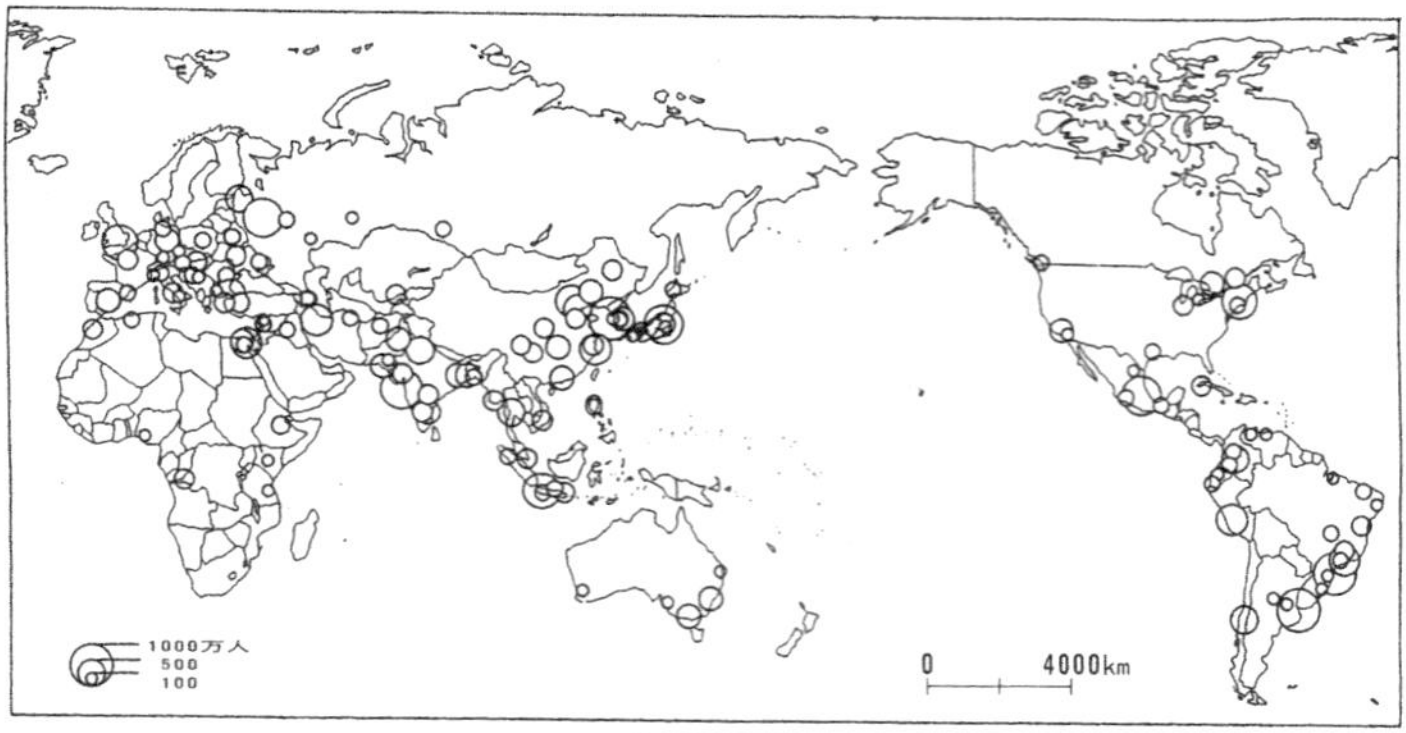

(b)1989年

この期間に百万人以上の都市が先進国から開発途上国，とくに中南米，アフリカ，オーストラリアで拡大．大規模都市の人口増は欧州，アジア，中南米で顕著である．

図７・１　100万人以上の都市分布　1960年／1989年

出所：Ｊ・ゴットマン／ハーパー編　宮川泰夫訳（1993）『メガロポリスを超えて』341頁

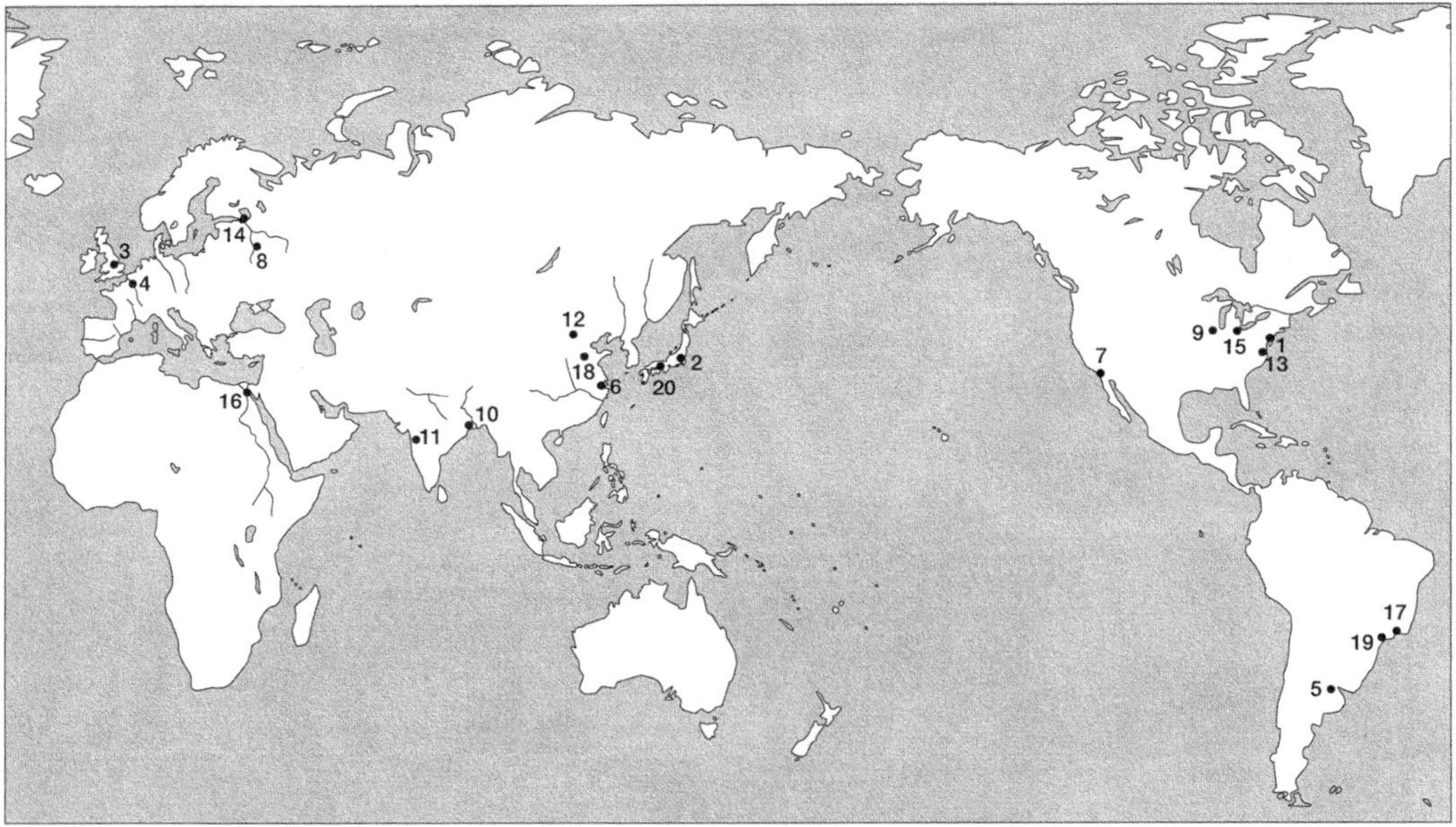

順位	都市名	人口
1	ニューヨーク	14,114,927
2	東京	10,177,000
3	ロンドン	8,176,810
4	パリ	7,369,387
5	ブエノスアイレス	7,000,000
6	上海	6,900,000
7	ロサンゼルス	6,488,791
8	モスクワ	6,354,000
9	シカゴ	5,959,213
10	カルカッタ(現コルカタ)	4,518,655
11	ボンベイ(現ムンバイ)	4,422,165
12	北京	4,010,000
13	フィラデルフィア	3,635,228
14	レニングラード(現サンクト・ペテルブルク)	3,552,000
15	デトロイト	3,537,309
16	カイロ	3,418,400
17	リオデジャネイロ	3,223,408
18	天津	3,220,000
19	サンパウロ	3,164,804
20	大阪	3,151,000

図7・2 人口上位20都市(1960年) 出所:国連データ(1965年)

まず①では、河川や海が廃水、下水、生活用水に用いられ、蒸気機関登場後は給水にも用いられた。舟運は前近代の最大の物流手段であり、港湾が不可欠であった。河口の臨海部にあれば、運河の掘削や埋め立て地に適した水面を抱える可能性が高い。六〇年の世界の都市の人口規模上位二〇位以上の立地を見ると（図7・2）、ほとんどすべてが巨大河川の河口か河沿いにあることがわかる。

江戸はこうした条件を備えていた。多摩川や隅田川などの大河川があり、給水用には、玉川上水があった。ロンドンは、都市成長とともに水源に困り、一七世紀に、ロンドン北方三〇キロのハートフォードから導水路を引くが、水源との高低差がわずか五メートルしかなかった。難工事で水量不足であったが、一八世紀に蒸気機関を使いテームズ河から水を揚げ救われたのである。北京はモンゴル帝国時代に大都として創建されたが、巨大都市としては水の確保が厳しいといわれてきた。

②の地形条件では、たとえばメキシコ・シティは二〇〇〇年に世界一の巨大都市になると予測されたが、盆地ということもあって汚染した大気が滞留し、健康上、人口抑制をせざるを得なくなった。関東平野は沖積平野であって、さらに、江戸時代以来広大な面積を埋め立てている。

③では、パリは一九世紀後半まで下水道がなく、一五八五年の人口四〇万人の頃でも農村スタイルの生活で、人々は日没に「ギャルデ・ロー（水に注意）」と叫んで糞尿を街路に

棄てるため、フランスの思想家モンテーニュは饐《す》えた臭いに耐えられないと書いている。また、パリは岩盤の上にあり、石を切り出して建築材料にした。石造の中層建物を可能にして高密度居住が可能となった。共同墓地がその後の岩穴につくられ、カタコンベと呼ばれる。

近代に入って、社会工学技術の著しい発達が都市の成長拡大への制約条件を取り除いていった。その技術は多岐にわたり、運河掘削、港湾築造、埋め立て、土壌改良、大規模遊水池、ダム、長距離の導水管などの土木技術、上下水道、浄水場、下水処理場、浄化槽、ごみ処理、産業廃棄物処理などの衛生工学技術、大気汚染、水質汚濁などの公害低減技術、自然回復、緑化技術などの環境技術、大深度地下トンネル、巨大橋、超高層建築や巨大複合建築などの巨大技術である。これらが超高密度都市を可能とし、システム科学の発達が複雑な都市の維持運営を支えている。

また、公衆衛生、建築規制、開発規制、土地利用規制などの公的規制と都市計画が都市成長にアクセルやブレーキを交互にかけつつ、都市拡大の社会問題を解決してきた。

巨大都市圏の成長メカニズム

巨大都市圏の成長には、次の三つの力があることが、アメリカの地理学者ゴットマンの研究から示唆されている。(注3)

それは、まず、①「中心性」といわれる、曖昧《あいまい》ではあるが人々を引き付けるマグネットの存在である。たとえば、政治機能中心、文化中心、歴史中心、宗教中心、象徴中心などが存在することである。首都であること自体も人々を引き付ける要因になる。次いで、②「集積の利益」であり、とくに、経済に関わる都市機能の集積が、人々の選択の自由を広げ、交流機会を増やし、ビジネスチャンスを拡大する。それらの好循環がさらなる集積を生むという構図である。

さらに、③「求心力」と「遠心力」が交互に働き、集中と分散が繰り返されること。また、そうしたことを可能にする地理的条件、たとえば、広大な沖積平野にあることなどの条件を備えていることである。

これらを東京について見れば、①や②はいうまでもないであろう。江戸時代から現代に至るまで①、②の条件が備わっている。③の求心力が作用したのは、徳川時代の江戸も明治以後の東京も、経済が発展する時がその時期であり、遠心力については、江戸から東京に生まれ変わった頃、関東大震災の後、敗戦後など、東京の中心に居住する人々が郊外に移住した時である。

そして、東京は何よりも、巨大な人口を収容できる平坦な関東沖積平野にあり、埋め立てが容易にできる。②、③の力を支える鉄道網、交通結節点の発達、高速道路や根幹道路の道路網、港湾、飛行場、物流基地が供給できる場所も備わっている。

地球都市化の形態

地球上の過去の定住形態を見ると、古代から都市と農村という形で区分けされてきた。とくに、前近代の都市は軍事防衛上の理由から城壁によって都市と非都市地域をはっきり区分けした（日本だけは、明確な城壁のない都市が一般的で、都市と農村との境界は曖昧にされてきた〈第1章参照〉）。

しかし、現代の都市化は、それとはまったく違った意味で都市と農村の差異をぼやけさせている。都市成長は最初の核の周りに徐々に拡散を生じていくが、次第に都市と農村の古い概念をも曖昧化した。単核的形態から多核的形態にも発展していく。この結果、現在の地球上の都市化は、より大きな巨大都市化の形態に向かっており、従来の都市―農村とは違った、都邑混在地域、都市地域が登場した。

古代ギリシャ時代にすでに「メトロポリス」「メガロポリス」という用語があるが、実際のスケールは現代のそれよりはるかに小さなものである。メガロポリスは古代ギリシャ時代のペロポネソス半島に建設された、帯状の連合都市群だった。現代では、大都市やメトロポリスが連なるような巨帯都市を「メガロポリス」と呼ぶ。

「ゴットマンは、戦後、アメリカ北東部の海岸沿いを旅行して、ヨーロッパに見られないような、列をなした臨海大都市群がそこに展開していること、それらの人口、産業の集中

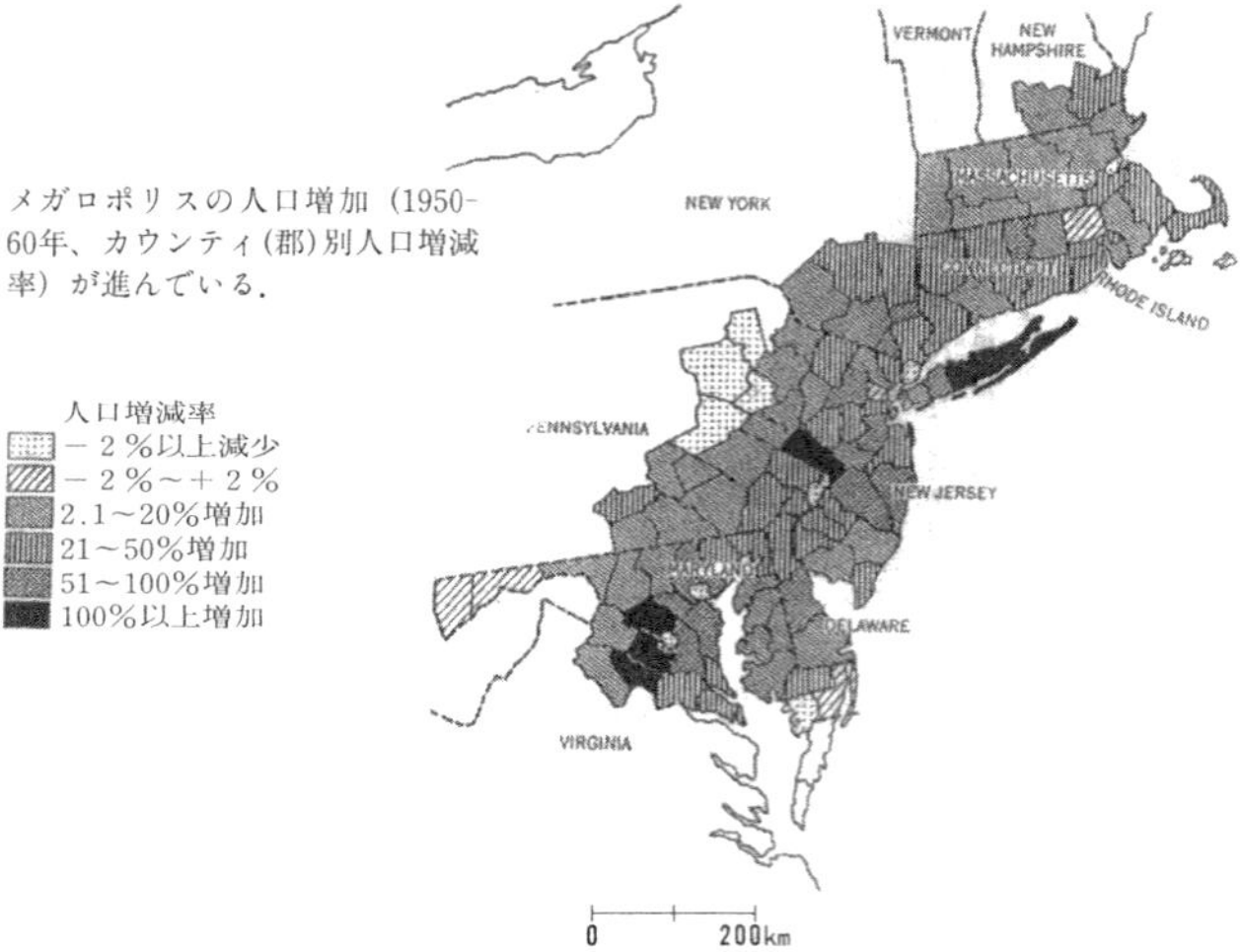

メガロポリスの人口増加（1950-60年、カウンティ(郡)別人口増減率）が進んでいる．

図7・3　メガロポリスの例　アメリカ東海岸臨海都市群
出所：J・ゴットマン著　木内信蔵・石水照雄共訳（1967）『メガロポリス』30頁

と成長の大きさ、商業集積、財政的蓄積、文化活動を持っていることに着眼して、極めて特殊な都市化形態としてとらえた（**図7・3**）。四七年から研究を始め、六一年、これらに対してメガロポリスと名づけ、古代ギリシャからの用語を再定義した。

ゴットマンによれば、メガロポリスの形成要因は、互いに競争関係にある複数の拠点をなす都市があること、それらが経済の要衝にあることだという(注4)。

メガロポリスの人口規模を、人口二五〇〇万人以上とすると、二〇世紀末で、アメリカ北東メガロポリス、北アメリカ五大湖メガロ

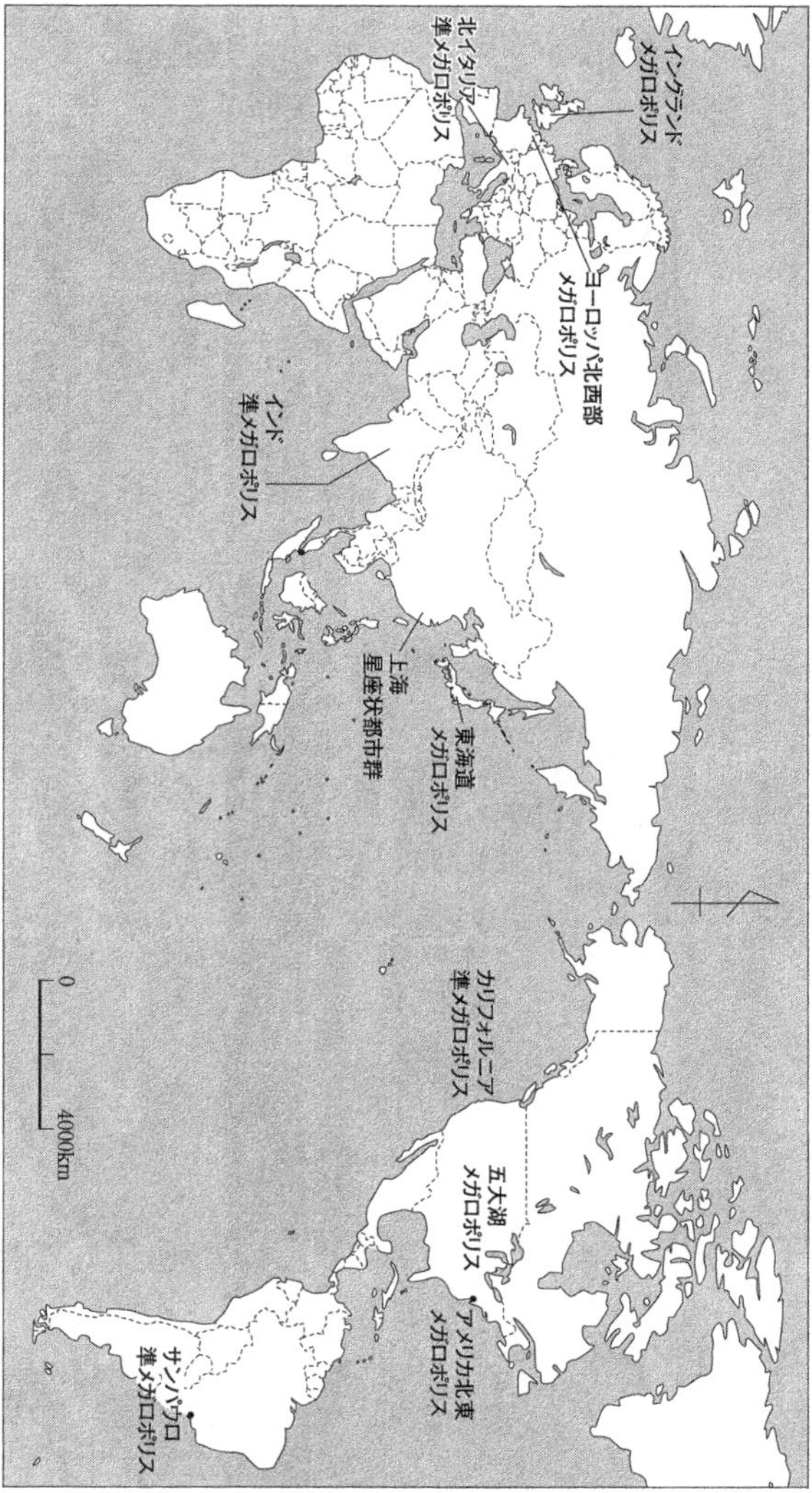

図7・4　世界のメガロポリス

出所：J・ゴットマン著　宮川泰夫訳（1993）『メガロポリスを超えて』342頁

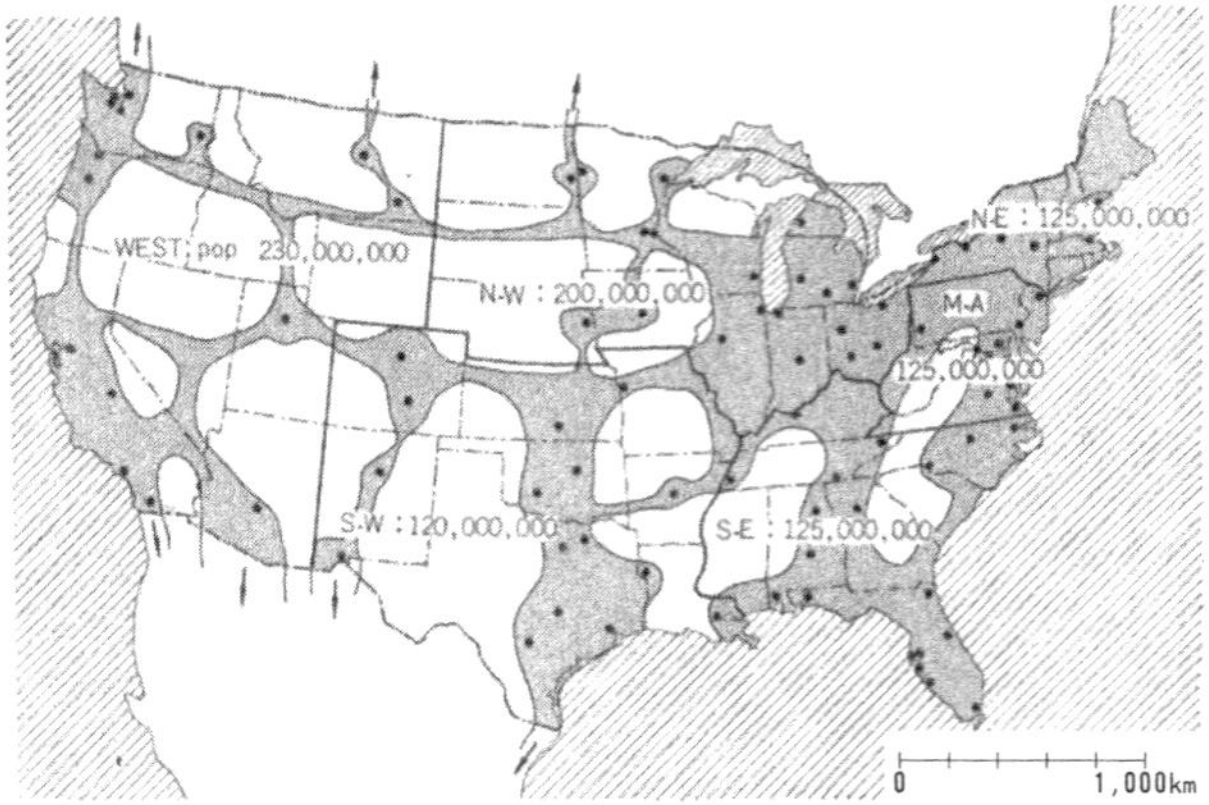

図7・5　エキュメノポリス

2060年におけるアメリカ合衆国のエキュメノポリス（予想図）．数字は人口を表す．

出所：C・A・ドクシアディス著　磯村英一訳（1965）『新しい都市の未来像―エキスティックス』192頁

ポリス、日本の東海道メガロポリス、中国上海に集中する星雲状の都市群、北西ヨーロッパメガロポリス、イングランドメガロポリス、北イタリアメガロポリスの七地域があり、これにさらに、新たに追加しうる地域として、リオデジャネイロ―サンパウロメガロポリス、カリフォルニアメガロポリスがある（**図7・4**）。

同じ頃地球の都市化の究極の様相を推定したドクシアディスは、メガロポリスを超越する概念として、「エキュメノポリス」を提唱していた。それは、彼の北アメリカ五大湖メガロポリスの研究でまとめられたもので、「都市回廊の広大なネットワークが一つの構造としていくつもの大陸にわたって拡大し、ほとんど連続したといってもよい全世界的な一つの都市体系」(注5)と定義された。都市と農村が機能的にも構造的にも一体化して、地球上の大部分が都市化してしまうというものである。**図7・5**はアメリカ合衆国のエキュメノポリス（予想図）である。

ドクシアディスは、地球において将来的に二〇〇億〜五〇〇億人の人口が維持しうるかどうかに関心があったが、地球の制約条件にまでは論及してはいない。こうした人口を地球上に配置しうるとしたら可能な一つの定住の形態としてエキュメノポリスを提示したものと考えられる。

メガロポリスの提唱者ゴットマンは、エキュメノポリスを評して、「適切な規模の都市中心が国中に散在すると考えることは、ますます増大する都市居住者の数、地域的規模で増大する人口集中」(注5)への一つの論理的帰結と肯定している。また、ドクシアディスの考えは歴史家アーノルド・トインビーを共鳴させ、「世界の各地にあるメガロポリスが、……全部が連結して、ただ一つの、世界を取り巻く都市になる、という意味において世界都市」になるといわせている。(注6)

このような地球規模の都市化の趨勢を受け入れる議論には、ある種の危機的警告の意図も見える。地球上の大規模な都市の集積はすでに多くの人にとって手に負えず、不快で、望ましくないものとしてとらえられている。そして逆に、都市成長自体に自己抑止力、つまり、都市成長には限界がないのかという考え方も示されている。

とくにL・マンフォードは、地球上のエキュメノポリス化は、社会の一般的流れに逆らうべきでなく、これを受け入れて最善を尽くし、それをしかるべき方向へ誘導するという考え方であって、それには問題があるとする。地球規模の都市化の趨勢自体が都市の崩壊と解体であり、これらの都市化現象は一九世紀以来の工業化による人口爆発と都市爆発によるもので、人類が求める真の都市化ではない、工業化と都市化の二重の過程のなかで、都市化が工業化に圧倒されて今日に至っている。これは、都市の再編と再生によっては、メガロポリス的段階で食い止めうるとするのである。(注7)

巨大都市の都市問題と都市政策

一九世紀から二〇世紀までの先進国の巨大都市はその急激な成長と大量の人口、都市機能の大規模集積を抱えて深刻な都市問題を経験してきた。

その第一は住宅問題であり、過密、不衛生、貧困、差別、住宅不足、住宅難、居住不適格施設での居住などがあげられる。第二に土地利用問題であり、劣悪な住環境、スラム、スプロール、土地利用の不適切な混在、零細で低度な土地利用、歴史的建造物の崩壊と消失、緑や空地の不足などである。

こうした問題に対して、各国は住宅政策、都市政策、土地政策の対象として取り組んできた。たとえば、住宅政策では、居住権の保障や支援、公衆衛生上の観点からの建築規制、公共住宅の大量供給、個人の住宅取得への公的補助などであり、都市政策では、土地利用への公共介入と個人の財産権の制限、都市計画制限、開発規制がある。また、土地政策では、宅地供給やその民間事業者への支援、地価対策などがあり、規制、補助、誘導、事業などの多様な手法が開発され、適用されてきた。

こうした政策と合わせて、さらなる大都市化への抑制、機能分散の都市政策が取り上げられてきた。大都市圏の「成長管理」(growth management) という用語が大ロンドン計画ではじめて登場した。

大都市圏の成長管理は、大都市圏そのものを一体として扱う必要がある。そのために、巨大都市圏の行政管理には、大都市制度が早くから導入された。わが国では一九四三(昭和一八)年に大都市制度が導入され、東京に都区制度が生まれた。

しかし、大都市圏の各自治体はそれぞれの利害が一致しないことも多い。そのため自治体の区域を越える問題解決の仕組みが必要になる。そこで、国が大都市の成長管理を国土政策に位置づけ、関連する公共団体が協議機関を運営し、話し合いつつ協力体制を築いている。それらは、一極集中や過密過疎の防止、交通運輸、地方分権、首都機能移転、都市構造再編、広域交通体系整備、環境保全や循環型社会の実現、さらには、都市防災、危機管理、犯罪防止など、多岐にわたっている。

二〇世紀後半から先進国は、大都市抑制政策をとってきたが、それによって巨大都市の成長は低減の方向にあるわけではない。たとえば、東京の住宅問題や通勤問題を改善することは、東京のさらなる成長を促し、拡大をもたらすのである。都心部の土地利用を改善し高度利用を図ることは、新たな雇用需要の発生を都心部に生み出し、人口再集中をもたらしている。巨大都市の集積は国民経済の大きな市場となり、経済政策の枠組みのなかに組み入れられている。また同時に、それは企業の国際的競争によって、より一層大きくなっていく傾向にある。

巨大都市圏の都市構造モデル

一九二四年、アムステルダムで、大都市圏計画についてのはじめての国際都市計画会議が開催され、次の「大都市圏計画の七原則」が採択された。それらは、①大都市の膨張の制限、②衛星都市による人口分散、③グリーンベルトによる市街地の囲繞《いにょう》、④自動車交通の発達による交通問題への対応、⑤大都市圏の将来のための地方計画の必要性、⑥弾力的な地域計画、⑦土地利用規制の確立である。

こうした国際的な動きも取り入れてロンドン大都市地域に最初に大胆な構想を提案したのが、四四年のアーバークロンビーによる大ロンドン計画である。第二次世界大戦中にリヴァプール大学教授であった彼は、チャーチル首相からロンドンに呼ばれ、戦時下のロンドンの地下室で構想を練り、計画をまとめた。

大ロンドン計画——同心円構造と対抗磁石構造

大ロンドン計画は同心円状のゾーン区分と求心構造でありながら、都心の中心部の圧力を減らし、和らげるためにさまざまな政策が用意され実行された。中心部再開発による低密度化により生ずる溢れだした人口のニュータウンへの再配置、道路、鉄道などの内部市街地の交通体系整備とグリーンベルト（緑地帯）による街が連なっている連担市街地拡張の抑止などで、都市構造の転換を図る。そして事務所規制や土地利用規制で成長を管理し、徹底的な分散方式を内蔵して中心への圧力を回避することであった（**図7・6（章扉）**）。

この計画策定時において、ロンドンは一九世紀から一貫して成長を続けており（図6・2参照）、大ロンドン計画はその成長管理のプログラムを提案したのである。ロンドン大都市圏は中心地区から五〇～六〇キロの範囲で、中心部から外周に向かって、内部市街地、郊外地帯、グリーンベルト、アウターリング（外周田園地帯）の四つのベルト地帯に区分され、ロンドンの市街地の膨張を防ぐため周囲に幅約一〇キロのグリーンベルトをめぐらした。ロンドンに集中する人口と機能を中心部から外周部へ分散し、約一〇〇〇万人以上の人口を、工場とともにグリーンベルトとその外周の地域に移住させ、都市化地域を再編成することで中心部の集中を緩和しようとした。

イギリス政府は四六年のニュータウン法により、グリーンベルトの外側にハーロウ、ウエルウィン、スティーヴネイジ始め八つのニュータウン開発が決定され、数多くの拡張都市も整備された。

一方、五一年と六〇年には土地利用、交通、住宅、オープンスペース、中心地区、再開発など内部市街地の整備について、ロンドン・カウンティの計画が発表され、荒廃した戦災地であるステプニー・ポプラー地区のほか、複合機能のバービカン地区、文化施設のサウス・バンク地区、歴史的建造物地区のセント・ポール寺院地区の再開発が提案された。

また、六三年ロンドンの行政機構改革により大都市行政組織として大ロンドン庁が新設され、都市・田園計画法に基づくストラクチュア・プラン（広域都市基本計画）の策定のための調査が開始された。

この計画人口は六四年の「東南部イングランド調査報告」および七一年の「東南部イングランド戦略計画」を基礎として算定された。前者では、ニューシティおよび大規模な都市拡張計画（八一年計画人口二〇万人以上）によって、ロンドンの魅力に対抗しうる強力な拠点開発、「対抗磁石構造」構想が提案された（**図7・7**）。これはロンドンに集中するエネルギーを弱めようとするものであったが、全体としてより大きなロンドン圏の発展を意図していた。

しかし、七〇年代のオイルショック以降イギリス経済の落ち込みが激しく、イギリスの国力の低下、産業の停滞により、この構想は実現を見ることはなかった。

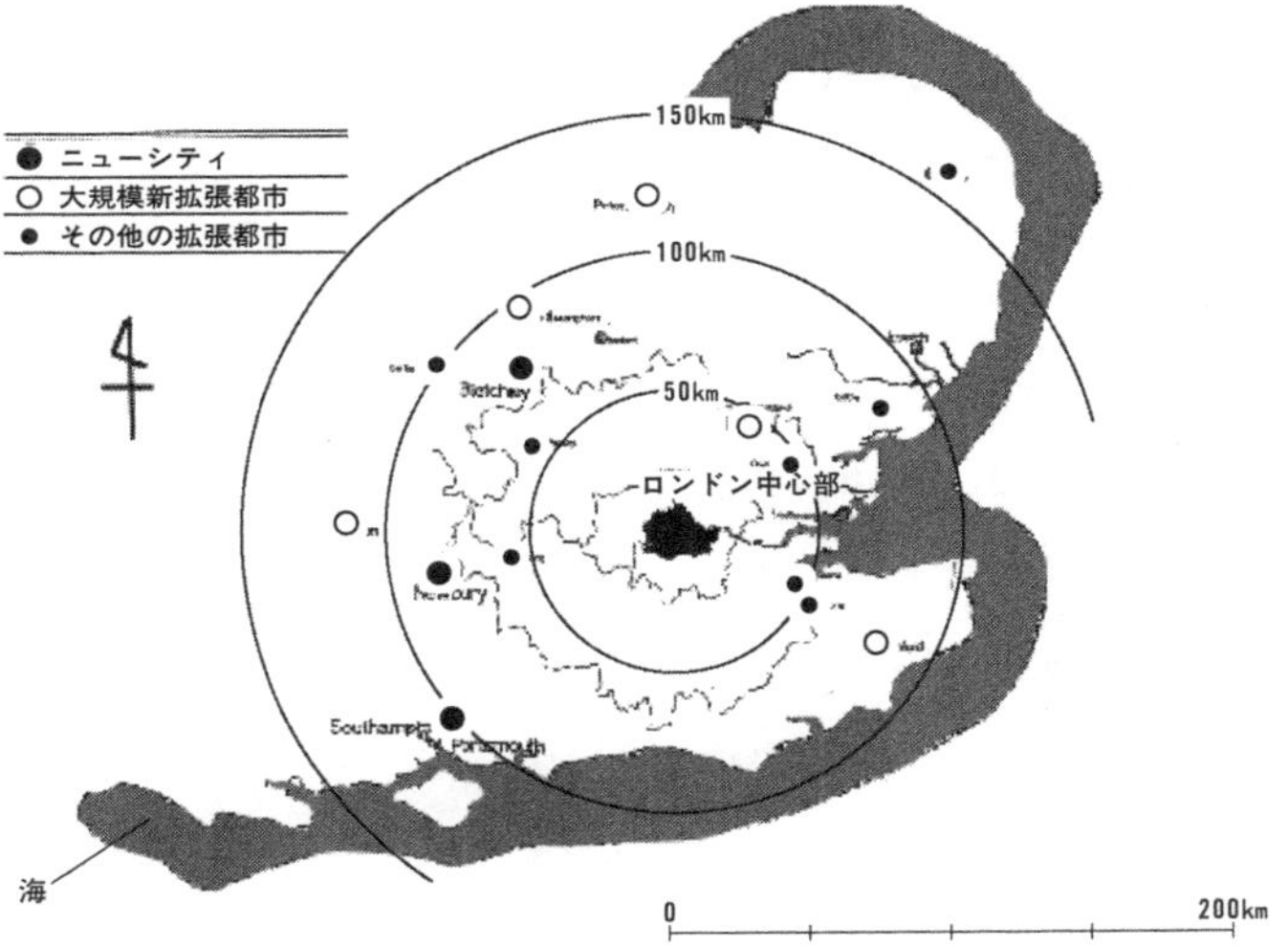

図7・7　大ロンドン圏の対抗磁石構造
出所：東京大学日笠研究室（1972）

その後、七六年に決定された「大ロンドン開発計画」では八一年を目標年次とし、計画人口は六一年の八〇〇万人、七一年の七四五万人から六三四万～六五四万人へと大幅に削減された。

しかし、その頃から、イギリスの都市政策は内部市街地活性化や企業誘致など、それ以前の大都市成長抑制から百八十度の転換がなされた。ロンドンでも、ニュータウン政策や事務所の分散政策にかわって地域経済の活性化を図るための施策が次々に打ち出され、ロンドンそのものに諸機能を再集中させることで、活力を呼び戻そうとする政策に変わったのである。大都市の成長エネルギーは失われ、大都市圏計画は大都市圏の地域経済発展が主眼となる地域経済計画に変身していった。

ロンドン郊外では、最後のニュータウン、ミルトン・ケインズ（図3・19参照）がロンドンの北方に計画人口二五万人のイギリス始まって以来の大規模ニュータウンとして、七〇年代に着手された。これによって、ロンドンの成長抑制型の大都市圏計画の時代は終わったのである。

七九年に登場したサッチャー政権は、強力な規制緩和と民営化政策を推し進めた。八一年に設立された都市開発公社は、総面積二一〇六四ヘクタールに及ぶ大規模再開発ロンドン・ドックランド開発を実施した。これは、ロンドン都心部の経済的再生を図る代表的プロジェクトである。このほか、ブロードゲート、チャリングクロスなど国鉄の駅やヤードの空中権を利用し、オフィスの集積を目指す再開発事業が行われた。

八六年の地方行政組織改革では、それまでロンドンの広域行政を担ってきた大ロンドン庁が廃止された。サッチャー政権とロンドン議会の政治的対立もあって、ロンドンの大都市制度が大きく改変されることになった。

これに伴って、従来のストラクチュア・プランとローカルプラン（自治体の都市・地区計画）による二層制の計画方式に代わって、特別区が統合開発計画を策定して、広域の計画調整は、ロンドン計画諮問委員会（八五年にロンドン三三特別区によって設立された）の意見を聴いて環境省が定める計画指針によることとなった。国が直接的にロンドンの再成長を誘導する立場に立ったのである。

ワシントン首都圏計画——放射構造

ワシントンの計画は実行されていないが、大都市圏空間構造の考え方として明快であり、ここで取り上げておきたい。

六一年に、二〇〇〇年を目標年次とするワシントン首都圏の構想が発表された。二〇〇〇年時点での人口は五〇〇〇万人と想定され、中心市街地の人口増はほとんどなく、大部分は近郊地域での人口増とみなされた。また、アメリカの首都ということもあり、主たる雇用は行政およびその関連企業であるが、将来は軽工業、サービス業の伸びが著しいと見ていた。

以上の予測のもとに、まず首都圏の将来の考えられる都市パターンとして、次の七つの代替案を取り上げ、それらを比較検討し、⑦の「放射状型」がもっとも優れていると結論づけられた。

①新独立都市型——四つの新都市を配置する。②単独都市型——周辺は緑地帯として開発を抑制する。③計画的スプロール型——計画の大枠を定めた上で開発の拡大を図る。④分散都市型——小都市を数多く分散配置する。⑤外周定住型——中心市街地の外周に隣接

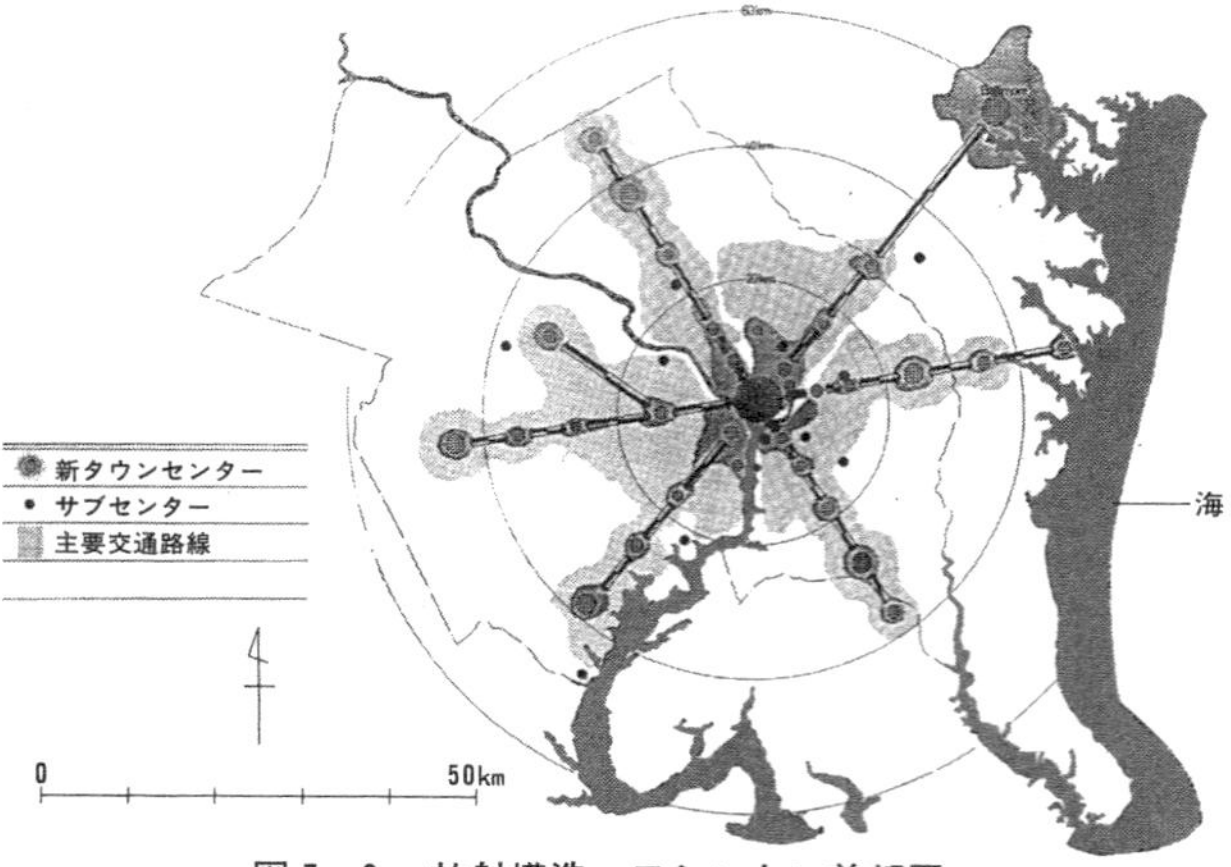

図7・8　放射構造　ワシントン首都圏
出所：東京大学日笠研究室（1972）

して開発する。⑥環状都市型——小都市を数多くリング状に開発する。⑦放射状型——放射状交通機関に沿って市街地を開発する。

この放射状型開発パターンは放射状に高速鉄道を設置し、駅ごとに人口一〇万人程度の住宅地単位を串団子状に配置し、各セクターの間には楔形《くさびがた》状緑地が残される。また、高速道路は放射・環状型に組まれており、郊外の居住者は鉄道と道路を選択的に利用しうる。さらに、鉄道の駅は、駅を中心にコミュニティの中心地区を形成するタイプともっぱらパーク・アンド・ライドのための駅との二種類が考えられた（**図7・8**）。

鉄道依存型の日本の大都市では、この種のパターンはとくに珍しいものではない。しかし、郊外鉄道の少ないアメリカの都市で、これが高く評価されたことは、車依存のアメリカの都市が、交通問題の解決にいかに新しい方途を見出そうとしていたかをうかがわせる。

パリ首都圏計画——線形構造

パリの大都市圏計画は最初から、成長管理よりもパリの成長をいかに誘導しようとするかの性格が強い。

六五年、パリ圏整備本部は、その区域がパリ市を含むセーヌ県、セーヌ・エ・オワーズ県、セーヌ・エ・マルヌ県の三県にわたるパリ大都市圏基本計画を発表した（**図7・9**）。計画目標年次は二〇〇〇年、将来人口一四〇〇万人、フランスの都市人口の二四％を占める都市圏構造を提案している。その計画は次のような極めて特徴あるものであった。

(1)従来の、放射状の一点集中型の都市構造を解体し、既成市街地を挟む新しい二本の都市開発軸を設定し、梯子《はしご》状の幹線道路網を組んだ線形の都市構造に改編する。

(2)都市開発軸に九つのニュータウンを配置し、新都心を整備する。それらに収容する人口は八五年までに六二万人、二〇〇〇年までに約四五〇万人とし、各ニュータウンは軸に沿って三〇万～一〇〇万の都市に発展しうる構造とする。

(3)既成市街地の再開発によってラ・デファンスを始め六ヵ所に大規模な副都心を整備し、業務施設を分散すると同時に、都心、副都心、新都心は地下鉄で結ぶ。

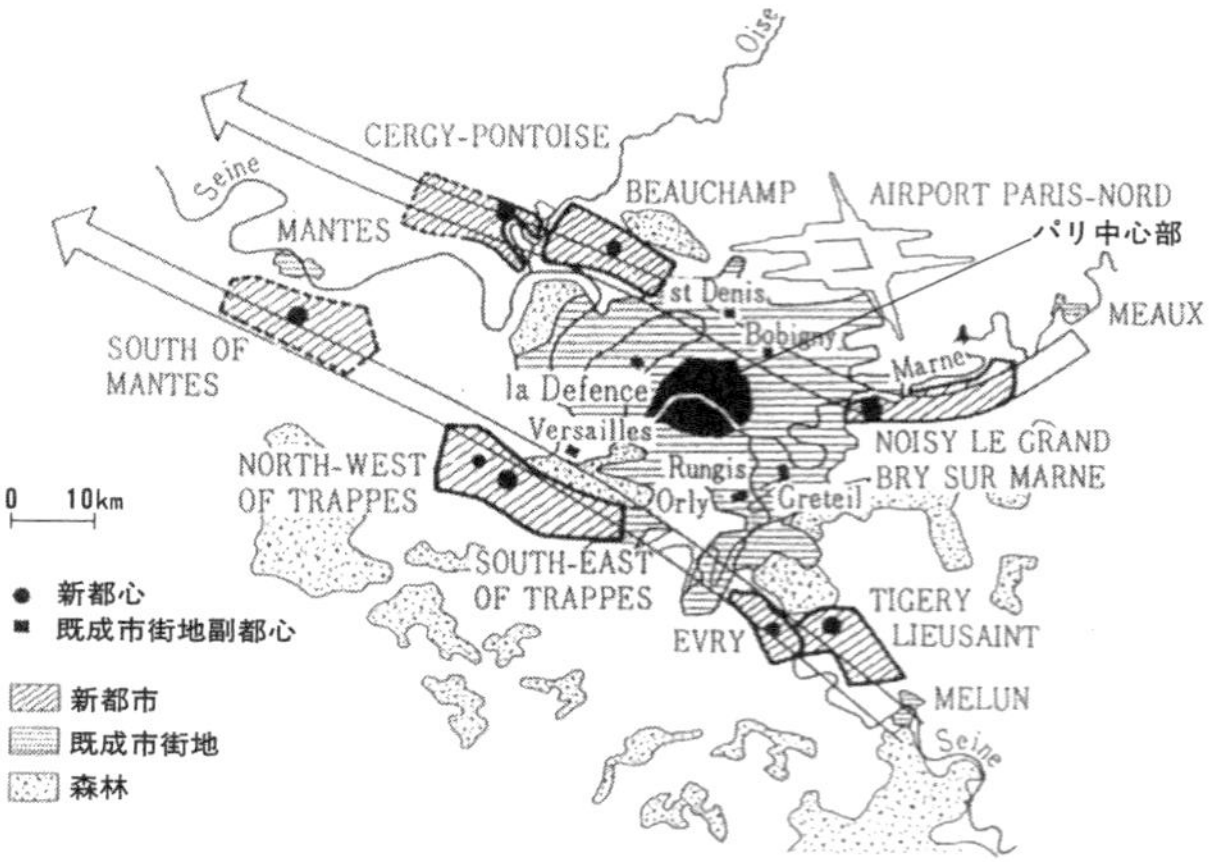

図7・9　線形構造　パリ大都市圏
出所：東京大学日笠研究室（1972）

(4)開発軸以外の部分は市街化を抑制し、森林やレクリエーション用地にあてるとともに空港などを設ける。既成市街地とニュータウンの間には十分な緑地を確保する。

七〇年代以降、セルジイ・ポントワーズ、エヴリィなどのニュータウンの建設が進められた。副都心ラ・デファンスは、パリの西、ルーヴル宮―チュイルリー庭園―コンコルド広場―シャンゼリゼ―凱旋門―グランド・アルメ通りを結ぶ東西軸の延長上に建設された大規模開発で、業務機能を集中させたA区域一五四ヘクタール、住宅と公園を主とするB区域五九〇ヘクタールからなる。ちなみにこの開発と東京の西新宿副都心開発は、ほぼ同時期である。いずれも超高層の街であるが、前者は広大な人工地盤をかけた一体的な歩行者空間に特徴があり、後者は交通動線の立体的処理を施した格子状街割である。

パリの既成市街地の中では、ル・アーレ、ボブール地区などの再開発がある。また住宅地の修復事業が、五〇〇〜六〇〇〇戸の街区を対象としてパリ市内の各地で進められていた。

一九八九年のフランス革命二〇〇周年に向けて、八一年ミッテラン大統領の発表した「グラン・プロジェ」と呼ばれる次のようなプロジェクトがパリ市内を中心に展開された。ビレット地区の科学産業都市・音楽都市・公園、オルセー美術館、アラブ世界研究所、ラ・デファンスのグラン・アルシュ、大ルーヴル美術館計画、ベルシーの新大蔵省、バスチーユの新オペラ座などである。これらは都市全域を会場とする博覧会のようなプロジェクトで、パリに芸術と文化のコア（核）を埋め込むことで新たな成長を企図した開発であった。

ニューヨーク地方計画――分節構造

ニューヨーク大都市圏は、マンハッタンから西側は七〇キロ、東北と北は一部一五〇キロまで延びた広大で不整形な地域である。

アメリカでは、都市計画構想案を自治体が出す場合もあるが、民間機関が出す場合も多く、ニューヨーク大都市圏計画もそのような例である。二九年、マンフォードらが関わる民間団体、地域計画協会が「ニューヨークとその周辺地域の地方調査」と題する膨大な調査報告書をまとめて発表している。ペリーの近隣住区論はこの内容の一部であった。

六八年に地域計画協会は第二次地方計画書を発表した。この計画では、ニューヨークをメトロポリタン・コミュニティの単位に区分し、それぞれのコアとなるアーバン・センターが指定された。他の大都市圏計画とはかなり性格を異にする。

計画の目標年次は二〇〇〇年で、推定人口二七八〇万人と見込まれた。六五年から二〇〇〇年までの増加人口一一〇〇万人に対して、スプロール開発によって土地の浪費が起きると、当時の人口(一七〇〇万人)の住む市街地より広い面積を必要とすることになる。これに対処するため二四の自己充足的なメトロポリタン・コミュニティ単位を設定し、各単位にコアとなるアーバン・センター、つまり、メトロポリタン施設(主要なセンター、事務所、大学、病院、デパート、劇場、その他)を設けるとともに、住宅の供給、自然の保護、公共交通機関の整備、旧市街地の再編などが提案されている(図7・10)。

とくに、アーバン・センターの役割としては、快適な対面コミュニケーション、雇用選択の自由度、公共輸送機関、職住近接などの確保がうたわれている。

ところで、ここで取り上げた大都市圏計画はその実現性については一様ではないが、アメリカのそれらは一種のガイドプランである。ニューヨーク大都市圏では、民間機関が有

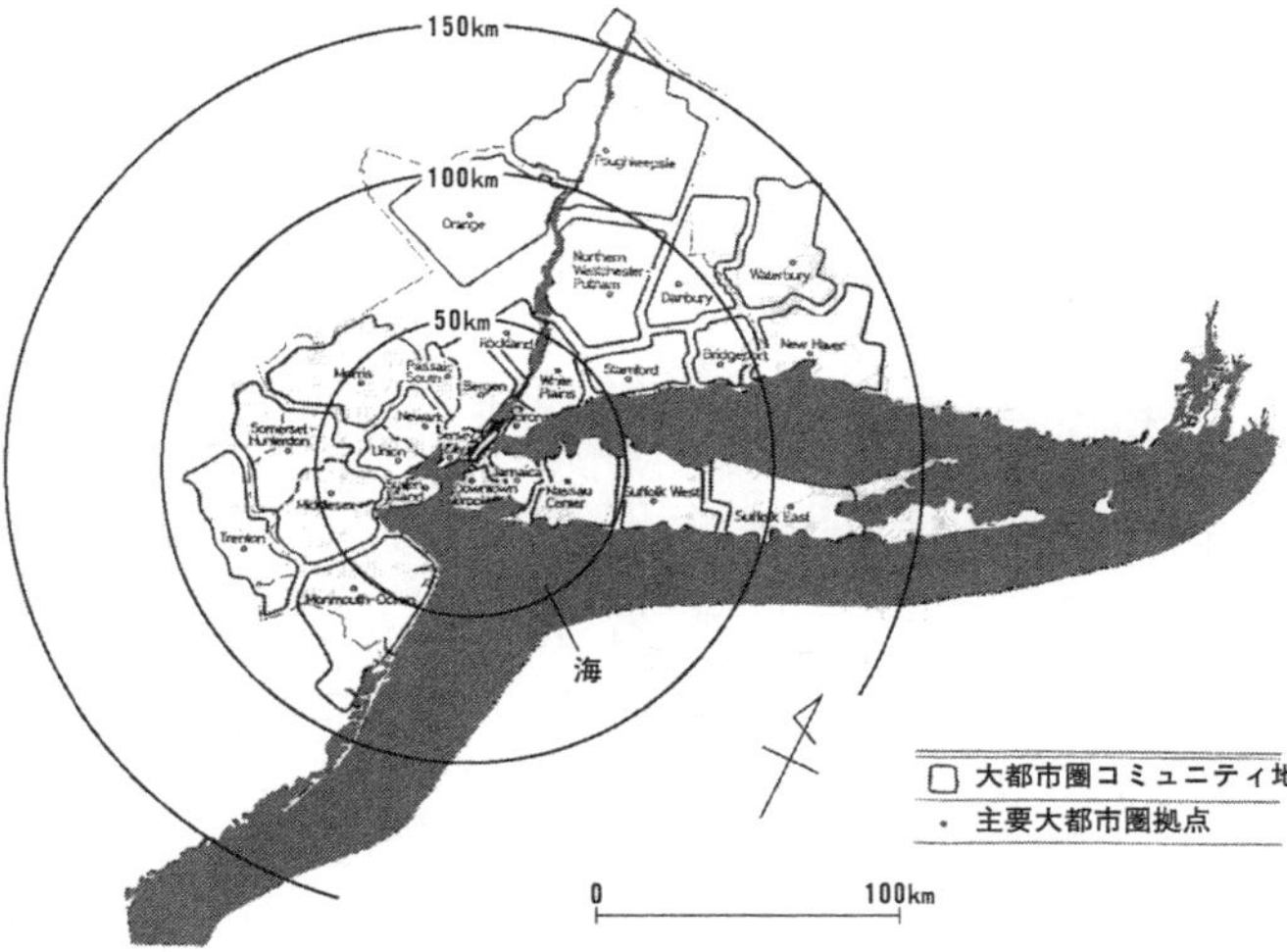

図7・10　分節構造　メトロポリタン・コミュニティ　ニューヨーク大都市圏
出所：東京大学日笠研究室（1972）

識者を集めて計画をまとめ、社会に公表するという形を昔からとっている。自治体や政府がそれを直接に取り上げるケースは少ない。

もっとも、それと比較すれば、ロンドンやパリ、東京の例は法律的裏付けや政府の強い意思があって、一定の実効性が確保される。しかし、資本主義経済のもとで、大都市圏の成長管理を政府が実行するには、企業などの立地制限を行い、郊外のニュータウンに企業立地を誘導しなければならない。市場経済との関係で容易ではない。アメリカで民間団体によってこうした勧告的ともとれる計画が取り上げられるのは、政府と経済界との関係からきているように考えられる。

東京首都圏――多核多心構造

東京首都圏については、国土計画として首都圏基本計画が過去五回策定されている。この計画は国が中心になって関係公共団体が協議して定めるものであるが、直接的な地主等への強制力はない。国の政策がこの計画に則《のっと》って進められるというものであった。

一九五八年、首都圏整備法に基づいて第一次首都圏基本計画がはじめて策定された。これは東京およびその周辺への人口、産業の集中に対応するため、既成市街地の発展を一定の限度にとどめ、周辺地域に衛星都市を育成する。そして、首都と衛星都市の間の市街地の連なりを防止するために、農地、山林、その他の緑地を残したグリーンベルトを指定した。

計画は首都圏の区域を一都七県にまたがる半径約一〇〇キロとし、既成市街地、近郊地帯、市街地開発区域の三区分を設け、近郊地帯は既成市街地を囲む幅約一〇キロの緑地帯とした。ロンドンのグリーンベルトを範としたが、緑地帯として構想された近郊地帯は地元の市町村や権利者の反対にあって指定に至らなかった。

六五年の第二次基本計画では、地域区分が既成市街地、近郊整備地帯、都市開発区域の三種類に改められ、既成市街地は従前と同じ性格のものであるが、近郊整備地帯は計画的に市街地の整備と合わせて緑地を保全する地域とされ、グリーンベルト構想から一転して既成市街地の周辺部五〇〜六〇キロ圏内の地域がこれに指定された。都市開発区域は従来の住宅都市または工業都市に、研究機関や教育機関の分散を主とする筑波研究学園都市もこれに含められた。さらに翌六六年に制定された近郊緑地保全法によって近郊緑地保全区域および同特別保全地区が設定された。また、首都圏区域も東京都および周辺七県の行政区域すべてが含められた。

七六年の第三次基本計画は、前期の基本計画と同様、首都および近郊への人口および産業の集中抑制ならびに分散の方針を基調としている。オイルショック以降の経済の停滞で、地方から大都市へ向かう人口移動は減ったが、それに代わって自然増が見込まれた。この計画人口を八五年三八〇〇万人とし（七五年三三六二万人）、既成市街地および近郊整備地帯においては人口および産業の集積を抑制し、東京都心への一極依存を避けるため、多数の核都市を育成し、多極構造の都市複合体とすることが提案されている。また、周辺地域の都市開発区域を再編・強化し、工業その他の都市機能の適切な配置により、人口の適度な増加を図るとしている（**図7・11**）。

八〇年頃から、東京都の長期計画では、都市問題の根源が東京の中心部への激しい集中にあるとして、多心型都市構造へ転換しようとする動きがあった。多心構造の序列化を都市計画へ応用し、一極構造、一点集中構造を打破して多核多心構造へ誘導する方向に転回したのである。八五年には、国土庁も多核型連合都市圏の構築を目指して五〇キロ圏を計

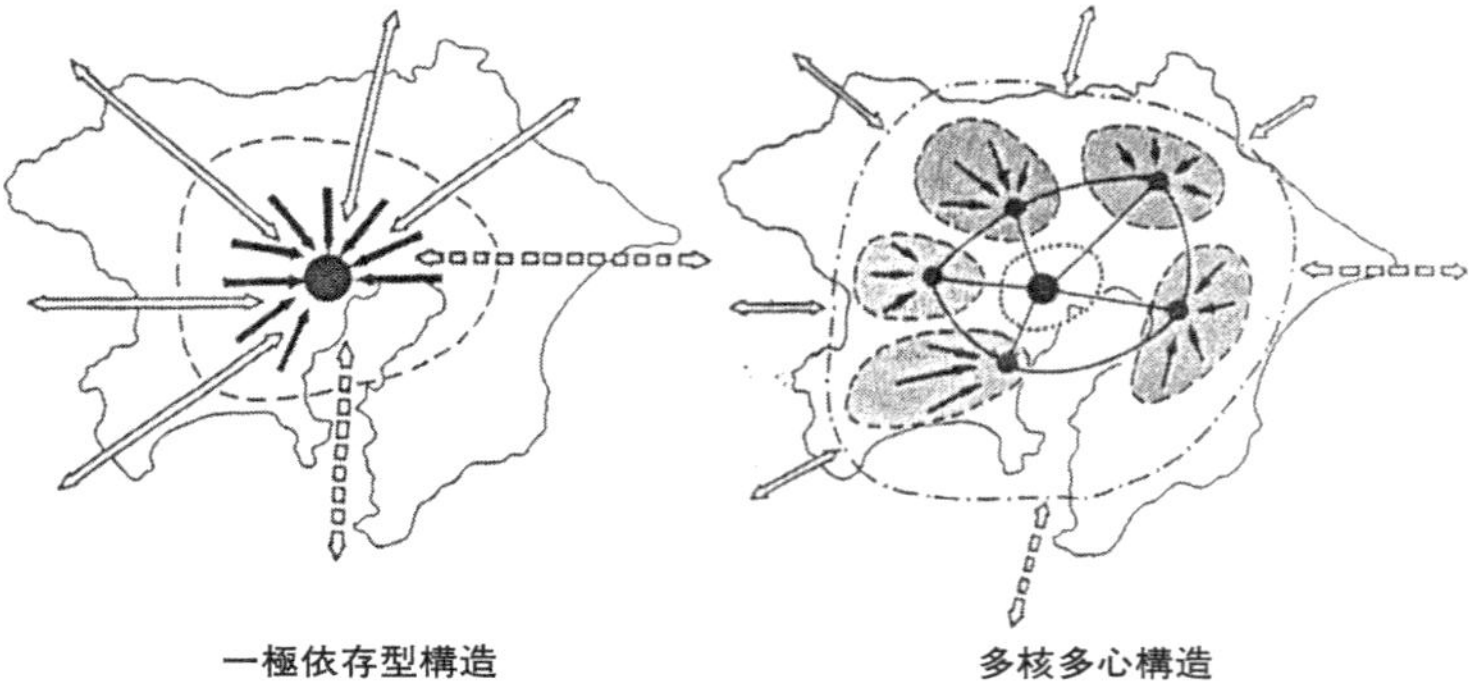

図 7・11　多核多心構造　東京大都市圏
出所：東京大学日笠研究室（1972）

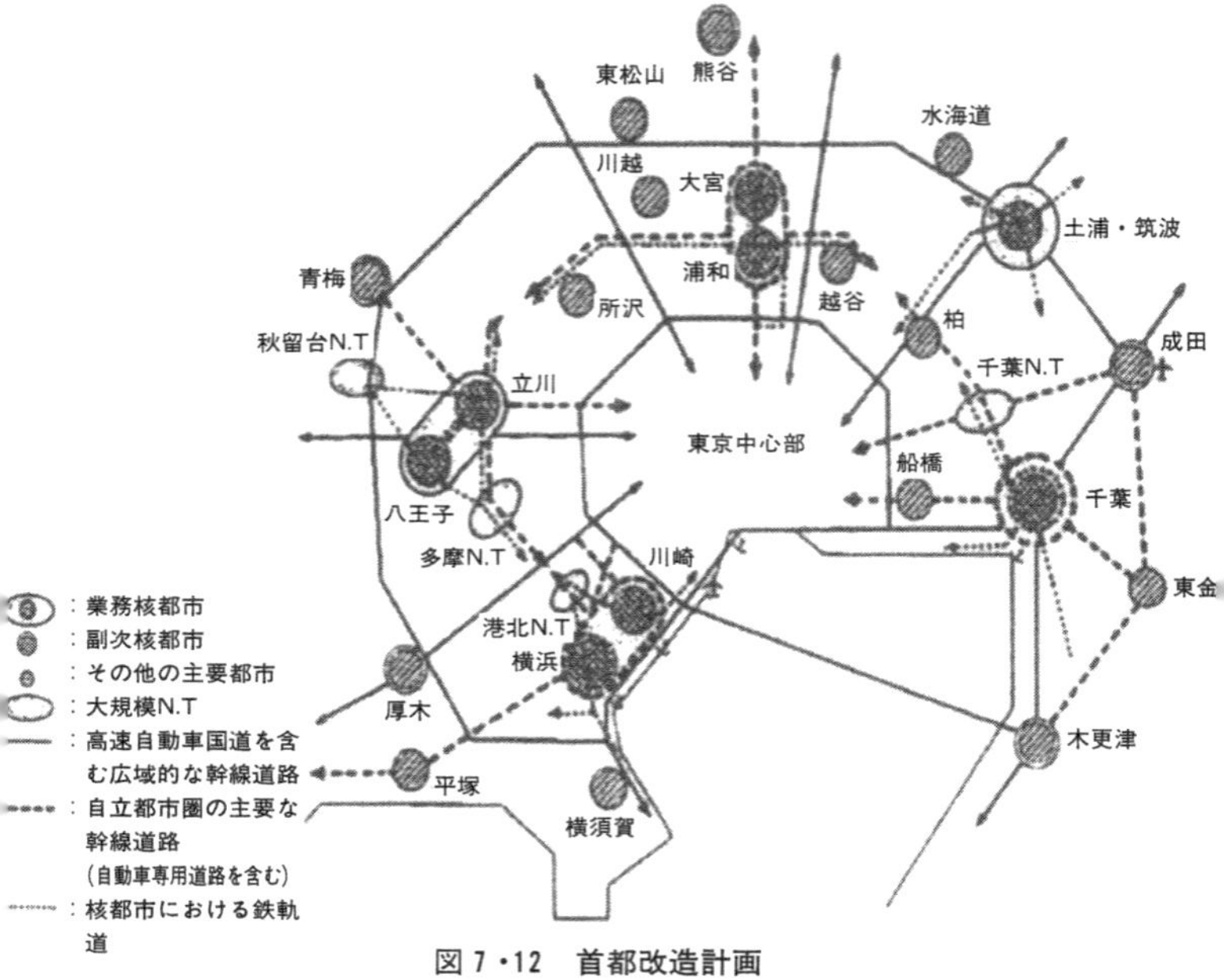

図 7・12　首都改造計画
出所：国土庁（1985）「首都改造計画」首都圏整備協会，71頁

画区域とする首都改造計画を発表した（図7・12）。

八六年の第四次基本計画では、総人口の増勢は鈍化したものの、首都圏は依然として大きな集積を有しており、過密問題、環境問題その他の大都市問題は解決していないとして、それ以前の三次にわたる計画と同様、首都圏への人口および諸機能の集中抑制および分散を基調とした。

この計画は二〇〇〇年の人口を四〇九〇万人程度と見込み、広域的な地域整備の方向を示している。特に、東京大都市圏を、多核多圏域型地域構造の連合都市圏として再構築するとした。

そのため、東京中心部では国際金融機能、高次の本社機能などわが国の経済社会を先導していくことが期待され、その他の機能については「業務核都市」（八王子市・立川市、浦和市・大宮市、千葉市、横浜市・川崎市、および土浦市・筑波研究学園都市）、「副次核都市」（青梅市、熊谷市、成田市、木更津市、厚木市等）などに誘導を図る。さらに、業務核都市、副次核都市を環状に結び、広域的交通施設の整備と併せてその沿線に多様な機能を有する「軸状新市街地」の開発を行うとした。

周辺地域においては、水戸・日立、宇都宮、前橋・高崎、甲府の各都市開発区域を「中核都市圏」とし、北関東地域については南部の鹿島、小山《おやま》、太田・館林の各都市開発区域、北部の高萩市・北茨城市、大田原市・黒磯市（現・那須塩原市）、沼田市をそれぞれ拠点として整備・育成するとされた。

九〇年代に入ると、わが国はバブル経済の崩壊とその後のデフレ経済による長期不況期に入り、第五次首都圏基本計画はようやく九九年に策定された。計画期間は二〇一五年までとされ、計画人口は九五年四〇四〇万人、二〇一一年四一九〇万人に達した後、減少し、二〇一五年に約四一八〇万人とされた。就業者数は横ばいの二一二〇万人、都心に通勤しないテレワーク型就業者が二〇一五年に約三四〇万人と想定された。

従来の多核多心構造は、成長する東京首都圏の成長管理を狙いとして、一極依存構造を脱却しようとするものであったが、バブル崩壊後、右肩上がりの成長時代が終わり、成熟した都市型社会において、新たな活力再生の都市像が求められた。業務機能の分散に重点を置いた都市構造の考え方から、業務、居住、産業、物流、文化、交流、防災などに加え、情報化、地球環境対応への大都市圏構造として、「分散型ネットワーク構造」が提案されたのである（**図7・13**）。

計画は放射環状型構造を弱めて、格子型への転換を新たな都市構造の方向性としている。首都圏を五つに分けて四〇〇〇万人の生活圏を、関東北部地域、関東東部地域、内陸西部地域に東京都市圏、島嶼《とうしょ》地域に分節化する。東京都市圏を取り囲む三つの区域はそれぞれ自立性の高い地域を形成し、環状方向の連携軸を形成する。

従来の業務核都市、中核都市は広域連携拠点とされ、新たに相模原・町田、青梅、川

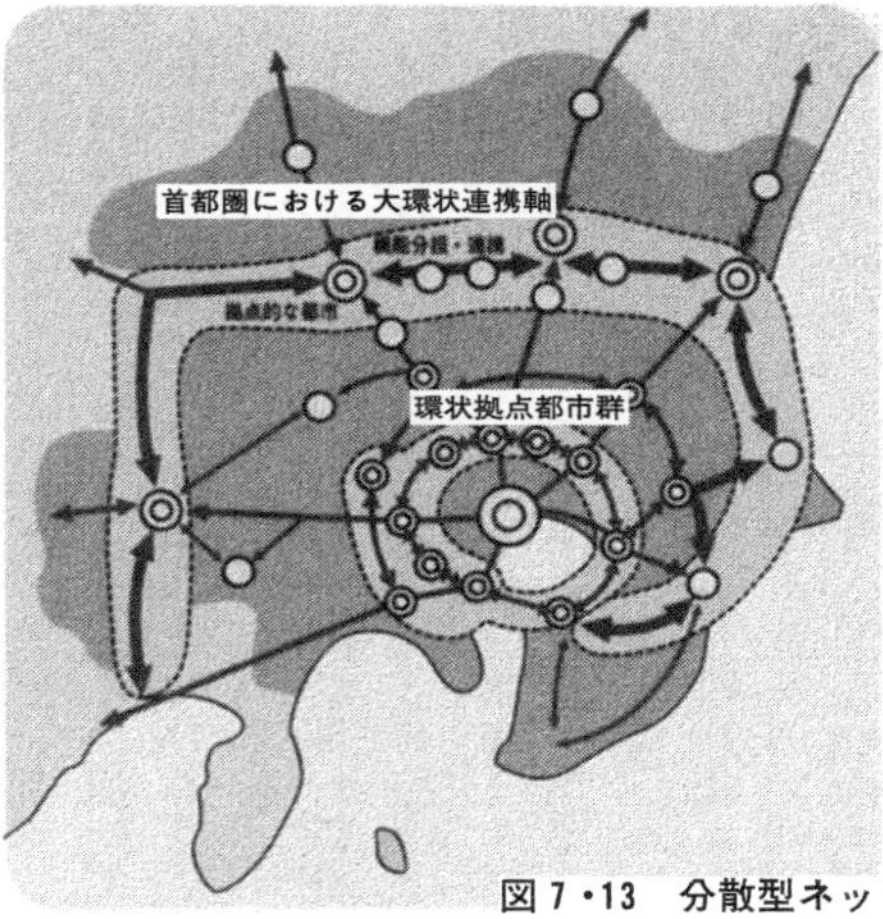

図７・13　分散型ネットワーク構造
出所：国土交通省

越、柏、春日部、越谷が加えられた。業務核都市の拡充である。また、地域の中心性を持つ都市は地域の拠点とし、横須賀、藤沢、平塚、小田原、所沢、川口、市川、船橋、松戸などが指定された。

巨大都市圏の成長管理

一九世紀からの工業化社会は世界の人口を加速度的に増大させ、人口は都市に移動し、大都市が急増する時代になった。「連担（街が連なっている）市街化」という概念を最初に定義したのは一九一〇年代のイギリスのＰ・ゲデスであるが、それを防止し、市街地拡張の趨勢をより合理的な構造に誘導する考えは、それ以前からすでに、ハワード、アンウィンらが都市ネットワーク構造として提案している。

ロンドンだけでなく、多くの既存の大都市は同心円状の求心構造で発達してきた。それを維持したまま成長肥大化すれば、都市は連担市街地を広げ、中心への集中圧力で都市機能が麻痺することは明らかである。最初の大ロンドン計画のように求心構造のまま進めるには強力な成長管理政策が伴わなければ成功しなかった。アーバークロンビーの計画ではニュータウンやグリーンベルトの配置、中心部の再開発、土地利用規制、交通網の整備など中心への圧力減のための政策が周到に用意され、それが実行されたのである。

わが国は前述したように五八年の第一次首都圏計画によって大ロンドン計画を真似て、区部周辺部にベルト状に緑地を指定した。しかし、前述のロンドン政策のように中心部への圧力を和らげる強力な政策は何ら講ぜられることなく、プランだけが模倣されたので、グリーンベルトはたちまち破綻した。第二次首都圏計画では、第一次計画のグリーンベルトは反転され、逆に近郊整備地帯に指定されることになったのである。

いずれにしても、先進国の戦後の大都市政策は、巨大都市の成長の規模や速度を強力に抑制し、分散による中心への圧力の軽減をねらっていた。

ところで、大都市への産業、人口の集中は、経済の発展の結果でもあり、その根底には都市化を受け入れ、秩序ある成長を可能にしようとする考え方も内在している。国民経済が停滞すれば、政府はさらにそれを拡大する方向に誘導しようとする。大都市は経済発展の市場として認識されてきたからである。

そのため、社会の成熟化や人口減少社会になることが予測されるようになる七〇年代から、巨大都市はその国の国民経済にとって重要なエンジンであり、経済の停滞や減衰に対して、逆にその成長を促す場として政府から着目され始めた。イギリスはロンドンを、フランスはパリを、アメリカはニューヨークを、日本でも九〇年代から東京を成長させる方向へ舵《かじ》を切り始めた。先進国の大都市圏は、世紀末以降、成長抑制から成長促進に変わり、経済のグローバル化により、世界都市を競う場面も生まれてきた。そうすると、巨大都市圏の秩序ある成長をいかに空間的に誘導するかが重要になってきた。

ロンドンは六〇年代に、同心円構造に対して、対抗磁石型の成長核を中心から一〇〇キロ圏に三ヵ所配置し、中心部の圧力を和らげると同時にロンドン圏としてさらなる拡大を図ろうとする提案がされた。パリ圏の線形構造、東京圏の多核多心構造、ニューヨークの分節構造なども、巨大都市圏の成長を支え、計画的に誘導、制御しようとする空間形態である。

線形構造の都市は、すでに、トニー・ガルニエの工業都市像（一九一七年、図6・18〈章扉〉参照）に示されているが、ソ連のミリューティンの線形都市の提案（三〇年）は中心に圧力をかけないで成長可能なパターンとして考案された。パリ大都市圏の強引ともいえる線形構造への転換にはこうした提案の影響を否定できない。

東京の多核多心構造はもともとの同心円型求心構造を再編する上で、すでにかなり発達した鉄道網による交通結節点の成長に着眼した。世界一の人口集積の東京圏は鉄道という大量輸送機関によって支えられている。

広大に連担化した都市を分節化し、各地区のアイデンティティを見出し育てる、ニューヨークの分節構造も、巨大都市圏の成長を計画的に誘導し制御しようとする自律的空間を埋め込もうとするものである。

地区コミュニティと近隣住区コミュニティの核を形成し、分節化された地域社会構造を組織することは、すでにアーバークロンビーの大ロンドン計画においても、近隣地区単位にロンドン市街地を再組織化する形で提案されており、ニューヨーク案への影響を見ることができる。

巨大都市圏の成長を抑制するか、さらに拡大させるかは経済の動きとのつながりが大きくなっている。都市圏が成長すれば抑制し、減衰すれば成長を誘導、促進する政策方向はマクロ経済政策と似ているが、国土計画としての長期性を忘れてはならない。先進国の巨大都市圏の制御は、まだせいぜい半世紀の経験にすぎないが、開発途上国でも巨大都市圏が急速に拡大していることは、すでにみてきたところである。

近代の都市化は、都市成長に弾みを与える技術的進歩によって、許容され加速されてきた社会的進化であることは疑う余地はない。けれども今日、都市成長の限界は道徳的、そして倫理的内容を帯びてきており、それらを解決する世界的な協働が求められてきている。環境、エネルギー、光合成、水、大気などの循環システム、自然共生などの面から、最終的に地球規模の物理的な都市化制御システムの導入を論じることが必要になってきている。

ヨーロッパでは、すでに八〇年代に地球環境問題への観点からこれ以上の都市拡張をやめようという動きが出ている。たとえば、ドイツは、戦後一貫して大都市化を抑制してきた国であるが、八七年の連邦建設法典では、環境保全、自然保護の観点から市街地のこれ以上の拡張を抑止し、既存の市街地の利用、活用を促している。

こうした動きは、かつてマンフォードが述べた地球上のエキュメノポリス化を食い止める都市化、「都市の再編と再生の可能性」につながっていくのであろうか。

注
1 月尾嘉男（1981）『装置としての都市』12～15頁
2 丹保憲仁編著（2002）『人口減少下の社会資本整備』10～13頁
3 J・ゴットマン著　木内信蔵・石水照雄共訳（1967）『メガロポリス』262～267頁
4 同右　237頁
5 同右　208頁
6 A・トインビー著　長谷川松治訳（1975）『爆発する都市』257頁
7 同右　巻末の平良敬一の解説　323頁

あとがき

本書の内容は、筆者が慶應義塾大学湘南藤沢キャンパスで講義してきたものの一部をもとに、まとめたものである。

湘南藤沢キャンパスでの講義は総合政策学部、環境情報学部の二学部が一体に運営され、大学院と学部も相互交流がある。大学は個別の専門に分けて学生をとっていないので、入学前に特定の専門分野がすでに決まっているわけでなく、大学教育のなかで自らの問題意識を深め、専門への関心を抱き、自らの進路を自分で決める、というのがその教育の特徴である。また、大学院も専門融合型の教育を進めている。結果として、講義は学生に関心や興味を抱かせるという一面があり、筆者の講義もそういったことを狙ってきた。

たまたま、講談社の田中浩史氏がウェブサイトに公開されている筆者の講義スライドを見て、執筆を持ちかけてこられたのが出版のきっかけで、本書のタイトルも田中氏からいただいたものである。

都市計画の歴史を必ずしも研究領域にしてこなかったので、最初は躊躇したが、振り返ってみると、講義では世界中の都市の話をしており、世界各地の多くの都市を専門家の眼で見てきたのであえて都市計画の入門書としてまとめてみようとお引き受けした。

もとより、浅学非才の筆者に都市史の全体を隅々までカバーすることはできないし、その一端に触れるだけで許されたページを使ってしまったが、多くの先学の著作から学び、それらを参照しつつ執筆した。誤った理解をしている部分があることを恐れるが、読者のご叱正をいただければ幸いである。

最後に、本書をまとめるうえで、田中浩史氏には最初から最後まで懇切丁寧なアドバイスをいただいた。研究室の学生諸君、小森望、山本彩野、岩崎雅枝、菊地原徹郎に資料や原稿の整理に大変お世話になった。記して、謝意を表したい。

二〇〇八年二月

日端康雄

布野修司（2005）『近代世界システムと植民都市』京都大学学術出版会
リチャード・プランツ著　酒井詠子訳（2005）『ニューヨーク都市居住の社会史』鹿島出版会
陣内秀信ほか（2005）『図説西洋建築史』彰国社
ドネラ・H・メドウズ他著　枝廣淳子訳（2005）『成長の限界―人類の選択』ダイヤモンド社
泉田英雄（2006）『海域アジアの華人街―移民と植民による都市形成』学芸出版社
アンソニー・M・タン著 三村浩史監訳（2006）『歴史都市の破壊と保全・再生―世界のメトロポリスに見る景観保全のまちづくり』海路書院
藤田達生（2006）『江戸時代の設計者―異能の武将・藤堂高虎』講談社

長尾重武（1994）『建築家レオナルド・ダ・ヴィンチ　ルネッサンス期の理想都市像』中央公論社
永松栄（1996）『ドイツ中世の都市造形―現代に生きる都市空間探訪』彰国社
相田武文・土屋和男（1996）『都市デザインの系譜』鹿島出版会
宮元健次（1996）『江戸の都市計画―建築家集団と宗教デザイン』講談社
中嶋和郎（1996）『ルネサンス理想都市』講談社
日笠端（1997）『コミュニティの空間計画―市町村の都市計画１』共立出版
松井道昭（1997）『フランス第二帝政下のパリ都市改造』日本経済評論社
国土庁計画・調整局編（1998）『21世紀の国土のグランドデザイン』大蔵省印刷局
名古屋世界都市景観会議'97（1998）『都市風景の生成』名古屋世界都市景観会議'97実行委員会
布野修司（1998）『都市と劇場―都市計画という幻想』彰国社
カール・グルーバー著　宮本正行訳（1999）『図説ドイツの都市造形史』西村書店
都市史図集編集委員会編（1999）『都市史図集』彰国社
勝又俊雄（2000）『ギリシア都市の歩き方』角川書店
福井憲彦・陣内秀信（2000）『都市の破壊と再生』相模書房
J・バーネット著　兼田敏之訳（2000）『都市デザイン―野望と誤算』鹿島出版会
磯崎新（2001）『ショーの製塩工場』六耀社
石川幹子（2001）『都市と緑地』岩波書店
妹尾達彦（2001）『長安の都市計画』講談社
日端康雄編著（2002）『建築空間の容積移転とその活用』清文社
斯波義信（2002）『中国都市史』東京大学出版会
窪田亜矢（2002）『界隈が活きるニューヨークのまちづくり―歴史・生活環境の動態的保全』学芸出版社
丹保憲仁編著（2002）『人口減少下の社会資本整備』土木学会
ピエール・ラヴダン著　土居義岳訳（2002）『パリ都市計画の歴史』中央公論美術出版
陣内秀信・新井勇治（2002）『イスラーム世界の都市空間』法政大学出版局
浅見泰司編（2003）『トルコ・イスラーム都市の空間文化』山川出版社
上田篤（2003）『都市と日本人―「カミサマ」を旅する』岩波書店
上岡伸雄（2004）『ニューヨークを読む』中央公論新社
都市みらい推進機構編（2004）『都市をつくった巨匠たち―シティプランナーの横顔』ぎょうせい
民間都市開発推進機構都市研究センター編（2004）『欧米のまちづくり・都市計画制度―サスティナブル・シティへの途』ぎょうせい
鈴木隆（2005）『パリの中庭型家屋と都市空間―19世紀の市街地形成』中央公論美術出版

ウィリアム・アシュワース著　下総薫監訳（1987）『イギリス田園都市の社会史』御茶の水書房
日本都市計画学会編（1988）『近代都市計画の百年とその未来』日本都市計画学会
日端康雄（1988）『ミクロの都市計画と土地利用』学芸出版社
Peter Hall (1988), CITIES of TOMORROW—Updated Edition, Blackwell Publishers Ltd
高橋康夫・吉田伸之編（1989）『日本都市史入門　I 空間』東京大学出版会
片山和俊・新明健（1989）『空間作法のフィールドノート—都市風景が教えるもの』彰国社
東京都都市計画局地域計画部都市計画課総務部相談情報課編（1989）『東京の都市計画百年』東京都都市計画局
材野博司（1989）『都市の街割』鹿島出版会
オギュスタン・ベルク著　篠田勝英訳（1990）『日本の風景・西欧の景観—そして造景の時代』講談社
川上秀光（1990）『巨大都市東京の計画論』彰国社
全国市街地再開発協会編著（1991）『日本の都市再開発史』全国市街地再開発協会
石田頼房編（1992）『未完の東京計画—実現しなかった計画の計画史』筑摩書房
西山康雄（1992）『アンウィンの住宅地計画を読む—成熟社会の住環境を求めて』彰国社
日端康雄・木村光宏（1992）『アメリカの都市再開発』学芸出版社
Mervyn Miller (1992), Raymond Unwin : Garden Cities and Town Planning, Leicester University Press
日笠端（1993）『都市計画第 3 版』共立出版
陣内秀信（1993）『都市と人間』岩波書店
吉田鋼市（1993）『トニー・ガルニエ』鹿島出版会
渡辺俊一（1993）『「都市計画」の誕生—国際比較からみた日本近代都市計画』柏書房
S・E・ラスムッセン著 横山正訳（1993）『都市と建築』東京大学出版会
比較都市史研究会編（1993）『比較都市史の旅』原書房
高橋康夫ほか編（1993）『図集　日本都市史』東京大学出版会
日笠端編著（1993）『21世紀の都市づくり』第一法規出版
J・ゴットマン／R・A・ハーパー編　宮川泰夫訳（1993）『メガロポリスを超えて』鹿島出版会
西川幸治（1994）『都市の思想［上］』日本放送出版協会
張在元編著（1994）『中国　都市と建築の歴史—都市の史記』鹿島出版会
宇田英男（1994）『誰がパリをつくったか』朝日新聞社

S・モホリーナギ著　服部岑生訳 (1975)『都市と人間の歴史』鹿島出版会
Peter Hall (1975), Urban and Regional Planning, Pelican Books
クラレンス・A・ペリー著 倉田和四生訳 (1975)『近隣住区論』鹿島出版会
フレデリック・ギバート著 高瀬忠重・日端康雄ほか訳 (1976)『タウン・デザイン』鹿島出版会
L・ベネヴォロ著　横山正訳 (1976)『近代都市計画の起源』鹿島出版会
J・ジェコブス著　黒川紀章訳 (1977)『アメリカ大都市の死と生』鹿島出版会
チャールズ・ジェンクス著 佐々木宏訳 (1978)『ル・コルビュジエ』鹿島出版会
日本建築学会編 (1978)『日本建築史図集』彰国社
日本都市計画学会編 (1978)『都市計画図集』技報堂出版
森田慶一 (1979)『ウィトルーウィウス建築書』東海大学出版会
東京大学工学部都市工学科日笠研究室編 (1979)『住宅市街地の計画的制御の方策に関する研究 (II)』第一住宅建設協会
R・E・ウィッチャーリー著　小林文次訳 (1980)『古代ギリシャの都市構成』相模書房
日本建築センター編集委員会編 (1980)『西ドイツの都市計画制度と運用―地区詳細計画を中心として』
月尾嘉男 (1981)『装置としての都市』鹿島出版会
藤森照信 (1982)『明治の東京計画』岩波書店
ゴードン・E・チェリー著 大久保昌一訳 (1983)『英国都市計画の先駆者たち』学芸出版社
アルバート・ファイン著　黒川直樹訳 (1983)『アメリカの都市と自然―オルムステッドによるアメリカの環境計画』井上書院
ハワード・サールマン著　小沢明訳 (1983)『パリ大改造―オースマンの業績』井上書院
フランソワーズ・ショエ著　彦坂裕訳 (1983)『近代都市―19世紀のプランニング』井上書院
レオナルド・ベネーヴォロ著 佐野敬彦・林寛治訳 (1983)『図説・都市の世界史―1 古代』『同―2 中世』『同―3 近世』『同―4 近代』相模書房
日本建築学会編 (1983)『建築設計資料集成　No.9 (地域)』
アーヴィン・Y・ガランタイ著 堀池秀人訳 (1984)『都市はどのようにつくられてきたか―発生から見た都市のタイポロジー』井上書院
木原武一 (1984)『ルイス・マンフォード』鹿島出版会
大村謙二郎 (1984)『ドイツにおける19世紀後半の都市拡張への対処と近代都市計画の成立』自費出版物
木村光宏・日端康雄 (1984)『ヨーロッパの都市再開発』学芸出版社
ヴォルフガング・ブラウンフェルス著　日高健一郎訳 (1986)『西洋の都市　その歴史と類型』丸善

主な参考文献

Daniel H.Burnham, Edward H.Benett (1908), PLAN OF CHICAGO, Princeton Architectural Press (1993年復刻版)

Raymond Unwin (1909), Town Planning In Practice, Princeton Architectural Press (1994年復刻版)

ハンス・プラーニッツ著 鯖田豊之訳 (1959)『中世都市成立論—商人ギルドと都市宣誓共同体』未来社

C・A・ドクシアディス著 磯村英一訳 (1965)『新しい都市の未来像—エキスティックス』鹿島研究所出版会

Eliel Saarinen (1965), The City : Its Growth, Its Decay, Its Future, The MIT Press

内藤昌 (1966)『江戸と江戸城』鹿島研究所出版会

内藤昌 (1966)『江戸の町 (上) 巨大都市の誕生』岩波書店

E・A・ガトキンド著 日笠端監訳 渡辺俊一・森戸哲共訳 (1966)『都市—文明史からの未来像』日本評論社

J・ゴットマン著 木内信蔵・石水照雄共訳 (1967)『メガロポリス』鹿島研究所出版会

アーサー・コーン著 星野芳久訳 (1968)『都市形成の歴史』鹿島研究所出版会

フランク・ロイド・ライト原著 谷川正己・谷川睦子共訳 (1968)『ライトの都市論』彰国社

増田四郎 (1968)『都市』筑摩書房

都市デザイン研究体著 (1968)『日本の都市空間』彰国社

カミッロ・ジッテ著 大石敏雄訳 (1968)『広場の造形』美術出版社

Mel Scott (1969), American City Planning Since 1890, University of California Press

都市デザイン研究体著 (1969)『現代の都市デザイン』彰国社

ルイス・マンフォード著 生田勉訳 (1969)『歴史の都市 明日の都市』新潮社

矢守一彦 (1970)『都市プランの研究—変容系列と空間構成』大明堂

トーマス・シャープ著 長素連・もも子訳 (1972)『タウンスケープ』鹿島研究所出版会

Clarence S.Stein (1973), Toward New Towns for America, THE MIT Press

ルイス・マンフォード著 生田勉訳 (1974)『都市の文化』鹿島研究所出版会

A・トインビー著 長谷川松治訳 (1975)『爆発する都市』社会思想社

A・B・ガリオン/S・アイスナー著 日笠端監訳 森村道美・土井幸平訳 (1975)『アーバン・パターン』日本評論社

講談社現代新書　1932

都市《とし》計画《けいかく》の世界史《せかいし》

二〇〇八年三月二〇日第一刷発行　二〇二五年五月七日第一五刷発行

著者　日端康雄《ひばたやすお》　

発行者　篠木和久

発行所　株式会社講談社
東京都文京区音羽二丁目一二—二一　郵便番号一一二—八〇〇一
電話　〇三—五三九五—三五二一　編集（現代新書）
〇三—五三九五—五八一七　販売
〇三—五三九五—三六一五　業務

装幀者　中島英樹

印刷所　株式会社ＫＰＳプロダクツ

製本所　株式会社ＫＰＳプロダクツ

定価はカバーに表示してあります　Printed in Japan

N.D.C. 361　358p　18cm
ISBN978-4-06-287932-3

「講談社現代新書」の刊行にあたって

教養は万人が身をもって養い創造すべきものであって、一部の専門家の占有物として、ただ一方的に人々の手もとに配布され伝達されうるものではありません。

しかし、不幸にしてわが国の現状では、教養の重要な養いとなるべき書物は、ほとんど講壇からの天下りや単なる解説に終始し、知識技術を真剣に希求する青少年・学生・一般民衆の根本的な疑問や興味は、けっして十分に答えられ、解きほぐされ、手引きされることがありません。万人の内奥から発した真正の教養への芽ばえが、こうして放置され、むなしく滅びさる運命にゆだねられているのです。

このことは、中・高校だけで教育をおわる人々の成長をはばんでいるだけでなく、大学に進んだり、インテリと目されたりする人々の精神力の健康さえもむしばみ、わが国の文化の実質をまことに脆弱なものにしています。単なる博識以上の根強い思索力・判断力、および確かな技術にささえられた教養を必要とする日本の将来にとって、これは真剣に憂慮されなければならない事態であるといわなければなりません。

わたしたちの「講談社現代新書」は、この事態の克服を意図して計画されたものです。これによってわたしたちは、講壇からの天下りでもなく、単なる解説書でもない、もっぱら万人の魂に生ずる初発的かつ根本的な問題をとらえ、掘り起こし、手引きし、しかも最新の知識への展望を万人に確立させる書物を、新しく世の中に送り出したいと念願しています。

わたしたちは、創業以来民衆を対象とする啓蒙の仕事に専心してきた講談社にとって、これこそもっともふさわしい課題であり、伝統ある出版社としての義務でもあると考えているのです。

一九六四年四月　野間省一

世界史Ⅰ

世界史Ⅱ

世界の言語・文化・地理

政治・社会

1145 冤罪はこうして作られる　小田中聰樹
1201 情報操作のトリック　川上和久
1488 日本の公安警察——青木理
1540 戦争を記憶する——藤原帰一
1742 教育と国家——高橋哲哉
1965 創価学会の研究——玉野和志
1977 天皇陛下の全仕事——山本雅人
1978 思考停止社会——郷原信郎
1985 日米同盟の正体——孫崎享
2068 財政危機と社会保障——鈴木亘
2073 リスクに背を向ける日本人　山岸俊男　メアリー・C・ブリントン
2079 認知症と長寿社会——信濃毎日新聞取材班

2115 国力とは何か——中野剛志
2117 未曾有と想定外——畑村洋太郎
2123 中国社会の見えない掟　加藤隆則
2130 ケインズとハイエク　松原隆一郎
2135 弱者の居場所がない社会　阿部彩
2138 超高齢社会の基礎知識　鈴木隆雄
2152 鉄道と国家——小牟田哲彦
2183 死刑と正義——森炎
2186 民法はおもしろい——池田真朗
2197 「反日」中国の真実——加藤隆則
2203 ビッグデータの覇者たち——海部美知
2246 愛と暴力の戦後とその後——赤坂真理
2247 国際メディア情報戦——高木徹

2294 安倍官邸の正体——田﨑史郎
2295 福島第一原発事故 7つの謎　NHKスペシャル『メルトダウン』取材班
2297 ニッポンの裁判——瀬木比呂志
2352 警察捜査の正体——原田宏二
2358 貧困世代——藤田孝典
2363 下り坂をそろそろと下る　平田オリザ
2387 憲法という希望——木村草太
2397 老いる家　崩れる街　野澤千絵
2413 アメリカ帝国の終焉　進藤榮一
2431 未来の年表——河合雅司
2436 縮小ニッポンの衝撃　NHKスペシャル取材班
2439 知ってはいけない——矢部宏治
2455 保守の真髄——西部邁

哲学・思想Ⅰ

66 哲学のすすめ――岩崎武雄
159 弁証法はどういう科学か　三浦つとむ
501 ニーチェとの対話――西尾幹二
871 言葉と無意識――丸山圭三郎
898 はじめての構造主義　橋爪大三郎
916 哲学入門一歩前――廣松渉
921 現代思想を読む事典　今村仁司 編
977 哲学の歴史――新田義弘
989 ミシェル・フーコー　内田隆三
1001 今こそマルクスを読み返す　廣松渉
1286 哲学の謎――野矢茂樹
1293 「時間」を哲学する――中島義道
1315 じぶん・この不思議な存在――鷲田清一
1357 新しいヘーゲル――長谷川宏
1383 カントの人間学――中島義道
1401 これがニーチェだ――永井均
1420 無限論の教室――野矢茂樹
1466 ゲーデルの哲学――高橋昌一郎
1575 動物化するポストモダン　東浩紀
1582 ロボットの心――柴田正良
1600 ハイデガー＝存在神秘の哲学――古東哲明
1635 これが現象学だ――谷徹
1638 時間は実在するか　入不二基義
1675 ウィトゲンシュタインはこう考えた　鬼界彰夫
1783 スピノザの世界――上野修
1839 読む哲学事典――田島正樹
1948 理性の限界――高橋昌一郎
1957 リアルのゆくえ――大塚英志 東浩紀
1996 今こそアーレントを読み直す――仲正昌樹
2004 はじめての言語ゲーム――橋爪大三郎
2048 知性の限界――高橋昌一郎
2050 超解読！ はじめてのヘーゲル『精神現象学』　竹田青嗣 西研
2084 はじめての政治哲学　小川仁志
2099 超解読！ はじめてのカント『純粋理性批判』　竹田青嗣
2153 感性の限界――高橋昌一郎
2169 超解読！ はじめてのフッサール『現象学の理念』――竹田青嗣
2185 死別の悲しみに向き合う――坂口幸弘
2279 マックス・ウェーバーを読む――仲正昌樹

哲学・思想Ⅱ

|著者| 司馬遼太郎　1923年大阪市生まれ。大阪外国語学校蒙古語部卒。産経新聞社記者時代から歴史小説の執筆を始め、'56年「ペルシャの幻術師」で講談社俱楽部賞を受賞する。その後、直木賞、菊池寛賞、吉川英治文学賞、読売文学賞、大佛次郎賞などに輝く。'93年文化勲章を受章。著書に『竜馬がゆく』『坂の上の雲』『翔ぶが如く』『街道をゆく』『国盗り物語』など多数。'96年72歳で他界した。

新装版《しんそうばん》　王城《おうじよう》の護衛者《ごえいしや》

司馬遼太郎《しばりようたろう》

2007年9月14日第1刷発行
2024年9月10日第27刷発行

発行者――森田浩章
発行所――株式会社　講談社
東京都文京区音羽2-12-21　〒112-8001
電話　出版 (03) 5395-3510
　　　販売 (03) 5395-5817
　　　業務 (03) 5395-3615

Printed in Japan

講談社文庫

定価はカバーに表示してあります

KODANSHA

デザイン―菊地信義
本文データ制作―講談社デジタル製作
印刷―――株式会社KPSプロダクツ
製本―――株式会社KPSプロダクツ

ISBN978-4-06-275833-8

講談社文庫刊行の辞

二十一世紀の到来を目睫に望みながら、われわれはいま、人類史上かつて例を見ない巨大な転換期をむかえようとしている。

世界も、日本も、激動の予兆に対する期待とおののきを内に蔵して、未知の時代に歩み入ろうとしている。このときにあたり、創業の人野間清治の「ナショナル・エデュケイター」への志を現代に甦らせようと意図して、われわれはここに古今の文芸作品はいうまでもなく、ひろく人文・社会・自然の諸科学から東西の名著を網羅する、新しい綜合文庫の発刊を決意した。

激動の転換期はまた断絶の時代である。われわれは戦後二十五年間の出版文化のありかたへの深い反省をこめて、この断絶の時代にあえて人間的な持続を求めようとする。いたずらに浮薄な商業主義のあだ花を追い求めることなく、長期にわたって良書に生命をあたえようとつとめるところにしか、今後の出版文化の真の繁栄はあり得ないと信じるからである。

同時にわれわれはこの綜合文庫の刊行を通じて、人文・社会・自然の諸科学が、結局人間の学にほかならないことを立証しようと願っている。かつて知識とは、「汝自身を知る」ことにつきていた。現代社会の瑣末な情報の氾濫のなかから、力強い知識の源泉を掘り起し、技術文明のただなかに、生きた人間の姿を復活させること。それこそわれわれの切なる希求である。

われわれは権威に盲従せず、俗流に媚びることなく、渾然一体となって日本の「草の根」をかたちづくる若く新しい世代の人々に、心をこめてこの新しい綜合文庫をおくり届けたい。それは知識の泉であるとともに感受性のふるさとであり、もっとも有機的に組織され、社会に開かれた万人のための大学をめざしている。大方の支援と協力を衷心より切望してやまない。

一九七一年七月

野間省一

経済・ビジネス

350 経済学はむずかしくない〈第2版〉——都留重人
1596 失敗を生かす仕事術 畑村洋太郎
1624 企業を高めるブランド戦略——田中洋
1641 ゼロからわかる経済の基本——野口旭
1656 コーチングの技術——菅原裕子
1926 不機嫌な職場——高橋克徳 河合太介 永田稔 渡部幹
1992 経済成長という病——平川克美
1997 日本の雇用——大久保幸夫
2010 日本銀行は信用できるか 岩田規久男
2016 職場は感情で変わる 高橋克徳
2036 決算書はここだけ読め!——前川修満
2064 決算書はここだけ読め! キャッシュ・フロー計算書編 前川修満
2125 ビジネスマンのための「行動観察」入門 松波晴人
2148 経済成長神話の終わり アンドリュー・J・サター 中村起子 訳
2171 経済学の犯罪——佐伯啓思
2178 経済学の思考法——小島寛之
2218 会社を変える分析の力 河本薫
2229 ビジネスをつくる仕事 小林敬幸
2235 20代のための「キャリア」と「仕事」入門——塩野誠
2236 部長の資格——米田巖
2240 会社を変える会議の力 杉野幹人
2242 孤独な日銀——白川浩道
2261 変わった世界 変わらない日本——野口悠紀雄
2267 「失敗」の経済政策史 川北隆雄
2300 世界に冠たる中小企業 黒崎誠
2303 「タレント」の時代——酒井崇男
2307 AIの衝撃——小林雅一
2324 〈税金逃れ〉の衝撃 深見浩一郎
2334 介護ビジネスの罠——長岡美代
2350 仕事の技法——田坂広志
2362 トヨタの強さの秘密 酒井崇男
2371 捨てられる銀行——橋本卓典
2412 楽しく学べる「知財」入門——稲穂健市
2416 日本経済入門——野口悠紀雄
2422 捨てられる銀行2 非産運用——橋本卓典
2423 勇敢な日本経済論——髙橋洋一 ぐっちーさん
2425 真説・企業論——中野剛志
2426 東芝解体 電機メーカーが消える日 大西康之

自然科学・医学

1141 安楽死と尊厳死――保阪正康
1328 「複雑系」とは何か――吉永良正
1343 カンブリア紀の怪物たち サイモン・コンウェイ・モリス 松井孝典 監訳
1500 科学の現在を問う 村上陽一郎
1511 優生学と人間社会――米本昌平 松原洋子 橳島次郎 市野川容孝
1689 時間の分子生物学――粂和彦
1700 核兵器のしくみ――山田克哉
1706 新しいリハビリテーション 大川弥生
1786 数学的思考法――芳沢光雄
1805 人類進化の700万年 三井誠
1813 はじめての〈超ひも理論〉 川合光
1840 算数・数学が得意になる本 芳沢光雄
1861 〈勝負脳〉の鍛え方――林成之
1881 「生きている」を見つめる医療――中村桂子 山岸敦
1891 生物と無生物のあいだ 福岡伸一
1925 数学でつまずくのはなぜか 小島寛之
1929 脳のなかの身体――宮本省三
2000 世界は分けてもわからない 福岡伸一
2023 ロボットとは何か――石黒浩
2039 ソーシャルブレインズ入門 藤井直敬
2097 〈麻薬〉のすべて――船山信次
2122 量子力学の哲学――森田邦久
2166 化石の分子生物学――更科功
2191 DNA医学の最先端 大野典也
2204 森の力――宮脇昭
2219 宇宙はなぜこのような宇宙なのか――青木薫
2226 「人体」の不思議 宇宙生物学で読み解く――吉田たかよし
2244 呼鈴の科学――吉田武
2262 生命誕生――中沢弘基
2265 SFを実現する――田中浩也
2268 生命のからくり――中屋敷均
2269 認知症を知る――飯島裕一
2292 認知症の「真実」――東田勉
2359 ウイルスは生きている 中屋敷均
2370 明日、機械がヒトになる 海猫沢めろん
2384 ゲノム編集とは何か 小林雅一
2395 不要なクスリ 無用な手術 富家孝
2434 生命に部分はない――A・キンブレル 福岡伸一 訳